当代科学技术哲学论丛

主编　成素梅

量子论与科学哲学的发展

成素梅／著

本书的研究与出版得到2009～2011年度上海市浦江人才计划项目“量子实在论与反实在论之争”、2011年上海领军人才、上海社会科学院科学哲学特色学科资助

科学出版社
北京

图书在版编目(CIP)数据

量子论与科学哲学的发展 / 成素梅著 .—北京：科学出版社，2012.10

(当代科学技术哲学论丛)

ISBN 978-7-03-035663-5

Ⅰ.①量… Ⅱ.①成… Ⅲ.①量子论 ②科学哲学 Ⅳ.①0413 ②N02

中国版本图书馆 CIP 数据核字（2012）第 226394 号

丛书策划：胡升华

责任编辑：郭勇斌 卜 新 / 责任校对：李 影

责任印制：赵 博 / 封面设计：黄华斌

编辑部电话：010－64035853

E-mail：houjunlin@mail.sciencep.com

科学出版社 出版

北京东黄城根北街 16 号

邮政编码：100717

http://www.sciencep.com

北京凌奇印刷有限责任公司印刷

科学出版社发行 各地新华书店经销

*

2012年10月第 一 版 开本：B5（720×1000）

2022年 1 月第五次印刷 印张：16 1/4

字数：318 000

定价：79.00 元

（如有印装质量问题，我社负责调换）

总　　序

梅森在他的《自然科学史》一书的导言中指出："科学有两个历史根源。首先是技术传统，它将实际经验与技能一代代传下来，使之不断发展。其次是精神传统，它把人类的理想与思想传下来并发扬光大……这两种传统在文明以前就存在了……在青铜时代的文明中，这两种传统大体上好像是各自分开的。一种传统由工匠保持下去，另一种传统由祭司、书吏集团保持下去，虽则后者也有他们自己一些重要的实用技术……在往后的文明中，这两种传统是分开的，不过这两种传统本身分化了，哲学家从祭司和书吏中分化出来，不同行业的工匠也各自分开……但总的说来，一直要到中古晚期和近代初期，这两种传统的各个成分才开始靠拢和汇合起来，从而产生一种新的传统，即科学传统。从此科学的发展比较独立了。科学的传统中由于包含有实践和理论的两个部分，它取得的成果也就具有技术和哲学两方面的意义。"①

显然，从梅森的观点看，科学在起源上是技术传统与哲学传统交汇的产物。然而，科学一旦产生并形成自己的独特传统之后，不仅反过来极大地影响了其根源，而且实质性地影响了远离这两个根源的其他领域。特别是，近几十年以来，当科学技术的发展由原初只是单纯地认识世界与改造世界，变成了当前的发展更需要考虑保护世界，同时日益接近于日常生活，越来越成为一项社会事业，乃至整个社会很有可能会变成一个巨大的社会实验室时，当以辩护科学为目标的英美哲学传统与以批判科学为宗旨的大陆哲学传统双双陷入困境时，当另辟蹊径、来势凶猛的关于科学技术的人文社会科学研究明显地给人留下反科学技术之嫌时，当整个哲学界对依靠科学技术发展推动社会进步的现代模式褒贬不一的讨论愈加激烈时……作为一门学科的"科学技术哲学"（philosophy of science and technology）也许会应运而生。

就当代哲学的发展而言，心灵哲学越来越与心理学的经验研究、神经科学、人工智能的发展内在地联系在一起；关于实在的本体论研究离不开以量子理论为基础的微观物理学的最新发展，也离不开对不可观察的心理结构和过程的假设与

① 梅森．自然科学史．上海外国自然科学哲学著作编译组译．上海：上海人民出版社，1977.6，7

实验测试；与高新技术发展密切相关的网络伦理、环境伦理、干细胞伦理等已经成为伦理学关注的重要主题；关于社会心理、社会诚信等问题的哲学研究以及关于人性的哲学思考离不开围绕科学技术异化问题展开的一系列讨论。从这个意义上看，科学技术哲学恰好能提供架起抽象的哲学研究与前沿的科学技术研究之间的桥梁。

与传统的哲学研究相比，科学技术哲学研究不是通过先验的概念反思、日常语言的逻辑辨析以及提出概念真理的思想实验来获得知识并认知包括心灵在内的世界，也不是空洞地谈论规范人类行为的道德法则，而是通过综合考虑科学理论的基本假设、思想体系以及技术发展中的具体案例等复杂因素来研究哲学问题。在哲学框架内可能提出的关于科学技术的问题主要包括本体论、认识论和方法论问题（如实在论问题、证据对理论的非充分决定性问题、技术设计问题等），还有与科学技术的内容或方法直接相关的伦理问题或社会问题（如价值在科学技术中的作用问题、克隆技术和生化技术的合法应用问题等）。概念反思、语言分析和思想实验有助于提出假设，但不能用来评价假设。因此，必须把科学技术哲学与忽略科学技术发展的哲学明确地区分开来。

然而，强调科学技术哲学研究的经验性与实践性，并不意味着主张把哲学研究还原为经验研究，而是主张基于科学技术的当前发展，重新审视与回答传统的哲学问题。一方面，承认关于知识、实在、方法和伦理的哲学问题比经验科学与技术中的问题更具有普遍性和规范性；另一方面，主张对这些哲学问题的讨论要以科学技术的发展为基础。特别是，当科学的发展进入人类无法直接或间接观察的微观世界时，当人类的文明进入信息化时代时，技术已经不再只是单纯延伸人类感官的工具和充当人类认识世界、改造世界的手段，而是成为人类认识世界的一个必不可少的中介和人类生存、生活的基本条件，甚至正在成为人类超越自身感知阈限的有效手段（如在体内植入芯片）。在这种背景下，科学、技术、哲学事实上已经不可避免地在许多基本问题上相互纠缠在一起，很难彼此分离。如果说，科学的产生源于技术传统与哲学传统的交汇，那么，科学技术哲学的产生则是科学、技术、哲学三种传统汇集与衍生的结果，如关于量子测量解释的认识论争论、关于数字生命的实在性问题的争论关于人类基因组序列带来的伦理问题的争论、关于体内植入芯片的工具平等问题的争论等。这些争论本身内在地蕴涵科学共同体在确立、维护与传播自己的学术见解时社会因素与修辞因素所起的作用。科学、技术、哲学三者之间的关系大致如下图所示。

总　序

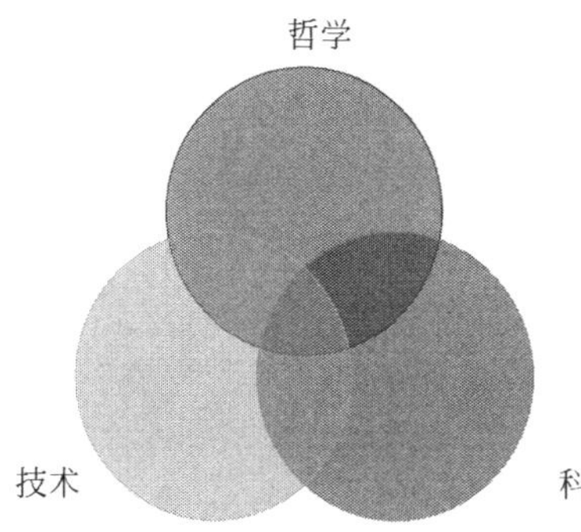

在上图中，哲学和科学、技术的两两相交之处，分别形成了科学哲学和技术哲学；科学与技术相交的区域表现了科学的技术化与技术的科学化，即技术趋向的科学研究（如量子计算）和科学趋向的技术研究（如生物技术、智能技术）；三者相交之处，形成了科学技术哲学。因此，在非常狭义的学理意义上，科学技术哲学不是科学哲学与技术哲学的简单综合，因为科学哲学主要是基于对科学理论的形成逻辑、与世界的关系、与证据的关系、与实验的关系、理论的变化等问题的剖析来讨论哲学问题，技术哲学主要是基于对技术设计、技术发明、技术评价、技术制品（即人工物）和技术应用等问题的研究来探讨相关的哲学问题。从上图可以看出，科学技术哲学是基于技术趋向的科学研究和科学趋向的技术研究来回答哲学问题，是科学、技术与哲学的问题重叠与互补研究。在科学技术哲学的研究中，哲学的认识论、本体论、方法论和伦理学问题是彼此关联的。

首先，在科学技术哲学中，两个重要的认识论问题是以技术为前提的科学研究是否能获得真理性知识的问题和如何合理评价理论的问题。从方法论的角度看，从经验到理论的归纳主义进路和从假说到证实的假设—演绎主义进路都过分简单。科学理论的形成是在基于假设的理论化、技术为主的实验和逻辑推理之间不断进行调整，最终达到反思平衡的一个动态负反馈过程。在这个过程中，理论与实验结果之间的关系不是单纯的归纳关系或演绎关系，而是一种说明关系。但是，说明关系预设了对说明本性的理解。例如，把说明理解为是语句之间的演绎关系、理论与数据之间的符合关系、机制与现象之间的本体论关系等。因此，关于说明的本性问题，既是一个认识论问题，也是一个本体论问题。

其次，在科学技术哲学中，最一般的本体论问题是，我们是否能够对不可能被直接观察的、只能通过技术手段间接地看到其效应的理论实体的存在性做出合理的辩护。例如，在量子理论中，我们是否应该相信量子物理学家用来解释物理现象的夸克、电子、光子等假定实体是真实存在的？或者，只是便于预言观察现象的谈话方式或工具？我们仅凭先验的推理根本无法解决围绕这个问题的实在论与反实在论之争。关于理论实体的实在论问题，必须与揭示量子力学的基本假设中的哲学基础联系起来，才能得到合理的解答。同样，心理学哲学中的实在论问题是，我们是否有或能够有好的根据相信，确实存在像规则和概念之类的心理表征。对于这个问题，只有与心理学、认知科学、神经科学的前沿研究结合起来，才能得到好的解答。因此，关于实在本性的本体论研究与关于知识的认识论研究之间存在着相互影响，即存在判断影响认知判断，反之亦然。

最后，伦理学虽然是一门规范的学科，表面上与经验性的科学技术相差甚远，但是当科学技术的研究触及人类的价值或道德判断问题时，伦理理论的研究就需要与人类的道德能力相一致。对人类道德能力的关注，不是以先验的概念构造为基础，而是以经验调查为基础。例如，如何解决当前心理学与神经科学实验中的知情同意问题。根据当前流行的人工智能研究进路，当把人的心理过程理解为受控于由生物物理机制建构的大脑过程，甚至把大脑过程理解为一种计算时，就很难把不道德的行为归属于意愿的失败，这显然对自由意志的概念提出了挑战。伦理学家在基于神经科学、人工智能等研究来讨论有没有自由意志的心灵本性和人们对自己的行动是否应该负有道德责任的问题时，伦理学就与本体论问题相互联系起来。

正是在这种意义上，我们可以说，“科学技术哲学”越来越成为当代哲学问题研究的核心。这是基于科学、技术、哲学发展的学理脉络对“科学技术哲学”存在的合法性与重要性的揭示。令人遗憾的是，到目前为止，这种意义上的科学技术哲学的形式体系还很不成熟，甚至没有引起学术界的关注。

我国的“科学技术哲学”这个概念最早是在 1987 年国务院学位委员会组织修改研究生学科目录时从素有“大口袋”之称的“自然辩证法”更名而来的。与自然辩证法的这种渊源关系，决定了我国的科学技术哲学，不同于前面描述的作为一门学科的科学技术哲学，而是具有学科群的特征。学术界通常把我国的科学技术哲学理解为对科学技术发展所提出的相关问题、基本要求和尖锐挑战的哲学回应，对整体的科学与技术及其各门分支学科所涉及的哲学问题进行批判式反思的一个学科群。

经过几十年的发展，我国的科学技术哲学研究在与国际接轨、关注我国现实问题的进程中，不断地发展与壮大，形成了以部门哲学、科学哲学、技术哲学、科学技术的人文社会科学研究以及社会科学哲学为基本方向的相对稳定的专业队伍，呈现出从抽象理论到生活实践，从单一到多元，从立足于部分到注重整体，从翻译到对话的发展特点。特别是自 21 世纪以来，我国的科学技术哲学在每个学科方向上都正在发生研究范式的转变、思维方式的转型和学术焦点与问题域的转移。那么，处于转变、转型和转移中的科学技术哲学将会“转”向何处？将会提出什么样的新问题？在不断地摒弃了小科学时代的科学观、技术观和哲学观之后，如何重建大科学时代的科学观、技术观和哲学观？作为学科群的科学技术哲学的不同分支领域，在深入研究的过程中，能否衍生出前面描述的作为一门学科的科学技术哲学？

陈昌曙先生在1995年发表的《科学技术哲学之我见》一文中，从学科名称的内涵与意义、学科分类及涵盖的学术交流活动三个方面，阐明了把“自然辩证法”更名为“科学技术哲学”所具有的必要性，然后指出：“在我们的学科目录中，可以把科学技术哲学与自然辩证法作为同一的东西看待，但从学科的内容、层次看，似乎这两者又不是完全同一的；如果把当今出版和习用的《自然辩证法讲义》、《自然辩证法概论》原样不动地变换成为《科学技术哲学讲义》、《科学技术哲学概论》则未必相宜。科学技术哲学总应该有更深的哲学思考和更多的哲学色彩，而不全等于科学观与技术观。”①他主张“科学技术哲学”可能需要写出诸如“从哲学的观点看……”之类的内容，如“从哲学的观点看基础科学与技术科学”、“从哲学的观点看科学技术化、技术科学化与科学技术一体化”等。他认为：“尽管科学与技术之间有着原则性的区别，尽管科学哲学与技术哲学有较多的差异，统一的科学技术哲学仍是可以设想的。”②

陈先生基于学科名称的内涵与意义提出探索统一的科学技术哲学的设想，与基于科学、技术、哲学发展的内在要求提出的探索科学技术哲学可能性的观点是相吻合的。如果“从哲学的观点看……”之类的内容是科学技术哲学研究的一条外在论的进路，那么从科学、技术、哲学研究的相交领域形成的科学技术哲学研究则是一条内在论的进路。在内在论者的进路中，哲学不再充当外在于科学技术研究的高高在上的指挥者，而是成为科学技术研究中离不开的参与者。这种哲学角色的转变，是当代大科学时代哲学研究的一个典型特征。例如，在认知科学的研究中，由科学家、工程师、医生、哲学家、企业家甚至政治家共同参与的会议并不少见。

在这里，哲学研究既不像逻辑经验主义者所说的那样，只是澄清科学命题的意义，更不像许多社会建构论者所追求的那样，已经被社会与文化研究取而代之，而是要求把思辨与先验的要素和实证与现实的问题结合起来，作为一种不同

---

① 陈昌曙．科学技术哲学之我见．科学技术与辩证法，1995，(3)：2

② 陈昌曙．科学技术哲学之我见．科学技术与辩证法，1995，(3)：3

的视角，参与科学技术研究。这是因为，当科学技术的发展离社会生活越来越近时，科学就不只是探索真理那么简单，技术也不只是作为改造世界的工具那么单纯。科学技术作为人类文明的成果，已经成为价值有涉的研究领域。在这种情况下，为了人类的和谐发展，凡是能够探索真理的科学研究都值得倡导吗？凡是能够用来按照人的意愿达到改造世界目标的技术都应该研制吗？专家提供的发展战略一定是完全合理的吗？人类究竟在为自己建构一个什么样的社会？作为社会的人在包括科学技术研究的一切社会活动中应该如何重建社会道德与社会信用？这些问题的提出就无疑为哲学家介入或参与科学技术的研究与发展提出了内在要求。

一言以蔽之，许多哲学问题需要深入科学技术的土壤，才能得到合理的解答。当代科学技术的发展在很大程度上需要嵌入哲学思考，才能达到更理性的发展。科学技术哲学既是从哲学视域把科学、技术、社会、政治、经济等因素整合起来思考问题的一门交叉的新型学科，也是把关于自然、社会与人的和谐发展作为研究核心的一门综合型学科。

《当代科学技术哲学论丛》的筹划与出版，正是试图为科学技术哲学的探索之路添砖加瓦，同时，也是上海社会科学院“科学技术哲学特色学科”多年来研究成果的展示。欢迎学界专家学者给予真诚的批评与指正。

成素梅

2011年8月10日

前　　言

前不久，日本举国上下进行纪念活动，悼念在2011年3月11日大地震中失去生命的人。现在回想起来，那次大地震引发核电站爆炸，使得核泄漏、核辐射等与“核”相关的词汇一刹那成为人人关注的术语。我们只要在任何一个搜索网站键入这些术语，立刻会有千万条相关信息映入眼帘，有科学的、技术的、伦理的、政治的、决策的、保健的……这是自1945年8月美国向日本广岛、长崎投放原子弹、1986年4月苏联切尔诺贝利灾难性大火造成放射性物质泄漏的核事故以来，人类又一次面对的核危机。

然而，在人们对核危机的无奈、惊吓甚至恐慌的背后，却反过来再一次印证了作为其理论基础的量子力学的成功。因为没有这个理论，就不会有原子弹、核电站，也没有大家今天耳熟能详的各种诊疗手段，我们更不能理解激光系统、半导体、计算机甚至受人喜欢的各种新款电子产品等当代技术手段，化学不会进入分子水平，生物学不会对DNA有所了解，更不会有遗传工程、人工智能等。美国诺贝尔物理学奖获得者杰克·斯坦博格（J. Steinberger）曾经估计，在当代经济中，三分之一的国民生产总值以某种方式来自以量子力学为基础的高科技。①因此，可以毫不夸张地说，量子力学是整个20世纪乃至21世纪人类物质文明的根本。

量子力学的发展不仅为人们提供了理解原子和亚原子世界的概念语言，带来了前所未有的令人悲喜交集的技术应用，而且扩展到思想与文化领域，带来对人类宇宙观的根本修正，甚至对世界的政治结构产生深刻的影响。今天，不论是科学家，还是哲学家，都毫无顾虑地认为，量子力学是现代物理学的重要基石之一。20世纪下半叶以来，量子力学早已成为所有大学物理系开设的主干课程。然而，令人惊奇的是，如此普遍的一个物理学理论，至今仍然伴随着不休的哲学争论。物理系的学生或许非常熟悉量子力学的数学理论与运算规则，但他们对这个理论带来的哲学争论相对陌生，现有的量子力学的标准教科书不会对量子力学伴随的哲学争论做出充分的强调与讨论。似乎物理学的发展天生就是由许多现成

---

① 安东·泽林格. 2008-07-27. 量子物理学的实验与哲学基础. http://www.28gl.com/rw/bjjt/2008-07-27/baijiajiangtan121.html

的定律、原理、计算方法等构成。

在我国，哲学系的学生即使学习过普通物理或自然科学概论之类的课程，理论上知道量子力学对物理学发展的革命意义，但是，对量子力学的哲学争论的理解却只能是略知一二，涉之皮毛，不可能深入，更不可能用于理解与分析问题。甚至许多科班出身的哲学家也没有能力从问题着手，只是热衷于对西方哲学家观点的评介。正如爱因斯坦所批评的那样："哲学家们的创造才能的缺陷，常常表现在他们不是根据自己的观点来系统地说明自己的对象，而相反，却是借用其他作者的现成论断，并且只想对他们进行批判或者评论。"① 爱因斯坦对哲学家缺乏问题意识的这种批评，很适合于我国现阶段的哲学研究状况。这不能不说是中国哲学界的一大遗憾。哲学教育绝对不能只停留在热衷于介绍与评论他人观点的层面，更不能一以贯之地倡导只钻研古本，谈论千年不变的话题，而是迫切需要与科学技术的发展联系起来，才会有问题意识。

在现代科学的发展史上，还没有任何一个理论能像量子力学那样，在从它诞生之日起直到有了广阔应用前景的今天，关于它的基本概念的意义的理解与解释还处在争论之中；也没有任何一个理论的应用能像量子力学的应用那样，把政治家、企业家、科学家、工程师、社会科学家、哲学家甚至普通百姓如此密切地联系在一起，共同讨论人类面对的发展问题；更没有任何一个理论带来的哲学困惑比量子力学带来的哲学困惑更基本，使每一位与此相关的理论物理学家和哲学家都不自觉地卷入哲学争论的行列。直到今天，只要随便翻阅《物理学基础》（*Foundations of Physics*）杂志，你就会看到，一直都有热衷于讨论量子力学解释的文章。②这种状况显然应该引起科学哲学家的关注。为什么在量子力学已经得到成功应用的今天，关于量子力学的解释问题还处于讨论之中？为什么量子物理学家关于量子实在论与反实在论的争论至今还在继续？在他们的讨论中，哪些是出于物理学的动因？哪些是出于哲学的动因？哪些是出于心理学的动因？哪些是出于逻辑的动因？

在量子力学的基本问题的讨论与量子力学的哲学问题的讨论之间显然没有绝对明确的分界线。量子物理学家对量子力学的形式体系及其如何与实验相结合的理解没有太多异议，但是，当他们进一步追问量子力学对于世界观的意义或根据量子力学应该如何理解世界的问题时，争论就产生了：量子力学提供的是对自然界的描述，还是我们关于自然的知识，抑或只是提供某种信息，或者只是对可能

① 爱因斯坦．爱因斯坦文集．第一卷．许良英，范岱年编译．北京：商务印书馆，1976：191

② Alexander Wilce. Formalism and Interpretation in Quantum Theory. *Foundations of Physics*, 2010, 40 (4): 434-462

的实验结果做出预言的一种“理论工具”？对量子力学的实在论解释意味着回到经典实在论的立场吗？在物理学家中，关于这些问题的答案形形色色，莫衷一是，至今没有达成共识。从剑桥大学出版社近几年出版的物理学哲学著作来看，关于量子力学哲学的话题依然非常活跃。从量子力学的产生过程来看，量子力学的形式体系本身蕴涵一种哲学态度，这种哲学态度最早是由哥本哈根学派的量子物理学家倡导的，也是被为量子力学的创立做出卓越贡献的爱因斯坦一直反对的。

这样，进一步的问题就出现了，物理学家为什么很容易接受经典物理学提供的哲学前提，而不接受量子力学所蕴涵的哲学态度，总是喜欢不厌其烦地回到经典物理学倡导的世界观？另一方面，哥本哈根学派的代表人物之间的哲学观点不完全相同，现在看来，过去把他们的哲学立场笼统地归结为实证主义，显然有失公允。他们中的许多人，实际上是持有一种新的实在论立场，只不过这种实在论不同于经典实在论而已。那么，他们的实在论、实证论、经验主义等言论与观点之间存在什么样的关系？对当代科学观的确立能够提供什么样的启迪？

不仅如此，量子力学的哲学态度远远超出量子物理学的范围，极大地影响了第一个科学哲学学派逻辑实证主义和逻辑经验主义的发展①以及后来的科学哲学家。

普特南的“内在实在论”、范·弗拉森的“经验建构论”、法因的“自然本体论态度”、哈金的“实体实在论”、当前物理哲学界正在流行的“结构实在论”等观点都是以量子理论为直接或间接基础进行论证的。问题在于，这些科学哲学家基于同样的量子力学的形式体系与理论假设，有的人提炼出新的实在论立场，有的人提炼出反实在论观点。这说明，就像牛顿力学的思想体系影响了近代哲学的经验主义与理性主义的发展一样，量子力学的形式体系也影响了当代科学哲学中的科学实在论与反实在论的发展。

科学实在论与反实在论之争同样要求对传统的科学观进行彻底的重新思考，而不是进行细枝末节的部分调整。正因为如此，如何既能保留科学的客观性、合理性、进步性等典型特征，又不排斥科学的历史、文化、社会等维度，成为当代科学哲学家全力探索的一个新方向。值得我们关注的是，直到 20 世纪末，科学哲学家才意识到这个新方向，而量子物理学家早在几十年前关于量子实在论与反实在论的争论中已经进行了很好的阐述。不过，今天看来是深刻的、合理的许多观点，当时被简单地当做实证主义、工具主义等非实在论甚至是反实在论的观点

① Grover Maxwell. The Ontological Status of Theoretical Entities//Maitin Curd, J. A. Cover, eds. *Philosophy of Science: The Central Issues*. New York, London: W. W. Norton & Company, Inc., 1988: 1052

加以批判。

因此，不论是从量子力学的哲学争论来看，还是从当代科学哲学的发展趋势来看，我们都有必要本着有助于解决当代科学哲学问题和澄清关于量子力学的哲学争论的态度，再次回到量子物理学家的科学实践中，对他们当时的一些哲学见解进行重新解读。在这种背景下，围绕量子实在论、非实在论与反实在论之间的争论展开的剖析，就不只是一个单纯的量子力学哲学问题，同时是具有一般性的科学哲学问题。另一方面，从科学史来看，科学争论对科学发展是非常重要的。如果没有争论，科学只有一种思维方式与思想模式，那么，将会得出僵化的结论。“水相荡而成涟漪，石相击乃发灵光。”科学家之间的争论可以充分地揭示一个科学理论的弱点与不足，使理论更加完善。

鉴于此，本书将立足于量子力学的当前发展和科学哲学的视域，围绕关于量子实在论、非实在论甚至反实在论问题的争论展开论述。基本思路是，通过对第一代量子物理学家围绕量子力学问题争论焦点的剖析、对他们所持的各种实在观的考察、对深受量子论影响的科学哲学家阐述的各种不同的科学实在论与反实在论观点的追溯、对科学哲学的四种语境论进路的比较、对技能性知识的特征与表现形式的揭示，提出一种体知合一的认识论（epistemology of embodiment）的观点。最后简要指出，科学哲学的发展在经过传统科学观与科学的人文社会科学家的科学观之间的对立与争论之后，已经出现试图超越争论，达到更恰当地理解科学的第三种进路，我把一条进路称之为新现代的“科学哲学”。这也构成笔者今后继续研究的一个重要领域。

新现代的科学哲学研究既在批判后现代科学观及强纲领的相对主义与非理性主义的同时，捍卫科学的合理性与客观性，也批判传统科学观的绝对主义与科学主义倾向，主张重新回到职业科学家的认知技能实践中，通过揭示他们的哲学感悟，达到更合理地理解科学的目标。这种科学哲学将会真正超越基于语言分析与历史考察的科学哲学、基于人文解读与实验室研究的科学哲学，可能在科学辩护与科学发现之间、在科学主义与人文主义之间、在理性主义与非理性主义之间、在绝对主义与相对主义之间、在主体与客体之间、在心灵与身体之间找到更好地理解科学的某个平衡点，从而对理论与经验、证据与观察、理论的实在性与建构性、科学家的创造力与直觉的客观性等问题做出新的理解。

本书是上海市浦江人才计划项目的结项成果。在即将付梓之际，我对上海市浦江人才计划项目的资助，对上海社会科学院干部人事处于涛先生为本项目申报、跟踪与结项付出的辛劳，对上海社会科学院哲学研究所提供的宽松和谐的研究氛围以及家人的大力支持与理解表示感谢。本书的研究与出版还得到上海领军人才、上海社会科学院科学哲学特色学科经费资助，在此深表谢意。另外，感谢我的许多老师、论文合作者以及国内外同行在我学术成长过程中对我的帮助与启发。本书是我24年来不断思考量子力学哲学问题以及科学哲学问题的一个小结，也是在前期系列成果的基础上完成的。这是一个跨学科的选题。

由于本人学识有限，书中难免会有一些不足之处，许多论证有待进一步完善与充实，诚请专家、学者批评、指正。

成素梅

2012年4月12日

目　　录

第一章　问题与挑战

到目前为止，量子力学是当代科学发展中最成功也是最神秘的理论之一。其成功之处在于，它以独特的形式体系与特有的算法规则，对原子物理学、化学、固体物理学等学科中的许多物理效应和物理现象做出说明与预言，已经成为科学家认识与描述微观现象的一种普遍有效的概念与语言工具，同时也是日新月异的信息技术革命的理论基础；其神秘之处在于，与其形式体系的这种普遍有效的应用恰好相反，量子物理学家在表述、传播和交流他们对量子理论的基本概念的意义的理解时，至今仍未达成共识。量子物理学家在理解和解释量子力学的基本概念的过程中所存在的分歧，不是关于量子理论的算法规则本身的分歧，也不是关于亚原子粒子是否存在的分歧，而是能否仍然像以牛顿力学为核心的经典物理学那样，为现行的量子力学提供一个实在论的解释之间的分歧。这是由量子力学对传统哲学观念颠覆性的挑战造成的。

第一节　经典物理学的哲学基础*

经典物理学是随着实验方法与数学方法的确立而发展起来的，被广泛地称为“实验科学”。实验在经典物理学中至少发挥着“发现与检验”两种同样重要的功能，数学则是物理学家描述与理解自然界最喜欢使用的一种简洁而有效的语言符号。实验方法所具有的物质性、能动性与可感知性，以及数学方法所具有的逻辑性、推理性和系统性等特点，直接奠定了物理学研究中的实在论立场。这种立场大致包括如下基本点：承认有一个客观的、离开知觉主体而独立存在的实在世界，它现实地构成了全部自然科学研究的直接或间接的对象域；物理学家关于研究对象的知识首先来自测量、观察和实验等感性物质活动；加工感性材料而形成的概念和理论是对客观对象的间接而深刻的反映；概念与理论的正确性需要由是否与对象的内在本性相符合来加以判断；得到实验证实的真理性的概念与理论，具有指导人们做出预言从而变革现实的作用。几百年来，这种立场已经牢固地贯穿于物理学家的研究信念当中，内化为科学哲学家库恩（T. Kuhn）所说的一种

* 本节内容主要参考了成素梅《理论与实在：一种语境论的视角》（北京：科学出版社 2008 年出版）一书中的第一章，但补充了新的内容

“范式”。“范式”的形成极大地超越了理论的简单陈述，转化为一种较为固定的思维方式或研究直觉，成为近代经典物理学研究的哲学基础和确保物理学研究能够持续发展的最基本的价值前提。

一、机械实在论的兴衰

“机械实在论”是以经典力学的研究范式为基础的。经典力学的奠基性工作主要由英国物理学家、数学家、天文学家和自然哲学家牛顿（I. Newton）完成。牛顿在1687年出版的《自然哲学的数学原理》一书中，通过对著名的万有引力定律和运动三定律的详尽阐述，确立了经典力学的基本框架。牛顿力学是一个富有成果的理论体系，它不仅将先前零散发现的力学知识概括和统一起来，而且还为尔后发展起来的机械制造工业提供了理论工具。从当代物理学的发展趋势来看，不论“知识陈旧”的呼声多么强烈，不论经典力学的适用范围受到怎样的限制，不论经典力学的研究方法多么粗糙，经典力学始终在科学的殿堂里占有一席之地，不仅如此，经典力学所蕴涵的对“科学理论与实在”之间的关系的许多理解，在某种程度上，至今仍然是科学家所坚持的基本信念。这种理解主要建立在牛顿力学三个基本特征的基础上。

从形式上看，牛顿力学是一个由公理化方法建构起来的演绎体系。牛顿在《自然哲学的数学原理》一书中，首先，从八个原始定义出发，对一些重要的物理量（如质量、加速度、力、动量等）性质做了明确的规定；其次，着重阐述了力学的基本公理或运动定律以及一些推论。这些定义、公理及推论内在地联系在一起，形成了物理学家海森伯（W. Heisenberg）所说的一个相对完备的“闭合系统”，在这个系统中，任何一个原始定律的改变都将会破坏整个系统的完备性。牛顿用数学符号表示物理概念，并把不同的物理概念之间的联系用数学符号之间的关系体现出来，形成了可供具体运算的数学方程。数学方程之间的关联在逻辑上是内在自洽的。在牛顿力学中，力学定律可以说明和预言所有物体在某种力的作用下的运动行为。牛顿对运动三定律的表述分别是：

> 定律一：每个物体继续保持其静止或沿一直线作等速运动的状态，除非有力加于其上迫使它改变这种状态。
>
> 定律二：运动的改变和所加的力成正比，并且发生在所加的力的那个直线方向上。
>
> 定律三：每一个作用总是有一个相等的反作用和它相对抗；或者说，两物体彼此之间的相互作用永远相等，并且各自指向其对方。①

---

① 牛顿著，塞耶编．牛顿自然哲学著作选．王福山等译校．上海：上海译文出版社，2001：36-37

这三个定律就是我们早已熟知的惯性定律、加速度定律和作用力与反作用力定律。牛顿通过这三个定律预设了宏观力学运动的时空结构，给出了原始概念间的定量数学表述，并且明确了力的含义，规定了力的性质。在这三个运动定律中，第三定律是关于两体相互作用的。从表面看，第一定律在物理内容上完全可以作为第二定律的特殊情况（即合力为零）来处理。可是，牛顿却将第一定律与第二定律以并列的形式作为不可通约的两个定律呈现出来，其中的原因显然不是出于物理内容上的考虑，而是在于第一定律预设了理解牛顿力学的基本前提。这恰好是第二定律所没有的。所以，惯性定律作为第一定律的地位是非常重要的。它所包含的一些概念，如“静止”、“匀速直线运动”，是与参照系的选择有关的。物体之所以能在无外力作用时保持原来的运动状态不变，是因为隐含了参照系是以笛卡儿坐标为标准的惯性系的假定。可是，直接从经验上选择任何参照系都不是不动的参照系，并且，任何一个具体的物体运动都是非匀速的。这说明，与实物相联系的任何参照系都不可能成为惯性定律成立的基础。于是，牛顿假设了与任何具体物体都不相联系的绝对时空观。

牛顿对时间和空间概念的界定是为了消除一般人从时间、空间、位置及运动这些基本概念与可感知的物质之间的联系中产生的理解上的偏见。他指出：“绝对的、真正的和数学的时间自身在流逝着，而且由于其本性而在均匀地，与任何其他外界事物无关地流逝着，它又可以名为‘延续性’；相对的、表观的和通常的时间是延续性的一种可感知的、外部的（无论是精确的还是不相等的）通过运动来进行的量度，我们通常就用诸如小时、日、月、年等这种量度来代替真正的时间。”“绝对的空间，就其本性而言，是与外界任何事物无关的永远是相同的和不动的。相对空间是绝对空间的可动部分或者量度。我们的感官通过绝对空间对其他物体的位置而确定了它，并且通常把它当作不动的空间看待。如相对于地球而言的地下、大气或天体等空间就都是这样来确定的。绝对空间和相对空间，在形状上和大小上都相同，但在数字上并不总是保持一样。因为，例如当地球运动时，一个相对于地球总是保持不变的大气空间，将在一个时间是大气所流入的绝对空间的一个部分，而在另一时间将是绝对空间的另一个部分，所以，从绝对的意义来了解，它总是在不断变化的。”

牛顿在对绝对时间和相对时间，绝对空间与相对空间进行了区分之后，接着，对绝对时间和绝对空间进行了进一步的表述，他写道：“所有的运动可能都是加速的或减速的，但绝对时间的流逝却不会有所改变。不管其运动是快是慢，或者根本不运动，一切存在的事物的延续性或持久性总是一样的。”“与时间各个部分的次序不可改变一样，空间各个部分的次序也是不可改变的。……所有事物时间上都处于一定的连续次序之中，空间上都处于一定的位置次序之中。”“……

整体的和绝对的运动，只能从不动的处所来予以确定。也正由于这个原因，所以我在前面总是把这种绝对运动认为是对于不动的处所的运动，而把相对运动看作总是对于运动处所而言的运动。然而只有那些从无限到无限，确实彼此间处处都保持相同位置的处所，才是不动的处所，因此，它必然永远停止不动，从而形成一个不动的空间。”①

爱因斯坦认为，在牛顿力学中，时间与空间具有双重作用：

> 首先，它们起着物理学中所出现的事件的载体或者构架的作用，事件是参照这种载体或构架用空间坐标和时间来描述的。……空间和时间的第二个作用是作为一种“惯性系”。惯性系之所以被认为比一切可想像的参照系都优越，就是因为对它们来说，惯性定律必定是成立的。②

可见，绝对时空的这种特殊作用，使得时空与物质彼此独立，时间仅作为一种描述相对运动的数学参量出现在动力学方程之中，在这个方程中，时间具有反演对称性。或者说，经典力学中某些量的变化被认为在数学上是等价的。时间的这种特殊地位，再加上经典力学定律中并不存在限制该定律应用的任何普适常数，即定律的定义没有涉及现象发生的尺度限制与范围：小到分子、原子，大到行星等天体，力学定律被认为都是普遍适用的，体现了力学定律在宇宙间的普适性和完备性。换言之，在经典力学系统中，用数学方程表示的定义和公理体系，完全可以被看做是描述自然的永恒结构的“永真”系统，既与特殊的空间无关，也与特殊的时间无关。这构成了经典力学的超时空性特征。

牛顿力学的第二个值得关注的特征是，严格的因果决定性，这是由运动方程确定的。在牛顿力学中涉及两个重要的要素，“一个要素是每一点在某一瞬间的位置和速度，这一瞬间通常叫做‘初始瞬间’。另一个要素是把动力学的力和加速度关联起来的运动方程。运动方程的积分将从这个‘初始状态’出发伸展到相继的状态，即组成系统的各物体的轨迹的集合。”在这里，不仅“一切都是给定的”，而且“动力学把所有的状态都定义成是等价的：每一个状态都允许沿着轨道计算出所有其他状态，这轨道连接着所有的状态，无论是过去的状态还是未来的状态。”③ 更明确地说，牛顿力学所描述的世界完全是镶嵌在一个数学-力学的世界之中。在真实的世界与数学-力学的世界之间存在着某种等当性，这种无歧义的等当性通过下列方式体现出来：由动力学方程计算所得到的每一个物理量的数值，总是与一个实际测量结果相对应。在一定条件下，理论描述与实际测量

① 牛顿著，塞耶编．牛顿自然哲学著作选．王福山等译校．上海：上海译文出版社，2001：26-31

② 爱因斯坦．爱因斯坦文集．第一卷．许良英，范岱年编译．北京：商务印书馆，1976：543

③ 伊·普里戈金，伊·斯唐热．从混沌到有序：人与自然的新对话．曾庆宏，沈小峰译．上海：上海译文出版社，1987：97-98

成为互相检验、相互印证的两个相对独立的环节。我们既可以通过理论计算求出物理量的数值，也可以通过测量手段来测得其具体状态。在这里，初始条件的确定成为推知系统其他任何时刻状态的一把钥匙。

亥姆霍兹于1847年在他的《论力的守恒》一文中把近代自然科学的这种研究方式概括为：

> 自然科学的问题首先在于寻找一些规律，以便把种种特定的自然过程归因于某些一般规则，并从这些一般的规则中推演出来。……我们相信这种研究是对的，因为我们确信自然界中的各种变化都一定有某个充分的原因。我们从现象推得的近似原因，它本身可能是可变的也可能是不变的。如果是前者，上述的信念会促使我们去追寻能够解释这种变化的原因。直到最后找到不可变的最终原因，而这个不可变的最终原因在外界条件相同的各种情形下一定能产生同样的不变的效果。因此，理论自然科学的最终目标就是去发现自然现象的终极的、不变的原因。①

海森伯在谈到近代物理学中的语言和实在的关系时，对经典物理学的概念系统与哲学基础做出的评论是，19世纪末“所引入的全部概念构成了适用于广阔经验领域的完全首尾一贯的概念集，并且，与以往的概念一起，构成了不仅是科学家，也是技术人员和工程师在他们的工作中可以成功地应用的语言。属于这种语言的基本观念是这样一些假设：事件在时间中的次序与它们在空间中的次序无关，欧几里得几何在真实空间中是正确的，在空间和时间中发生的事件与它们是否被观测完全无关。不可否认，每次观测对被观测的现象都有某种影响，但是一般假设，通过小心谨慎地做实验，可使这种影响任意地缩小。这实际上是被当做全部自然科学的基础的客观性理想的必要条件”②。

牛顿力学的第三个特征是纯客观性。这是由牛顿阐述的研究问题的下列四条法则加以保证的：

> 法则一：除那些真实而已足够说明其现象者外，不必寻求自然界事物的其他原因。
>
> 法则二：所有对于自然界中同一类结果，必须尽可能归之于同一种原因。
>
> 法则三：物体的属性，凡是不能增强也不能减少者，又为我们实验所能及的范围内的一切物体所具有者，就应视为所有物体的普遍属性。
>
> 法则四：在实验哲学中，我们必须把那些从各种现象中运用一般归

---

① 转引自杨仲耆、申先甲主编．物理学思想史．长沙：湖南教育出版社，1993：415

② 海森堡．物理学与哲学．范岱年译．北京：科学出版社，1974：114

纳而导出的命题看作是完全正确的，或者是非常接近于正确的；虽然可以想象出任何与之相反的假说，但是，没有出现其他现象足以使之更正确或者出现例外以前，仍然应当给与如此的对待。①

牛顿把这四条法则称为“哲学中的推理法则”，同时，也是他研究问题的基本方法。法则一实际上描述的是简单性原则，用牛顿的话来说，就是“自然界喜欢简单化，不爱用什么多余的原因夸耀自己”；法则二给出了在相似性、统一性的基础上寻找因果关系的原则，表达了同样的原因必然导致同样的结果，即如果由于原因 A 产生了结果 B，那么，结果 B，必须是由原因 A 引起的。在这里，原因是结果的充分必要条件；法则三中牛顿继承了英国哲学家培根（F. Bacon）的经验主义传统，并把通过实验所揭示的物体的属性看成是纯客观的，例如，牛顿在对法则三的说明中指出，物体的属性只有通过实验才能为我们所了解，所以，凡是与实验完全符合而又既不会减少更不会消失的那些属性，我们就把它们看做是物体的普遍属性。或者说，在牛顿看来，实验结果作为观察事实既与人无关，也与理论无关，是对物体内在属性的一种完全客观的揭示；法则四规定了归纳论证的有效性。

显然，牛顿的这四条法则明确地突出了观察结果与归纳论证在理论形成过程中的重要的作用。牛顿把那些不是从现象中推论出来的任何说法都称为假说，并进一步指出：

这样一种假说，无论是形而上学的或者是物理学的，无论是属于隐蔽性质的或者是力学性质的，在实验哲学中都没有它们的地位。在实验哲学中，命题都是从现象推出，然后通过归纳而使之成为一般。②

或者，我们可以把牛顿的方法论总结为三步：其一，实验，即通过实验把相关现象分离出来并对其进行测量；其二，归纳，即从现象中归纳出一般的规律；其三，整合与预言，即通过一般规律对观察现象进行演绎说明，并预言有可能出现的新的实验现象。在这里，实验、测量、观察、语言表达、符号赋义都是无歧义的，观察陈述与实验事实是中性的，是价值无涉的，是对自然界内在性质的揭示，是形成理论的基础或是证实理论的判别标准。显然，牛顿力学的这种结构最理想地落实了逻辑经验主义的哲学纲领。

牛顿力学的这三个基本特征不是孤立外在的，超时空性表明了经典力学的无条件性；严格的因果决定性表明了经典力学的无歧义性；无条件性与无歧义性共同决定了经典力学的纯客观性。经典力学的这些特征是由它的公理性质的前提所

---

① 牛顿著，塞耶编．牛顿自然哲学著作选．王福山等译校．上海：上海译文出版社，2001：3-6

② 牛顿著，塞耶编．牛顿自然哲学著作选．王福山等译校．上海：上海译文出版社，2001：9

决定的。然而，这些前提在力学的体系中是无法得到证明的。经典力学拥有的这三个基本特征共同保证了，理论是对实在的终极描述。这种观点在尔后物理学的发展中变得更加明朗。牛顿力学对整个宇宙的深刻洞见，漂亮的数学表达，难以置信的精确预言，以及对人类文明进程的深刻影响，使其很快战胜了当时由笛卡儿（R. Descartes）和莱布尼茨（G. Leibniz）提出的相竞争的科学说明的观点，成为之后近三百年来指导物理学研究的成功的科学说明范式。

这个时期的物理学家努力以力学的研究范式归整与理解新的实验现象，试图把所有的物理现象都还原为牛顿力学，并且他们假定，整个宇宙像一个巨大的钟表系统一样，它在根本意义上是由大量的粒子组成的，这些粒子具有质量、占有空间，随着时间的流逝而连续地运动，它们的运动行为与相互作用遵守牛顿力学定律。物理学家和科学哲学家弗兰克（P. Frank）对当时的状况做出了这样的概括：

> 19 世纪末期，许多新的物理现象不断发现，这些现象用牛顿力学的原理来解释只能含糊其词。新的理论于是产生了，这些理论不一定是由牛顿力学推衍出来的，不过为了解释新的物理现象只好暂时接受它们。这是不是自然的真知识，或者只是一种“数学描述”，像中世纪的哥白尼系统一样？这些疑团没法子解决，因为人们相信唯有归宗于牛顿力学方才有了解自然的可能，而且其中也包含了哲学上的证明。①

18 世纪和 19 世纪的物理学确实是沿着这个思路发展的，当时的物理学家正是接受了科学说明的牛顿范式及其前提假设，才使牛顿力学得到了进一步的扩张与应用。例如，光的波动理论与牛顿力学的个别细节有矛盾，但是，经过物理学家的共同努力这种矛盾得到了缓解。焦耳（J. P. Joule）和亥姆霍兹等证明，热是一种形式的能量。以此为基础，麦克斯韦（J. C. Maxwell）、吉布斯（J. W. Gibbs）和玻尔兹曼（L. Boltzmann）通过气体是分子的集合以及分子的运动和相互作用严格遵守牛顿力学定律的假设，说明了玻意耳-查里斯-盖吕萨克气体定律。电磁场理论虽然很难还原为牛顿力学。但是，物理学家借助于“以太”这个理想媒介的假定可以一致性地认为，这种困难只是暂时的，而不是理论的缺陷。只要最终能够通过实验证明以太的存在，物理学家就有可能对电、磁和光给出一种力学的说明。物理学家的这些做法最终被内化成为一种“机械实在论”的哲学信念。

现在看来，试图以牛顿力学的科学说明范式解释一切的努力显然只是一个时代的幻想。然而，这种幻想所起的作用却是无法估量的。这是因为，当代科学的发展正是在这个梦想的逐渐破灭中成长起来的。到 19 世纪末，随着物理学中的

---

① 杨仲耆，申先甲．物理学思想史．长沙：湖南教育出版社，1993：477

三大发现的产生，随着被誉为漂浮在物理学上空的“两朵乌云”的出现，新理论终于诞生了。这些理论的提出最终致使试图把所有的现象都简化为牛顿力学的这种“机械实在论”的信念破灭了。但是，推翻“机械实在论”与剥去物理学发展的机械论色彩，并不等同于是完全抛弃对科学理论作出实在论解释的立场，更没有使大多数科学家感觉到有必要对他们的科学实在论态度或“科学理论与实在”的关系问题进行明确的讨论。或者说，在量子力学诞生之前，牛顿力学所蕴涵的哲学基础并没有被彻底推翻，相反，在科学家中间，不仅得到了有选择的保留，而且经过爱因斯坦的科学说明范式的改造，被进一步提升与内化，在更广泛的意义上成为科学家公认的一种实在论态度，被继承下来。

二、经典实在论及其影响

如果剔除“机械实在论”试图把一切现象都还原为牛顿力学的机械论成分，那么，我们可以一致性地把经典物理学所蕴涵的实在论立场的基本信条概括为下列四个方面：其一，物理学的定律是自然界的定律，而不是科学家把定律强加于自然界的，它们是真实的、基本的和可靠的，是宇宙结构的一个组成部分，或者说，在这个语境中，物理学家发现一个定律类似于发现美洲大陆，两者都是已经存在于那里，等待着被人发现；其二，这些定律来源于实验归纳，而不是科学家之间达成的一个共识，即不是在主体间性意义上的公认结论；其三，实验程序与实验方法的运用是无歧义的，规范的方法与程序一定会产生客观的实验现象，观察者在整个实验与测量过程中只扮演着“操作者”或“记录员”的角色，即只是熟练地操纵仪器和客观地读出仪表上的数据或图像；其四，测量仪器的选择与操作不会对观察结果造成实质性的影响，观察事实是对自然界的反映，是客观的，是不需要作出进一步解释的。

爱因斯坦的狭义相对论和广义相对论的产生，虽然从科学发展的角度来说，是非常独特而具有革命性意义的。因为它第一次明确地阐述了完全不同于牛顿力学的时空观与物质观，奠定了现代宇宙学发展的基础，并为物理学家的思维方式注入了新的活力，开阔了他们的研究视野。但是，从其哲学基础来看，爱因斯坦的科学说明观完全不同于牛顿的科学说明观：前者更多地强调科学家在提出概念与引进推测性假设过程中表出的自由创造的作用；后者则强调观察和归纳的作用，并且对推测性假设持有怀疑态度。可是，他们在对待科学的实在论态度方面基本上还是共同的，他们在科学说明观方面的差异只是在一定程度上补充与拓展了近代自然科学的上述哲学基础。所以，从这个意义上来说，相对论力学所蕴涵的哲学基础仍然可以归入经典物理学的范畴，算不上具有革命性的意义，其主要的作用只是进一步丰富与完善了从经典物理学中提升出来的上述哲学信念，使科学家的实在观彻底地完成了从“机械实在论”向“经典实在论”的升华与过渡，并且使“经典实在论”的基本前提以更加明确的方式体现出来。

如前所述，牛顿的科学说明范式是牛顿在阐述其力学理论体系时通过定义、定律和规则的形式蕴涵了，许多观点实际上是对“常识实在论”的一种合理延伸。与此不同，爱因斯坦的科学说明范式，则是在分析批判哲学史与物理学史的基础上经过论证体现出来的。在爱因斯坦看来，物理学当时所面临的困难迫使物理学家比其前辈在很大程度上更关注哲学问题。在几个世纪的哲学思想的进化过程中，下列问题发挥了重要的作用：“独立于感官感知的纯粹思想能够提供什么样的知识？存在着任何这样的知识吗？如果不存在，我们的知识与感官印象提供的原始资料之间的精确联系是什么？与这些问题及其相关的少数其他问题相对应的哲学见解极其混乱。”[①]爱因斯坦认为，在哲学的幼年时代，哲学家相当普遍地承认，依靠纯粹的反思有可能获得一切，这是一种哲学家的幻想，但是，这一种幻想与普通百姓在日常生活中建立起来的“常识实在论”立场是相吻合的，同时，这也是所有科学特别是自然科学的出发点。可是，在后来的哲学发展中，出现的一个总趋势是，哲学家对依靠纯粹思想了解与“概念和观念世界”相反的“客观世界”的每一种努力越来越提出怀疑。

为了说明问题，爱因斯坦转引了罗素在《意义与真理的一种探求》一书的绪论中写的一段话，罗素认为，我们大家都是以“朴素的实在论”为出发点的。我们认为草是绿色的、石头是坚硬的、雪是寒冷的。但是，物理学向我们保证，草的绿色、石头的坚硬和雪的寒冷，并不是我们在自己的经验中所知道的绿色、坚硬和寒冷。如果观察者相信物理学，当他观察一块石头时，他真的观察到了石头对他自己的作用。因此，科学似乎是自相矛盾的：当它最希望成为客观的时候，却发现自己事与愿违地陷入了主观性。朴素的实在论导致了物理学。如果真是这样，物理学表明朴素的实在论是错误的。因此，如果物理学真的表明朴素的实在论是错误的，那么，朴素的实在论就是错误的，因此，科学是错误的。[②]

爱因斯坦认为，罗素的这段话揭示了一种联系：如果贝克莱（G. Berkeley）的存在就是被感知，所依赖的事实是，除了事件只在因果性的意义上与到达我们感觉器官的“东西”联系在一起之外，我们不会直接地通过我们的感官来掌握外部世界的“东西”，那么，这是考虑到，从我们相信的物理学思维方式中获得了有说服力的特性。因为，如果人们对物理学的思维方式的最一般的特征表示怀

① Alber Einstein. Remarks on Bertrand Russell's Theory of Knowledge//Edward A. MacKinnon, ed. *The Problem of Scientific Realism*. New York: Meredith Corporation, 1972: 175

② Alber Einstein. Remarks on Bertrand Russell's Theory of Knowledge//Edward A. MacKinnon, ed. *The Problem of Scientific Realism*. New York: Meredith Corporation, 1972: 176-177

疑，那么，根本没有必要介入客体与把客体和主体分离开来的任何可见的行为之间，使“客体的存在性”变得成问题起来。然而，正是相同的物理学思维方式及其实践的成功，动摇了相信依靠纯粹推测性的思想来理解事物及其关系的可能性。后来，人们逐渐地相信关于事物的所有知识都是通过对感官提供的原材料进行专门加工而来的。从一般的形式来看，在今天人们已经普遍接受了这个判断。但是，“这种信任并不依赖于下列假设：任何一个人实际上都已经证明了借助于纯粹的推测，不可能获得关于实在的知识，而是依赖于这样的事实：只凭经验（在上面提到的意义上）程序已经表明，经验有能力成为知识的来源。伽利略（G. Galilei）与休谟（D. Hume）第一次明确而坚定地支持了这个原理。”①

爱因斯坦认为，休谟明白，我们必须把基本的概念，例如，因果性关联，看成是不可能从感官提供给我们的材料中获得的。这种见解致使休谟对任何一类知识都持有怀疑的态度，休谟的这种观点极大地影响了他之后的许多著名哲学家的发展。爱因斯坦还说，他自己在研读罗素的《意义与真理的一种探求》一书时，从罗素的哲学分析中，也会回想起休谟。后来，康德（I. Kant）的研究向人们表明，有些知识是不可能从经验中得到的。例如，几何命题和因果性原理。康德把这些知识称为先验知识。于是，爱因斯坦坦言：“对我来说，康德对问题的下列陈述似乎是正确的：如果从逻辑的观点来分析这种情形，当我们用具有某种‘正确性’的概念进行思考时，根本没有参考来自感觉经验的材料。”②或者说，在我们思维和语言表达中提出的概念完全是思维的自由创造，不可能通过对归纳感觉材料的归纳来获得。这一点之所以不容易被人们所关注，只是因为某些概念和概念关系与某些感知经验的结合是如此的明确，以至于我们意识不到把感知经验世界与概念、命题世界分离开来的不可逾越的逻辑鸿沟。

爱因斯坦举例说，整数系列显然是人类心灵的一种发明，一种自己创造的用来简化一定感觉经验秩序的工具。可以说，这些概念根本不可能从感觉经验中获得。我们越求助于日常生活中最基本的概念，就越难以在许多根深蒂固的习惯中承认这种概念是独立的思想创造。然而，人们一旦熟悉了对休谟的批评，就很容易相信，这些不能从感觉材料中演绎出来的概念和命题，由于它们的“形而上学”特征，是被从思想中排除掉的。因为所有的思想只能通过其与感觉材料的相互联系，才能获得具体内容。爱因斯坦认为这种观点是正确的，但是，他认为，如果把思想的规定建立在这个命题的基础上，则是错误的。因为这种断言（如果

---

① Alber Einstein. Remarks on Bertrand Russell's Theory of Knowledge//Edward A. MacKinnon, ed. *The Problem of Scientific Realism*. New York: Meredith Corporation, 1972: 117

② Alber Einstein. Remarks on Bertrand Russell's Theory of Knowledge//Edward A. MacKinnon, ed. *The Problem of Scientific Realism*. New York: Meredith Corporation, 1972: 178

只是绝对一致性地贯彻的话）排除了对任何一种“形而上学”问题的思考。为了不使思想退化为“形而上学”或空谈，唯一必要的是，使概念系统的命题充分而坚定地与感知材料联系起来，从概念系统的任务是整理和审视感觉经验的观点来看，概念系统将会是尽可能一致的和简单的。超越这一点，概念系统就会成为根据任意给定的游戏规则可以随意创造的符号游戏。

从这里不难看出，爱因斯坦的立场是，一方面，我们应该承认，科学概念与定律并非完全是从经验中归纳出来的，而是思想的一种自由创造；另一方面，为了不使这种自由创造退化为一种纯粹的符号游戏，必须与经验材料联系起来。正是在这个意义上，爱因斯坦认为，对休谟的批评不仅决定性地推进了哲学的发展，而且为哲学带来了危险：对“形而上学的恐惧”成为当代经验主义哲学化的一种疾病。这种疾病是与认为能够忽视和排除感知材料的早期哲学化相对应的。因此，无论人们多么钦佩罗素在《意义与真理的一种探求》一书中作出的敏锐分析，他恐惧“形而上学”的幽灵已经带来了某种危险。这种恐惧致使他只相信来自感知材料的一组“性质”。显然，爱因斯坦的这种预见在逻辑经验主义的哲学纲领中得了落实。

因此，爱因斯坦的观点与牛顿极力主张的排除“形而上学”的观点恰好相反，他认为“形而上学”在科学中是必不可少的。人类心灵的自由创造能够与物理实在相符合①，这是一个伟大的奇迹。这种奇迹是建立在科学说明的可能性之基础上的。科学作为一种现存的东西，是人们所知道的客观的，同人无关的东西。但是，科学作为一种尚在发展中的东西，作为一种被追求的目的，都同人类其他事业一样，是主观的，受心理状态制约的。

爱因斯坦的这种科学说明观同时也体现在他的狭义相对论与广义相对论的形式体系中。我们知道，狭义相对论以“相对性原理”和“光速不变原理”为出发点，阐述了日常生活中想象不到的尺缩、时延效应，揭示了作为核能基础的质能转化关系。其中，“相对性原理”是爱因斯坦对19世纪末麦克斯韦电磁场理论所遇到的理论与实验困境进行了深入思考，从伽利略的力学相对性原理推广而来的。爱因斯坦认为，在电磁学中，一方面，构成“以太”的简单的力学模型已被证明是不可能的，由此引起了机械论的崩溃；另一方面，“以太”除了发明时所赋予它的一种性质，即传播电磁波的能力之外，其他任何性质都没有。力图发

---

① 令人遗憾的是，在当时，虽然爱因斯坦已经在自己的科学研究实践中，深深体会到或感受到科学家的直觉判断与自由创造也有可能把握实在，但是，在哲学上，并没有人深入地对此进行过系统的说明，直到美国现象学家德雷福斯（H. Dreyfus）根据现象学理论论证人工智能不可能超越人类智能或者智能机不及人类心灵的观点时，关于专家的直觉判断的客观性问题的研究才引起哲学界的关注。本书在第六章专门阐述这一问题

现“以太”性质的一切努力都引起了困难与矛盾。所以，应该完全丢开“以太”，把已经被实验充分地确认了的论据写下来。“相对性原理”的确立使“以太”概念成为多余的预设前提而被否定掉，电磁场从此从“以太”的外壳中脱颖而出，变成了独立存在的物理客体。今天，电磁场已经成为人所皆知的一个概念。“光速不变原理”是爱因斯坦在对时间的“同时性”概念分析之后确立的。

广义相对论以“广义相对性原理”和“等效性原理”为出发点，阐述了时空与物质之间的新关系，第一次从理论上揭示了引力的本质，这为当代宇宙学和天体物理学的研究奠定了理论基础。其中，“广义相对性原理”是爱因斯坦为了保证因果性原理在物理学中得到始终的贯彻，从理论上消除曾经赋予惯性系的特殊而优越的物理地位，从狭义相对论中的“相对性原理”扩展而来的。爱因斯坦认为，“相对性原理”本身隐含了一个循环论证：“如果有一物体离开别的物体足够远，那末它运动起来就没有加速度，而只是由于它运动起来没有加速度这一事实，我们才知道它离开别的物体是足够远的。”[①]“广义相对性原理”正是为了排除这个循环论证而提出的。“等效性原理”是爱因斯坦立足于“在引力场中一切物体都具有同一加速度”这个熟知的实验事实，为了解决“引力疑难”而提出的。“等效性原理”是把引力质量与惯性质量相等效，提升到原理的高度来认识的。

如果说，产生狭义相对论的背景还有一定的经验基础的话，那么，广义相对论体系的提出则完全是爱因斯坦天才创造的结晶，是一个极其富有创造性的理论，是纯粹逻辑推演的结果，不是对经验事实的归纳。因为当时物理学认识的各种因素从未曾预告过广义相对论的任何迹象，更不存在提出广义相对论的任何理论前提，仅有的依据只不过是马赫对经典物理学的批判性思想和黎曼的非欧几何图像。为此，物理学家玻恩（M. Born）深有体会地指出，广义相对论是认识自然的人类思维的最伟大的成就，是哲学的深奥、物理学家的洞察力和数学技巧的最惊人的结合。如果我们抛开宗教与政治斗争的因素，仅从物理学的角度来看，广义相对论的建立解决了应用于一切坐标系的物理学定律的问题，从而使在物理学早期出现的关于托勒密的地心说与哥白尼的日心说之间的争论变得毫无意义。这是因为，在广义相对论中，使用任何一个坐标系都是一样的。“太阳静止，地球在运动”或“地球静止，太阳在运动”这两种视角，只不过是两个不同坐标系的两种不同习惯而已。

广义相对论的一个重要预言是，由于引力场的存在，光线在通过大质量物体附近时会发生弯曲。对这种现象的第一次观测来自英国人组织的两个远征观测

---

① 爱因斯坦，英费尔德．物理学的进化．周肇威译．上海：上海科学技术出版社，1962：141

团，这两个观测团分别赴巴西北部的索布拉尔（Sobral）和非洲几内亚海湾的普林西比岛（Príncipe）对 1919 年 5 月 29 日发生的日全食进行观测，以检验光线弯曲的预言。大家熟知的爱丁顿（A. S. Eddington）的观测，属于后一个观测团，科学史上把爱丁顿的观测视为证实广义相对论的一个重要证据。现在，许多研究表明，这个事实是有争议的。但是，不管争议有多大，在此后的 1922 年、1929 年、1936 年、1947 年和 1952 年发生日食时，各国天文学家都组织了检验光线弯曲的观测，1973 年 6 月 30 日的日全食观测，也证实了广义相对论的预言，而且，天文学家 1974～1975 年公布的结果被认为是对广义相对论预言的最精确的证实。对广义相对论预言的其他效应的证实工作，至今仍然在进行之中。

当然，进一步深入考察这方面的相关进展并非是本书的宗旨所在，在这里，我们只是试图通过这个案例表明：其一，爱因斯坦经过逻辑推理创造出来的理论，竟然在 90 多年后的今天，仍然会不断地得到实验事实的证实，从而在一定程度上支持了爱因斯坦阐述的纯粹思维也能把握实在的观点。其二，从认识论意义来看，相对论力学并没有对经典物理学形成的认识论基础产生实质性的挑战。正如玻尔所言：

> （在相对论的）表述中虽然用了四维非欧几里得度规之类的数学抽象，但是对于每一观察者来说，物理诠释却还是建议在空间和时间的普通区分上，并且是保留了描述的决定论特征的。……不同观察者的时空坐标表示法，永远不会蕴涵着可以称为事件因果顺序的那种序列的反向；因此，相对论不但扩大了决定论描述的范围，而且也加强了它的基础。①

也许正是因为这类共同的哲学基础，才不致使物理学家由于时空观的两次革命而引起对物理学的“理论与实在”问题的争论。其三，相对论力学中的动力学方程与牛顿力学一样都具有唯一确定性。有所区别的是，相对论力学把因果事件的变化发展与光速极限的存在联系起来，限定在“光锥”之内，使决定论的因果事件的发生变得更加具体。其四，爱因斯坦的科学说明范式只是对牛顿科学说明范式的补充，既不是替代，更不是抛弃。

下面提供的爱因斯坦与泰戈尔（R. Tagore）在 20 世纪 30 年代的一段精彩对话更能明确地说明问题。

> **爱因斯坦：**关于宇宙的本性，有两种不同的看法：
>
> 1）世界是依存人的统一整体；
>
> 2）世界是离开人的精神而独立的实在。

① 玻尔．原子物理学和人类知识论文续编．郁韬译．北京：商务印书馆，1978：4

泰戈尔：当我们的宇宙同永恒的人是和谐一致的时候，我们就把宇宙当作真理来认识，并且觉得它就是美。

爱因斯坦：但这都纯粹是人对宇宙的看法。

泰戈尔：不可能有别的看法。这个世界就是人的世界。关于世界的科学观念就是科学家的观念。因此，独立于我们之外的世界是不存在的……

……

爱因斯坦：这就是说，真和美都不是离开人而独立存在的东西。

泰戈尔：是的……

……

爱因斯坦：对美的这种看法我同意。但是，我不能同意对真理的看法。

泰戈尔：为什么？要知道真理是要由人来认识的。

……

爱因斯坦：我虽然不能证明科学真理必须被看作是一种正确的不以人为转移的真理。但是我毫不动摇地确信这一点。比如，我相信几何学中的毕达哥拉斯定理陈述了某种不以人的存在为转移的近似正确的东西。无论如何，只要有离开人而独立的实在，那也就有同这个实在有关系的真理；而对前者的否定，同样就要引起对后者的否定。①

诺贝尔奖获得者温伯格（S. Weinberg）也持有同样的观点。他认为，驱使我们从事科学工作的动力正是在于，我们感觉到，存在着有待发现的真理，真理一旦被发现，将会永久地成为人类知识的一个组成部分，在这方面，我们只能把物理学的规律理解为对实在的一种描述。如果我们理论的核心部分在范围和精确性方面不断地增加，但是，却没有不断地接近于真理，这种观点是没有意义的。②温伯格的这种观点在他1992年出版的《终极理论的梦想》一书中体现得更为明显。他在这本书的序言中明确地指出：

尽管我们不知道终极规律可能是什么或者我们还需要有多久才能发现它们。但是，我们认为，我们正在开始隐约地捕获到终极理论的大概要点。③

这里之所以摘录这些表达，不仅表明了这种观点在科学家当中的影响力与普

---

① 爱因斯坦．爱因斯坦文集．第一卷．许良英，范岱年译．北京：商务印书馆，1976：268-270

② Steven Weinberg. Physics and History//Jay A. Labinger, H. M. Collins, eds. *The One Culture: A Conversation about Science*. Chicago: University of Chicago Press, 2001: 116-127

③ Steven Weinberg. *Dreams of a Final Theory*. New York: Pantheon Books, 1992

遍性，而且他们关于科学断言的这些表达比我们通常在科学家的作品中找到的更明显、更具体、更有代表性。特别是，爱因斯坦和温伯格显然都可以称得上是20世纪科学共同体的重要发言人。科学哲学家普特南（H. W. Putnam）把这种“上帝之眼”的观点称为“形而上学的实在论”，还有人喜欢称为客观主义的实在论（objectivist realism）①，我更愿意称为“经典实在论”②。理由之一是，这种实在论立场是建立在经典科学的研究范式之基础上的，而在经典科学中，以牛顿力学为核心的经典物理学直到19世纪末一直扮演着领头学科的角色，它的概念体系与思想方式影响了整个近代自然科学的发展，把与之相协调的哲学立场称为“经典实在论”在其科学基础与时间范围上更具有指向性；理由之二是，称为“形而上学”的实在论往往会给人以强调这种立场的非经验特征之嫌。实际上，这种实在论立场是非常具体的，既有深厚的自然科学基础，也与日常生活经验相吻合。称为“客观主义的实在论”，则会由于“客观性”概念本身的不同用法，容易产生歧义。在科学哲学中，“客观的”这个术语至少有两种含义：一是与人无关的、自在地存在的意思，即独立于人的心灵而存在之意义上的用法；二是在主体间性的意义上达成共识的意思，即独立于某个人的看法之意义上的用法。

经典实在论所产生的影响是深远的。不仅从科学发展史来看，它一直受到大多数科学家的信赖，而且，从科学哲学的发展史来看，它的部分信念还对第一个成熟的科学哲学流派——逻辑经验主义——产生了实质性的影响。对逻辑经验主义所奠定的科学哲学研究框架的批判与超越，又影响了整个20世纪科学哲学的发展趋向。当人们把这种经典实在论的核心观点延伸外推到理解科学时，便产生了以塞拉斯（W. S. Sellars）为代表的科学实在论。这种实在论的基本信念是，普遍认为，科学无疑是一项认知的事业，认知具有揭示对象本质特征的功能，对某物本质特征的揭示被看成是获得了真理。因此，科学活动就是揭示真理而进行的认知活动，真理是对事物真相的把握。科学所揭示出来的规律被称为科学发现。或者说，在科学家看来，他们所提供的规律是独立地存在于那里的，他们总会有能力在未来发现这些规律。虽然他们很难明确地知道这种目标是否一定能够达到，但是，他们会通过科学教育的方式一代一代地向着同一个目标逼近。20世纪末最主要的反实在论者范·弗拉森（B. van Fraassen）把这种科学实在论明确地表述为：科学的目标就是在其理论中向我们提供一个关于世界像什么的字面

① Ronald N. Giere. *Scientific Perspectivism*. Chicago，London：The University of Chicago Press，2006：4-5

② 成素梅．论科学实在：从物理学的发展看自在实在向科学实在的转化．北京：新华出版社，1998：第一章与第二章．这里把“经典实在论”与“机械实在论”区分开来。前者主要是指从经典物理学的哲学基础中提升出来的实在论信念，后者主要是指18世纪和19世纪物理学试图用牛顿力学解释一切现象的实在论态度。两者在基本信念上有许多重合。前者比后者更普遍，后者比前者更具体

上真实的故事。

就其实质而言，这种乐观主义的哲学立场至少蕴涵了下列两个基本假设：其一，科学理论的可靠性与实在性假设；其二，科学方法与科学仪器的有效性与客观性假设。问题在于，当自然科学研究的视野推进到微观领域时，经典物理学的这种哲学基础的局限性与直觉性便逐渐地在新旧观念的不断争论中暴露出来。一方面，新的量子力学的研究成果带来了一系列反直觉的新的认识论教益，并且现实地表明，我们不能够把基于经典物理学的思维方式与方法论假定成长起来并具体化了的这种实在论立场，无条件地延伸外推到微观领域；另一方面，由于微观现象的奇妙性，量子物理学家也不得不在他们的研究中自觉地嵌入哲学思考的维度。

三、经典实在论的基本前提

其实，在量子力学诞生之前的19世纪末20世纪初，三位物理学出身的哲学家首先对近代经典实在论提出了深刻的批评。马赫（E. Mach）在《感觉的分析》（1886）一书中认为，科学定律是对感觉经验的总结，是人类为了达到综合复杂数据的目标所构造出来的，或者说，物理学定律的目标是最简单地和最经济地对事实进行抽象表达，不是对实在的描述；法国数学家、数学物理学家和哲学家庞加莱（H. J. Poincaré）在《科学与假设》（1902）、《科学的价值》（1905）和《科学与方法》（1909）三本著作中阐述了约定主义的学说。他认为，科学理论既不是对实在的描述，也不是对感觉经验的总结，而是对事物之间关系的描述，科学家凭借着直觉来认识这些关系，而不是认识实在本身。在物理学中，这种直觉使科学家进行经验概括，当这种概括取得成功时，几何中的“点”、“线”或力学中的“质量”和“力”等关键术语就转化成为一种“约定”，或者说，假定义。这样的约定是不可证伪的，因为从严格意义上说它们不再是经验陈述。法国物理学家和科学哲学家迪昂（P. Duhem）在《物理学理论的目的与结构》（1906）一书中基于对物理学中的表征与说明的区分，阐述了实验标准的不确定性问题和著名的“迪昂-蒯因”论题。这个论题认为，对于给定的一组观察，存在着许多说明，经验证据不可能迫使科学家对理论作出修改，或者说，仅凭经验证据不足以在两个相互竞争的理论中做出选择。

尽管这些观点对经典物理学的哲学基础的批评在细节上有所不同，但其共同之处是，他们都认为，不能把物理学理论的可理解性看成是对实在的可理解性的反映或复写，或者说 ，把物理学理论说成是“绝对真理”或是对实在的纯客观的描述，是没有意义的。然而，这些观点虽然来自物理学出身的哲学家之笔，虽然对物理学家超越牛顿力学的思维框架起到过重要的启发作用。但是，还不足以在物理学共同体中构成对坚持科学实在论立场的任何威胁。哲学家对经典实在论立场的批评，丝毫没有激发起物理学家对经典物理学的哲学基础提出实质性的怀疑。狭义相对论与广义相对论的产生虽然在理论形成与概念运用，特别是，在时空观、物质观和宇宙观等方面，对经典物理学进行了重大的修改，抛弃了机械论的哲学教条，修正了一些来自直觉观念的认识论信念。但是，就相对论力学对因果性概念的明确限定与定域性假设而言，实际上，它是进一步加强与推广了经典实在论的立场。前面引用的爱因斯坦的观点也说明了这一点。

物理学家的经典实在论立场，是在经典物理学的研究范式中总结出来的。我们可以把这种实在论立场的基本前提归结为四个假设：其一，世界的独立性假设，即认为自然界是独立于人而存在的；其二，真理符合论假设，即认为物理学的定律与理论是对世界的纯客观的真理性描述；其三，决定论的因果性假设，即认为物理量代表了物体的属性，物理量之间的关系可用数学方程来表示，已知初始条件，求解数学方程得出的结果代表了物体的当前运动状态；其四，可分离性原则，即认为曾经相互作用过的两个粒子（或两个物理系统），在分开之后，对一个粒子（或系统）的测量，不会影响到另一个粒子（或系统）的运动状态，可分离性原则是建立在宏观粒子具有的定域性和个体性之基础上的。

然而，量子力学的产生不仅首先对后两个假设提出了原则性的挑战，而且为前两个假设的理解赋予了新的内涵。对第一代量子物理学家来说，当他们面对亲自创立的量子力学的新特征时，他们是接受量子力学带来的哲学挑战，放弃经典实在论立场呢？还是坚持经典实在论立场，认为量子力学是不完备的呢？如果选择前者，那么，这是否意味着对物理学理论是对世界的客观描述这一研究传统的彻底丢弃呢？如果选择后者，那么，是否意味着像隐变量量子论所追求的那样，认为现行的量子力学是不完备的呢？物理学家在这两种立场的选择中展开的讨论，便构成最早的量子实在论与反实在论之争，这种争论随着量子力学尔后的发展，也发生了相应的变化。为了有助于明确这个争论，我们首先需要从考察现行的量子力学隐藏的哲学基础以及这些哲学基础对上述经典实在论带来的挑战说起。

第二节　量子力学的哲学基础

19 世纪末 20 世纪初，物理学的实验事实，迫使人们对已经牢固确立的概念与知识作出革命性的否定。量子力学就是在这一过程中诞生的。量子力学发端于 1900 年的普朗克提出的“量子假设”。它的早期成功是由光电效应、康普顿效应、固体的比热理论等推动的。量子力学的理论体系是物理学家集体努力与不断争论的结果。到目前为止，虽然在物理学家中间，已经不存在像玻尔和爱因斯坦那样的激烈争论，量子力学的内在自洽性以及与实验证据的一致性，也使得它成为20世纪人类智力发展史上的一个极其重要的理论。但是，要理解这个理论的真正涵义，却至今仍然是持有对立观点的各个学派之间空前争论一个主题。为了有助于澄清这些争论，我们有必要首先对量子力学的形式体系的产生、目前公认的基本假设及其哲学前提做出简要的阐述。

一、量子力学的产生

在物理学的发展史上，量子理论的产生与物理学家对光的本性的研究密切相关。早在17世纪，牛顿与惠更斯（C. Huyghens）等分别提出了关于光的本性的两种截然不同的假说：光的粒子说与光的波动说。牛顿从原子论的物质观出发，把光看成是从光源发射出或者是从发光体反射出的粒子流；惠更斯等把光理解为像声音一样能够通过某种媒介传播的波的运动。当时，光的波动说必须克服的主要困难是，假如太阳与地球之间是物质真空，那么，从太阳发射出的波如何能够传播到地球上呢？为了解决这一难题，物理学家假设“以太”来充当理想的传播媒介。后来，光的偏振现象的事实表明，光的传播方向与波振面相垂直。这就使以太媒介的构造非常成问题。因为波被认为只有在刚性的物体中才能传播。

到18世纪和19世纪，光的波动理论得到了更多人的认可。因为测量表明，光在光密媒介中的传播速度小于光在光疏媒介中的传播速度。这种现象与波动理论的预言相一致，而与粒子理论的预言相矛盾。特别是，光的衍射效应与干涉效应的发现，成为光的波动论成立的更明确的例证。到19世纪末，麦克斯韦所阐述的电磁场理论，使科学共同体相信，电磁波以光速传播，光是一种形式的电磁波，电磁场本身可以看成是能够通过真空传播的一种物理实体，从而逐渐抛弃了作为波的传播媒介的以太观念。

标准的波动理论所遇到的第一个真正的困难，来自对物质与光的相互作用的理解。实验表明，在一定的温度下，受热物体将辐射和吸收光。在一定的时间内，物体辐射能量的多少及辐射按波长的分布都与温度有关。在温度低于800K时，绝大部分的辐射能分布在光谱的红外长波部分，肉眼看不到，要用专门的仪器来测定；自800K起，如果逐渐升高温度，辐射能量将逐渐地向短波部分分布。用肉眼观察辐射时，先看到由红色变为黄色，再由黄色变为白色，最后，在温度极高时变为青白色。物理学家试图在理想黑体辐射的情况下，理解这种重要的光谱分布函数。一种方法是从麦克斯韦-玻尔兹曼的受热物体的分子分布定律出发，提出维恩位移定律；另一种方法是从统计力学出发，应用统计推理得到瑞利-琼斯定律。这两个定律都是在实验基础上归纳出的经验公式。前者在短波区与实验结果相符，后者在长波区与实验结果相符。特别是，当运用瑞利-琼斯公式计算辐射能量时，在辐射的波长接近紫外的条件下，计算出的能量为无限大，出现了所谓的“紫外灾难”。由于瑞利-琼斯公式是根据经典物理学中的能均分原理得出的，因此，“紫外灾难”事实上也是经典物理学的灾难。

1900年，普朗克（M. Planck）利用经典电动力学和熵增加原理的方法，在维恩和瑞利-琼斯公式之间利用内插法建立了一个普遍公式。这个公式在任何情况下都与实验测量数据相符合。普朗克为了赋予他的经验公式以物理意义，在《关于光谱中能量分布规律的理论》一文中，提出了一个大胆的能量的量子化假说，并引进了普朗克常数 h（也称为作用量子）。在能量观念上，普朗克的能量量子化假说与通常波动理论有着本质上的区别。在普通的波动理论中，能量是连续的，物体所发射或吸收的能量可以取任意的量值；而按照普朗克的量子假说，能量却是不连续的，存在着能量的最小单元 $h\nu$（其中，ν 是指频率），物体发射或吸收的能量必须是这个最小单元的整数倍，而且是一份一份地按不连续的方式进行的。这一事实，迫使物理学家认真思考，在微观领域的现象中，可能存在着与宏观现象中不同的规律和概念。

1905年，爱因斯坦在《关于光的产生和转化的一个启发性观点》一文中，基于普朗克的量子假说，进一步提出了关于光的本性的光量子假说（1926年，美国物理学家刘易斯（G. N. Lewis）把光量子称为光子），解释了另一种类型的光与物质相互作用的现象——光电效应，即金属中的自由电子，在光的照射下，吸收光能而逸出金属表面的现象。实验结果表明，单位时间内，受光照的金属表面逸出电子的能量只依赖于照射光的频率，而与光的强度无关，只有逸出电子的数目与光的强度有关。这个现象很难用经典的波动理论加以解释。按照爱因斯坦的光量子假说，一束单色光中的能量是“成包”而来的，每包大小为 $h\nu$，每个电子通过与单个的光能量包（light-energy packet）相互作用后逸出金属表面。这样，光像普朗克假设的那样，在发射或吸收时表现出粒子性，爱因斯坦甚至认为，光在空间中传播时也表现出粒子性。1923年，伦琴射线的散射现象（即康普顿效应）有力地证实了光的粒子性，说明光子具有一定的质量、能量和动量。十年之后，美国物理学家密立根（R. A. Millikan）在实验中证实，由光子理论得到的 h 值和由普朗克公式得到的 h 值完全一致。

在光既具有粒子性又具有波动性观点的启发下，1923年，德布罗意在《波与粒子》的论文中，运用类比的方法提出了物质波的概念。他认为，实物粒子的运动既可用动量、能量来描述，也可用波长、频率来描述，并通过普朗克常数把描述实物粒子具有粒子性的能量和动量，与描述实物粒子具有波动性的波长和频率联系起来。据此，德布罗意预言，电子作为组成原子的粒子，在一定的实验条件下，会表现出衍射或干涉的波动现象。1927 年，戴维逊（C. J. Davisson）和汤姆逊（G. P. Thomson）先后通过实验验证了德布罗意预言的电子衍射。比光学显微镜分辨率高得多的电子显微镜正是利用了微观粒子的波动性特征。但是，在当时，德布罗意的理论公布之后，并没有引起人们的重视。大多数物理学家认为，德布罗意的想法虽然有很高的独创性，但很可能只不过是些转瞬即逝的灵感而已。正如普朗克所回忆的，早在 1924 年，德布罗意的新思想是如此之新颖，以至于没有一个人相信它的正确性；它又是如此之大胆，以至于他本人只能摇头兴叹。洛伦兹甚至无奈地说："年青人认为抛弃物理学中的老概念简直易如反掌。"①

幸运的是，德布罗意的理论得到了爱因斯坦的赞成。薛定谔在爱因斯坦和德布罗意理论的启发下，于 1926 年建立了在各种势场中可用来正确地解决低速情况下各种微观粒子运动问题的微分方程。以这个方程为核心的理论被称为波动力学。运用波动力学求解电子围绕原子核的轨道运动时，可以自然而然地得出与波相对应的电子的能量只能取分立值的结论。这个结论与玻尔早在 1913 年提出的原子模型中的电子只能处在分立的定态能级的假设相一致。但在波动力学提出之前，从玻尔的原子模型出发，导致了提出量子论的另一条进路。这条进路与从德布罗意到薛定谔立足于粒子的波动性和连续性的进路完全不同，是沿着量子化的方向，立足于不连续性或分立性，运用高深莫测的矩阵代数的方法，先于波动力学，从旧量子论中脱胎而出的。

在当时，玻尔建立的定态原子模型虽然能够解释巴尔末氢原子光谱的经验公式，能够精确地算出里德伯常数，并且还预言了一些后来发现的新谱线。但是，它只能用于确定最简单的氢原子中的能态，不能够作为普遍的方法确定较复杂的原子中的能态，也不能够对与原子的发射和吸收相联系的光的频率和强度提供系统的确定方式。海森伯试图通过寻找处理原子与光的相互作用问题的系统方式来解决上述疑惑。他从考虑玻尔的电子运动论模型出发，运用爱因斯坦建立狭义相对论时，强调不允许使用绝对时间这类不可观察量的方法，试图仅仅根据那些原则上可观察的量（如辐射频率和强度这些光学量）之间的关系来建立量子力学的理论基础。海森伯认为，原子理论应该建立在可观察量之上，但玻尔模型中的电子轨道概念是无法用实验证实的。相反，光的频率与谱线强度等却是原子研究中可以直接观察的量。

基于这样的思考，1925 年 7 月，海森伯以这些可观察量为基础，完成了《关于一些运动学和力学关系的量子论的重新解释》这篇具有划时代意义的论

① 赫尔内克．原子时代的先驱者．徐新民等译．北京：科学技术文献出版社，1981

文。在这篇论文中，他提出了一个新量子论体系的设想，运用他的方法，能够确定任何原子中与发射光的频率和观察光的强度相对应的电子所允许的能量。同年 11 月，海森伯与玻恩、约丹（P. Jordan）共同合作，终于把他最初的思想发展成为一个概念上自主和逻辑上自洽的关于量子论的新的动力学理论，称为矩阵力学。问题是，尽管这个理论的数学是明确的，但是，理论的物理解释却并不十分清楚。因为这种理论是基于抛弃粒子运动的轨道这些原则上不可观察的量，从实验中观察到的光谱线的分立性出发，建立了一套数学计算规则。抛弃轨道也就等于抛弃了对微观粒子的时空的经典描述和原先明确的图像解释。

在经典物理学中，用数学函数表示的粒子的位置和动量的那些基本动力学变量，在一定的时空点，总具有确定的值。然而，在矩阵力学中，动力学变量用称为算符的数学客体来表示。这些算符把一个抽象的数学量与态联系起来。已知系统的态和与感兴趣的动力学变量相对应的算符，运用所构造的规则能够确定这个量的可能的观察值。例如，在给定的原子中，我们能够计算一个电子具有的可能的能量值。在一定的物理条件下，运用另一些规则能够计算从与一个量的值相对应的态到另一个态的“跃迁振幅”。这样，即使在电子受到外界干扰的条件下，也可以计算出电子从一个能态向另一个能态跃迁的比率。在这些运算规则中，最惊人的特点是，两个矩阵相乘是不可交换的，或者说，两个正则共轭的动力学变量不服从乘法交换律。1927 年，海森伯在爱因斯坦的“是理论决定我们能够观察到的东西”这一观点的启发下，从分析云室中电子径迹的意义出发，把共轭力学变量的这种性质总结为，微观粒子运动过程中内在固有的“测不准关系”：同时（对于同一个波函数）确定微观粒子的位置和动量，它们的准确度有一个原则上不可超越的限度。海森伯把这种测不准性看成是量子力学中出现统计关系的根本原因所在。

那么，与这种极具创新的数学体系相对应的是一种什么样的物理世界呢？从前，一直是物理学模型领先于数学描述，或者说，物理学的思想是主要的，数学不过是使物理学思想更加精确的一种辅助手段；但是，在量子领域内，物理学家首先得到的是一个可操作的数学结构，而对它的物理解释似乎是相当成问题的。于是，物理学家需要回答海森伯理论的物理意义的问题。如果他们运用薛定谔的方法，计算一个原子中的电子可能的能态，他们所得到的预言值与利用不可思议的海森伯规则所得到的值完全相同；如果他们运用薛定谔方法计算态之间的跃迁比率，同样可以得到与使用神秘的算符计算跃迁振幅相同的值。

1926 年，在激烈的争论中处于弱势地位的薛定谔惊喜地发现，量子力学的这两种不同表述形式，“尽管他们的基本假定、数学工具和总的意旨都明显地不同，在数学上却是等价的"①。一些表面上的差异是由于下列事实造成的：薛定谔把量子系统随时间的演化附着在它的波函数的演化当中；海森伯所处理的是独立于时间的量子系统的态，他把时间演化的动力学附着在与可观察的物理量对应的算符随时间的变化当中。1932 年，冯·诺伊曼在著名的《量子力学的数学原理》一书中，率先运用希尔伯特空间的数学结构或数学模型，把量子力学表述成希尔伯特空间中的一种算符运算，证明了矩阵力学和波动力学分别只是这种运算的特殊表象，从而彻底澄清了两种力学形式之间的等价性。这在物理学史上是前所未有的大创新。

二、量子力学的基本假设

在新的量子力学中，玻尔在研究氢原子光谱理论时提出的"量子化条件"变成了薛定谔方程的本征值条件。这样一来，一个为了解决物理学问题而提出的物理学假设就被一个纯数学问题取而代之。但是关于方程中一个关键符号波函数的解释仍然是一个未解决的问题。自 1926 年玻恩赋予波函数的概率解释以来，关于量子力学的基本概念的理解和理论的一致性、完备性的争论，就成为掺杂着不同哲学立场的论题凸现出来并延续至今，而且人们直到现在仍然热衷于引用量子力学创始人的作品来论证自己的立场。这在物理学史上是前所未有的现象。但是，尽管如此，相对于从事具体研究工作的物理学家来说，他们还是能够把大致公认的非相对论性量子力学的基本假设总结为下列四个方面：

(1) 描写物理系统的态函数（即波函数）的总体构成一个希尔伯特空间，系统的每一个动力学变量都用这个空间中的一个自伴算符描写；

(2) 当系统处在波函数 ψ 描写的状态时，对用算符 F 代表的动力学变量进行许多次测量，所得到的平均值 $<F>$，等于 ψ 同 $F\psi$ 的内积 $(\psi, F\psi)$，除以 ψ 同自身的内积 (ψ, ψ)，即

$$<F> = (\psi, F\psi)/(\psi, \psi)$$

(3) 波函数 ψ 随时间的演化，遵从薛定谔方程：

$$i\hbar=\frac{\partial}{\partial t}\psi=H\psi \text{（其中，} H=\frac{\hbar^2}{2m}\quad{}^2+V\text{）}$$

(4) 当交换两个同种粒子的变量时，不改变系统的状态。②

---

① 雅默. 量子力学的哲学. 秦克诚译. 北京：商务印书馆，1989：31

② 关洪. 一代神话：哥本哈根学派. 武汉：武汉出版社，2002：19

在这四个假设中，假设（1）规定了量子力学的态空间为希尔伯特空间，在这个空间里，描写量子态的数学量是希尔伯特空间中的矢量，相差一个复数因子的两个矢量描写同一个态；描写微观系统物理量的是希尔伯特空间中的自伴算符。在这里，希尔伯特空间、算符、波函数、动力学变量作为原始概念来使用；假设（3）给出的薛定谔方程反映了描述微观粒子的状态随时间变化的规律，它在量子力学中的地位相当于牛顿定律在经典力学中的地位，是量子力学的出发点与前提；假设（2）也叫做“平均值公设”，它是“在量子力学的原理中惟一一条怎样同经验事实相对应的原始规定。通过具体的推导和论证能够证明，从平均值公设可以推导出可能的测量值谱以及在这种谱上实现的测量结果的概率分布。换句话说，平均值公设里已经包含了玻恩的态函数的概念诠释”①；假设（4）是多体系统中同种粒子的“全同性原理”。

量子力学的整个理论体系是在这四个基本假设的基础上建立起来的，或者说，这四个假设是量子力学最起码的基本假设，也是我们揭示量子力学的哲学基础的出发点和基本依据。首先，希尔伯特空间是一个抽象的数学空间，在日常生活中没有相对应的形式，只能从概念上加以理解与把握。其次，在算符作用下，由薛定谔方程所提供的波函数的演化，不再是对物理量的直接描写，也不是物理量之间的关系随时间的变化。在这个方程中，波函数本身没有明确的物理意义，有物理意义的是波函数的模方（即绝对值的平方），或者说，薛定谔方程只能解出波函数随时间的演化，其模方代表了微观粒子位于某个量子态的可能性有多大。因此，薛定谔方程只对预言概率而言，是决定论的和因果性的，而不是对实验测量结果的。用玻恩的话来说，“薛定谔的量子力学对于碰撞效应的问题给出了十分确定的答案，但是这里没有任何因果描述的问题。对于‘碰撞后的态是什么’这个问题，我们没有得到答案，我们只能问‘碰撞到一个特定结果的可能性如何’”②。“玻恩对于量子力学波函数的统计解释，是由散射实验中被散射粒子的角分布的统计计数来证实的。”③ 最后，在微观世界中，所有的同种粒子都是相同的，没有衰老，无法标记，甚至无法辨认。

物理学家吴大猷先生在1997年出版的《物理学的历史和哲学》一书中，仍然依据哥本哈根学派的观点，对量子力学的基本思想做了如下的总结：

---

① 关洪．一代神话：哥本哈根学派．武汉：武汉出版社，2002：19-20. 参见：关洪．量子力学的基本概念．北京：高等教育出版社，1990：第二章

② 玻恩．碰撞的量子力学．王正行译//关洪主编．科学名著赏析：物理卷．太原：山西科学技术出版社，2006：251

③ 王正行．玻恩：《碰撞的量子力学》赏析//关洪主编．科学名著赏析：物理卷．太原：山西科学技术出版社，2006：243

（1）所有包含能量或动量转换的基元过程，因 h 的大小有限，所以是不连续的（在经典物理学中，h 是零，而所有出自大小有限（不为零的）h 的后果给消除了）。

（2）由此，所有测量，包括被测量的系统和测量仪器之间的相互作用，总包含一种相互扰动，以致不可能做到："人们要想多小，就有多小。"

（3）物理学中的一切概念，只有在由它们的实验测量（实际上和想象中）所定义的范围内才有意义，而且测量程序及所得结果能以经典物理学的概念表达的。

（4）经典概念已被发现在涉及原子现象时是不合适的。这种不合适性已由发现 h 的有限大小所揭示，它导致了为爱因斯坦—德布罗意关系所表达的波粒二象性。哥本哈根学派的哲学正是把这种波粒二象性看做粒子和波这些经典概念的根本不适合性的结果，当这两个概念应用于原子领域时就把它们看做彼此"互补"的。爱因斯坦—德布罗意关系就被当做对这种互补性的一种表达。

（5）从爱因斯坦—德布罗意关系出发，海森伯不确定性关系可作为一个推论得出。这必须被认为，不仅意味着在测量两个互补的性质时要求它们同时达到人们所希望的准确性在实验上的不可能性，而且还意味着要超越由不确定性关系所确立的准确性的限度，从概念上定义这样两种性质也有内禀的不可能性。

（6）由于从互补引发的基本的不确定性，所以，经典物理学的严格的决定论特征在量子力学中是不存在的。为了形成一种新理论以适应这种新形势，要么用坐标和时间的函数 ψ 来完备描述，要么用动量和时间的函数 φ 来完备描述，但不能用坐标和动量两者来完备描述。物理量不能用普通的数来描述，只能用算符描述，后者是使理论能够容纳在经典物理学中不存在的不确定性关系的一种方式。Ψ 随时间演变被设定为受薛定谔方程支配。

（7）为了能与不确定性关系相一致，对 ψ 的概念诠释被设定为甚至可以应用于单个粒子。这是与经典物理中适用于很大数量的粒子的统计概念相矛盾的。

（8）在这些基本公设的基础上，有可能给出一个与量子力学中测量相一致的理论。因此，就能表明，互补性质是测量（借助实际的实验程序）在不确定性关系的意义上是互相排斥的。

（9）按照哥本哈根学派的意见，量子力学目前的体系和它们的诠释的逻辑一致性已经确定性地建立健全起来了。[①]

吴大猷先生的这个总结是在承认量子力学的哥本哈根的强解释的基础上做出的。而前面所引用的关洪先生的看法则是在承认量子力学的哥本哈根弱解释（即统计解释）的基础上做出的。这里不需要再引证更多的资料就足以说明，直到20世纪末，虽然物理学家在表述量子力学的基本假设时，在数学形式与假设前提方面没有原则性的差异，但长期以来，当他们在传播与表述自己所理解的量子力学的基本思想时，仍然不完全统一。他们之间产生的分歧主要集中在物理学的基础与哲学方面。因此，不论是从纯技术观点来看，还是从其内容的哲学意义来看，量子力学的基本假设都对物理学家过去普遍接受的观念提出了极大的挑战，也给坚守某种哲学观的人留下了建构空间。但当我们回过头来重新清理与量子力学相关的哲学争论时，最基本和最重要的是，区分哪些是物理学问题，哪些是哲学问题，甚至哪些是心理信念问题，哪些是作为出发点的东西，哪些是作为结论的东西，哪些是量子力学本身所倡导的观点，哪些是外在于量子力学基本假设之上的观点。

三、量子力学的哲学前提*

量子力学的哲学前提由量子力学的基本假设和原始概念所蕴涵的基本观点以及把量子力学的数学理论与经验事实联系起来的规则等构成，是内在于理论的，或者说，是理论的一个组成部分。然而，量子物理学家对量子力学理论体系的解释则不属于量子理论本身，或者说，是外在于理论的，通常被划入物理学哲学的范围。因为对量子力学的基本假设的解释包含了解释者对这些假设的理解在内，而这些理解通常是以解释者的哲学信念为提前的。或者说，对量子力学的解释既与解释者对实验现象的基本结构的理解有关，也与解释者的哲学信念与心理信仰有关。正是因为如此，量子力学的形式体系至今还存在着多种不同的解释。甚至可以说，对量子力学的形式体系的证明与应用是在伴随着哲学争论的过程中进行的。为了澄清这些争论，我们有必要先剖析量子力学的基本假设本身蕴涵的哲学前提。

首先，从本体论意义上看，根据量子力学的基本假设，像光子和电子之类的微观粒子或理论实体是真实存在的吗？这是能否捍卫科学实在论立场的关键问题。在量子力学之前，物理学家在本体论上坚持的是二元论的观点。他们认为，

---

① 吴大猷．物理学的历史和哲学．金吾伦，胡新和译．北京：中国大百科全书出版社，1997：69

* 本部分内容主要参考了成素梅《量子力学的哲学基础》（载《学习与探索》2010年第6期）一文中的内容

粒子和场都是真实存在的，只不过存在的形式截然不同，粒子是一种定域性存在，场是一种非定域性存在。粒子的运动变化由动力学变量来描述，场的运动变化由波动方程来描述，波动方程中的波函数是一个物理量，具有明确的物理意义。但量子力学假定，微观粒子是作为希尔伯特空间中的算符存在的。根据算符语言，微观粒子本身有无数种方式来表现自己，人类只能通过粒子在四维时空（即3维空间加1维时间）中的投影来观察它。①这就决定了，不同的测量设置，致使粒子呈现出不同的属性，比如，粒子性或波动性。因此，对于微观粒子而言，粒子性与波动性只是它在特定条件下的行为表现，不能成为理解量子力学的出发点。这也许是量子力学的哥本哈根解释②不断招致批评的重要原因之一。从这种观点来看，如果现在仍然从波粒二象性出发来教授量子力学，则是不可取的。

相对于人类而言，微观粒子只是一种“抽象”实在，只有当我们观察它时，它才在那里，当不观察它时，它是希尔伯特空间中的一个算符。③ 所以，我们不能根据观察到的状态来推断粒子在观察之前的状态。双缝衍射实验、双路径实验或延迟选择实验、施特恩-格拉赫实验已经证明了这一点。这就像当我们把一个四面体投影到一个平面上，看到一个四边形时，我们不能由此断定，这个四面体原本就是一个四边形一样。这种推断充其量只是日常经验的一种想象与狂妄。没有科学依据。强调微观粒子存在的抽象性，并不是否认它的本体性，而是表明，微观粒子的真实存在状态是有限的人类永远无法直接观察到的。这时，数学符号和物理手段就成为能够深入现象背后的自在实在当中帮助我们思考这种自在实在的一种必不可少的方法。这里的“自在实在”有点类似于康德的“物自体”概念。但与康德认为作为客观知识基础的“物自体”是不可知的观点所不同，我们能够借助于抽象的数学空间，并根据全同性原理，在理论上，对其做出抽象描述。因此，在微观世界中，体现了三个不同层次的实在的统一，即自在实在；对象性实在和理论实在的统一，也体现了微观粒子的实体—关系—属性的统一。正是这种统一的模型，能够被看成是对现象背后的自在实在的揭示。这是从量子力学的假设（1）和假设（2）中推论出来的一个哲学前提。

其次，从认识论意义看，“量子力学的数学表述并不复杂，然而要将数学表

---

① 成素梅. 如何理解微观粒子的实在性问题：访问斯坦福大学的赵午教授. 哲学动态，2009，(2)

② 顺便指出，有些文献中把玻恩对波函数的概率解释当做哥本哈根解释的一个重要特点，但事实上，玻恩本人从来没有以哥本哈根学派的一员自许，他不属于哥本哈根学派，而是属于哥廷根学派。参见：关洪. 一代神话：哥本哈根学派. 武汉：武汉出版社，2002

③ 成素梅. 如何理解微观粒子的实在性问题：访问斯坦福大学的赵午教授哲学动态，2009，(2)

述同物理世界的直观描述联系却十分困难”①，因为量子力学的基本假设，除了只提供描述微观粒子随时间演化的薛定谔方程和波函数的概率解释之外，没有对这种联系方式做出更明确的说明。正是这种有悖于常理的联系规则，导致了无尽的哲学争论。然而，这一令许多人不愿意接受的概率特征，经过从 EPR 论证、1952 年玻姆的隐变量理论阐述、1962 年贝尔不等式的提出到 1982 年以来具体实验的实施，已经得到了证明。量子力学所能产生的结论只能是概率性的，根本不存在能够降低这种不确定性所隐藏的任何量，也不回答一个粒子某个瞬间在哪里这个问题，而是回答一个粒子在某个瞬间位于某个地方的概率有多大这样的问题②，这已经是公认的事实。

因此，量子力学中的概率是根本性的，是研究问题的出发点，是前提与基础，是所有的量子力学解释都必须承认的事实之一。在量子世界里恢复决定论描述的任何企图，要么是基于某种心理信念的哲学追求，如隐变量量子论和多世界解释；要么是基于逻辑的推理，如各种模态解释，这些努力都超出了量子力学基本假设的范围，或者说，都是为量子力学附加了作者喜欢的某种哲学假设。另一方面，由于这种概率性是通过波函数的振幅的平方来表示的，而波函数本身又遵守薛定谔方程演化，所以，这种概率性预言的变化也是一种因果性的变化，与决定论的因果性不同的是，这是一种统计因果性。这是量子力学的第二个哲学前提。

除了统计因果性之外，从薛定谔方程推论出的量子力学的另一个重要特性是量子态的叠加原理。这是因为，薛定谔方程是一个线性方程，根据线性方程的性质，方程的所有解的相加之和，也是方程的解。这一点表示，一个微观粒子（如电子）的态可以是由其他各个态叠加而成的态。态叠加原理为量子力学带来了非常怪异的特征。一是干涉现象。例如，在单光子的双缝干涉实验中，一个光子在达到屏幕之前，会同时穿过两个缝，产生干涉，就像两列波叠加一样。光子既在这里，也在那里，这种思想瓦解了一个粒子在同一时刻不可能处于多个位置的传统观念。

此外，在含有两个或两个以上的量子系统中，态叠加原理还引发了“量子纠缠”。所谓量子纠缠，简单说来是指，在多粒子的系统中，两个曾经相互作用过的粒子，在分开后，不管相距多远，都彼此神秘地联系在一起。其中，一方发生任何情况，都会同时引发另一方发生相应的变化。薛定谔最早在 1926 年创立他的波动力学时，就已经意识到，假如几个粒子或者光子是在某个物理过程中共同

---

① 阿米尔·艾克塞尔．纠缠态：物理世界第一谜．庄星来译．上海：上海科学技术文献出版社，2008：4

② 玻恩．我的一生和我的观点．李宝恒译．北京：商务印书馆，1979：52

产生的，那么，它们之间就会发生纠缠，但他第一次正式提出并使用“纠缠”这个术语是在1935年讨论EPR论证的时候。[①] 1949年吴健雄和萨克诺夫第一次通过实验生成了一对互相纠缠的光子。然而，这个重大的突破直到1957年才被认可。1997年，维也纳小组和罗马小组分别根据这种不受空间限制的量子纠缠现象成功地完成了隐形传输单粒子量子态[②]实验，使得只存在于科幻小说中的隐形传输，在量子世界里由梦想变成了现实。更令人惊讶的是，美国物理学家在2009年实验证明，在肉眼能够看到的两个超导体之间也存在着纠缠现象。[③]这个实验既打消了不能把量子力学描述应用于宏观系统的顾虑，也把量子力学的边界从微观扩展到宏观，强化了在量子力学与支配宏观现象的经典物理学之间很难划出界线的观点。

如今量子纠缠现象的存在，已经是被证明了的物理事实，而不再是爱因斯坦等在1935年发表的ERP论文中用来质疑量子力学完备性的把柄。由于量子纠缠是由态叠加原理导致的，而态叠加原理又是薛定谔方程的解的性质所决定的。所以，它是从量子力学的基本假设中延伸出来的结果。在经典物理学中，粒子在时空中的存在，遵守爱因斯坦的定域性原则，即发生在某个特定地方的现象，不可能即时地影响到另外一个相距甚远的地方的现象，除非收到超光速的信号。非定域的量子纠缠现象使这种常识性的思想土崩瓦解了，要求把在同一个物理过程中生成的两个相关粒子，永远作为一个整体来对待，不能分解成两个独立的个体。其中，一个粒子发生任何变化，另一个粒子必定同时发生相应的变化，无论它们相距多远，纠缠现象都不会随着距离的增加而消失。这就使得我们通常所说的“空间上的分离”成为不可能的事情。量子系统的存在形式的整体性和量子测量中被测量系统与测量仪器之间的整体性，是一种不受空间限制的、非定域的整体性。

玻尔当时在应对EPR论证对量子力学的完备性的质疑时，正是直觉地抓住了量子测量的这种整体性特征，捍卫了量子力学的完备性。爱因斯坦把这种整体性称为“诡异的远距离作用”，以表达他对这种现象的无奈态度。量子力学的隐变量解释的倡导者玻姆，在晚年把他的隐变量解释进一步扩展为本体论解释或语

---

① 阿米尔·艾克塞尔．纠缠态：物理世界第一谜．庄星来译．上海：上海科学技术文献出版社，2008：37

② 所谓量子隐形传态是指，把第一个粒子的所有信息复制到第二个粒子上，并保持第一个粒子的状态不变。这是目前量子纠缠现象最精彩的应用。隐形传态必须包含两种渠道：一是量子渠道，二是经典渠道。量子渠道由一对纠缠粒子组成，经典渠道是用来传输经典信息的，其传输速度不能超过光速

③ Laura Sanders. Entanglement in the macroworld：“spooky action at a distance” observed in superconductors. *Science News*，Oct. 24，2009：12

境隐变量理论时，也不得不在他的方程中增加了一个代表量子系统与环境相互作用的量，来把微观粒子间的这种非定域性关系考虑进来。[①] 虽然后来的实验没有支持玻姆的努力，但是，这种情况至少表明，量子系统的这种整体性是任何一种量子力学解释不可忽视的。这是量子力学的第三个哲学前提。

总之，量子力学是一个独立的理论，不是对经典物理学的补充和扩展。它不仅有独立的假设，而且蕴涵着独特的哲学前提。但是，当物理学家在传播他们理解的量子力学时，他们对这些哲学前提的不同理解，决定了他们对待量子理论的不同立场。这些不同立场之间的争论与分歧，主要是围绕如何理解量子概率的本性、量子测量以及量子非定域性等问题展开的。量子世界为什么是概率的？量子纠缠究竟是如何发生的？在量子测量过程中波函数的塌缩机制是什么？量子力学的形式体系并没有对这些问题作出明确的回答。也许正是在这种意义上，物理学家玻恩指出："我确信，理论物理学是真正的哲学。"[②]

第三节　量子力学的哲学挑战

在物理学的发展史上，从来没有任何一个理论比量子力学带来的哲学挑战更基本，也没有任何一个理论能像量子力学那样，从其诞生之日起一直到有了惊人成功应用前景的今天，还伴随着激烈的哲学争论。争论的动因是多方面的，既有物理的和哲学的，也有心理的和逻辑的。

一、科学方法论与认识论的挑战

如前所述，以 J. J. 汤姆逊（J. J. Thomson）电子荷质比的测定为开端，标志着人类研究的视野已经进入了原子以下的微观领域；1900 年普朗克常数的发现，显示出微观世界与我们熟悉的宏观世界之间存在着原则性的根本差异。对于微观世界而言，人类感官的绝对阈限与相对阈限均显得过于狭窄。一方面，科学家必须运用测量仪器将来自对象的信息进行编码、转录和放大，才能形成感知经验，而每种复杂的测量仪器都包含着一种或几种测量理论，是已有理论的物化形式。正如科学哲学家瓦托夫斯基（M. W. Wartofsky）所言："测量的物理工具和仪器

---

① D. Bohm, B. J. Hiley. *The Unidivded Universe: An Ontological Interpretation of Quantum Theory*. London and New York: First Published by Routledge, 1993

② 玻恩. 我的一生和我的观点. 李宝恒译. 北京：商务印书馆，1979：20

是一个测量系统的具体化，是以硬件和技术体现着的一种概念结构，在这种概念结构中，各种测量值在理论上得到整理，各种具体的数被安置在一种演绎的理论网络中。”① 另一方面，测量仪器不再只是在符合要求的范围内呈现揭示对象属性的一种单纯工具，而是会成为微观对象存在状态的一个前提条件。

首先，问题在于，仪器从来就不是硬件的简单组合，而是以生产技术为前提，按一定背景理论将硬件组织为物化了的概念结构。这种概念结构对来自对象的信息起着选择和规整作用，成为记载感知经验的一种框架。那么，既然如此，这些经过仪器“制备”了的对象及理论规整了的经验在多大程度上是客观的呢？或者，在多大程度上达到了对实在的描述呢？进一步可能带来的问题是，当测量仪器不再只是扮演着测量工具的角色，而是参与了研究对象的“制备”，并影响了科学家的整个认知过程的时候，关于测量仪器的本体论、认识论与方法论问题的研究就突出出来。甚至有一种观点认为，科学哲学的研究应该从关于理论实在论的研究，转向关于仪器实在论的研究。这是因为，当代科学的发展已经成为一种技术化的科学。这种观点与过去认为技术是科学的物化成果的观点完全相反，这里所强调的是，技术成为使科学研究得以可能进行的一个前提条件，或者说，没有技术便没有科学。

其次，从科学研究对象的存在形态来看，自量子力学诞生以来，理论物理学中向我们提供了许多无法直接观测到的基本粒子。这些粒子通常被称为“推定的实体”（putative entity）或“理论实体”（theoretical entity）。科学家对它们的把握与理解，要么，局限在一个特殊的仪器环境中，例如，观察电子在云室中的径迹；要么，依靠现有的理论描述，不可能像宏观实体那样，能获得任何直接的感知。这些实体无论在存在方式上，还是拥有的基本属性方面都与我们熟悉的宏观实体完全不同。宏观实体通常被称为“物体”。物体既有质量也有时空定位，并会随着时间而变化，一旦已知其运动的初始条件，根据运动方程总能因果性地决定其未来任一时刻的运动状态或存在状态。但是，微观实体的出现，彻底地摧毁了我们曾经对物理实体的鉴别标准。例如，光子是无质量的粒子，而且，我们不可能在任何一个瞬时都能知道光子的准确位置。这样，拥有质量和时空定位已经不再成为确定微观实体的存在性的基本标准。

那么，我们需要进一步确立新的标准来鉴别微观实体吗？这些问题成为关于理论实体本性的哲学争论的核心。微观实体的隐藏性、人类感知能力的不可及性，以及描述这些实体特性的语言图像的宏观性，使得人们对这些实体的存在性提出了质疑。就目前来看，如果根据过去的实体观，显然无法赋予微观实体以本

① 瓦托夫斯基. 科学思想的概念基础. 范岱年等译. 北京：求实出版社，1982：272

体论的地位。在这种情况下，只能通过抽象的理论描述与间接的观察推论出来（即不能被直接“看”到）的这些微观实体，还能被称为“实体”吗？如果答案是肯定的，那么，微观实体在什么样的意义上被称为“实体”？如果答案的否定，那么，对微观实体的本体性的否定，必然意味着是对科学认知目标的否定，会涉及重新理解科学和重新定位科学的重要问题。在科学哲学的发展史上，关于这个问题的思考与回答，构成了20世纪下半叶科学实在论与反实在论争论的关键问题。

再次，从科学理论的形成过程来看，形成理论的途径越来越多样化，方法越来越多元。如果说，在近代自然科学产生之初，归纳主义的过程论曾得到了普遍支持的话，那么，20世纪以来，“假说-演绎”的过程论则更加受人关注。归纳主义者认为，理论是通过事实归纳——提出定理——经验证实而形成的。在这条途径上，形成理论所依赖的经验基础起着决定性的作用，它既是理论形成的起点，也是确证理论的主要手段，理论与经验事实之间的一致性保证了理论的客观实在性。赖欣巴赫（H. Reichenbach）曾经说，“归纳原则”决定科学理论的真实性，从科学中排除它，就等于剥夺了科学判定理论真假的真实性标准。

“假说-演绎”方法的兴起，造成了归纳主义纲领的相对衰落和假设主义的盛行。与归纳主义把理论的提出和理论的证明统一起来研究的方法有所不同，假设主义把理论的发现和理论的证明相对区别开来。认为理论发现的过程中并非是纯逻辑的。任何一种科学理论都是建立在一套事先假定的本体论、方法论与认识论等基础之上。假设的前提不同，即使拥有同样的经验事实，也将会建造出形式各异的理论大厦，理论的优劣将通过它拥有的说明力和预言力的大小以及一些逻辑原则、美学原则（如简单性、完备性、一致性等）来判定。能够说明更多实验事实，能预言更可操作的实验现象和更简单、更具有对称性等的理论，将被视为更有生命力的理论。

那么，既然如此，在这种建构方式中所建立起来的理论，还能够说是对客观实在进行的描述吗？

最后，从凝结物理理论成果的形式来看，量子力学的数学化、符号化和模型化趋势越来越明显。一方面，曾经作为自然科学研究范式的物理学越来越远离经验领域，与世界之间的联系变得越来越间接，而抽象化程度却越来越高，理论预言得到检验的难度越来越大，对理论的信任越来越依赖于科学家的直觉；另一方面，有些人甚至认为，理论物理学正在变得不如过去那么“科学”。相比之下，在近几十年内新成长起来的分子生物学，已经在商业与工业领域内得到大量的成功应用，正在变得比原来越来越科学。就这些抽象的理论形态而言，理论模型是在符号投射中建立起来的，它可以按照符号系统自身的自主性、结构性相对独立地进行符号运演，并得出其指代意义尚待确定的新指符，经过符号反演后被解释为某种“所指”。例如，狄拉克（P. A. M. Dirac）对正电子 e^+ 的解释，量子力学中对概率幅 Ψ 的统计解释，都是在这种符号约定—符号投射—符号运演—符号反演过程中得出的。①

然而，解释的过程是对对象的认知进行创造性重建的过程，总是包含着背景知识的引入。按照解释学家海德格尔（M. Heidegger）的观点，解释需要以“前有”、“前见”和“前设”所构成的“前结构”为中介。“前有”是指解释者受所处的文化背景、知识状况、精神物质条件及心理结构的影响而形成的东西。这些东西虽然不能条理分明地给予清晰地陈述，但是，却规定了我们对世界的理解与解释；“前见”是从前有中选出的一个特殊角度和观点，成为解释的切入点，通过前见，外延模糊的“前有”被引向一个特殊的问题域，进而形成特定的见解；“前设”是解释“前有”的假设，从这些假设得出“前有”的结果。解释学家的这些见解，虽然不完全适用于对符号的解释与反演的理解，但是，符号解释与反演中确实存在着先存观念和知识的引入问题，已是当代不争的事实。

这说明，任何一种解释都不会是完全纯粹客观的描绘，它与科学家个人的世界观、实在观及其方法论诸方面的背景知识有着密不可分的联系。这也是为什么量子力学从 1925 年诞生到现在已有 80 多年的历史，它的许多新特征在今天看来已经不像当初那么神秘的情况下，关于薛定谔方程中的波函数描述性质的理解仍然存在分歧的原因所在。许多科学哲学家认为，玻姆的量子理论与现行的量子力学体系的并存，支持了“证据对理论的非充分决定性”论题。进一步的问题是，科学哲学家对这个论题的发挥与夸大，恰好成为各种形式的反实在论立场的支持证据。问题在于，这种远离经验而抽象地建构起来的理论，还能像经典科学理论那样，被认为是对实在的描述吗？

二、薛定谔方程的哲学挑战

众所周知，物理学与人类交流的语言均直接地起源于实在、存在的现象和有规律可循的事实。心理学家皮亚杰（J. Piaget）关于发生认识论的研究成果表明，在孩子的心里，他们开始学话时所使用的许多概念，是从其所处环境的直接感知中建立起来的。因此，从遗传学的角度看，即使人类大脑的遗传结构有助于概念的产生，但是，关于客体的某些概念似乎不完全是天生的。例如，人们常用的重量、体积和密度等概念就是后天获得的。在现实生活中，一旦孩子能够理解大人在说什么，孩子在表达他的思想时就会很强烈地受到他所在的共同体的影响。这

---

① 申仲英，张富昌，张正军．认识系统与思维的信息加工．西安：西北大学出版社，1994：53

也是日常概念和特定的语系得以可持续发展和代代延续的前提条件之一。人们在理解和表述自己观察到的事物时所使用的这些日常概念，构成了物理学理论的前概念系统。

在日常生活中，许多事实所表现出的规律性，一方面允许人们用概念把它表述出来，并使其得以利用；另一方面，它使人们能够确信地假设，只有当语言的意义与人们观察的事实相一致时，语言才能够借助于陈述达到客观地描述实在的目的。例如，人们常说石头会落入水中，纸屑会浮于水面。诸如此类的常识性的规律，会在人们的学习过程中铭刻在人们的大脑的想象当中，使人们能够回忆起许多已经看到过的事实。因此，事实的规律性使合理的推理成为可能。除此之外，推理的能力还会在有规则的现象中得以产生。最基本的推理形式就是从对实在的思想表达开始的。这种表达之所以可能，是因为在经典物理学的研究中，实在本身充满了允许用语言、逻辑和符号加以表达的规律性。正是在这种经典的意义上，人们普遍地把物理学理解成是对实在的一种客观描述。

这种朴素实在论是与人的日常生活相符合的很自然的态度，就像动物的本能一样，蜜蜂凭借花的颜色或香味来认识花，并不需要哲学。小孩在学习说话时，是根据词语与对象之间的直接相关性，来理解词语的意义，也不需要哲学，所有的语言和词语都是针对世界的。用今天的话来说，是对象语言，而不是元语言。只要人们把自己的观念锁定在这样的日常经验中，客观性就是一个默认的哲学前提。以经典物理学为核心的近代自然科学的产生，虽然经历了从机械实在论到经典实在论的变化，但从整体意义上看，近代自然科学的哲学基础一方面为这种常识的客观性概念赋予了科学基础，另一方面，使客观性以决定论的因果性的形式体现出来。

在自然科学的发展史上，量子力学的产生第一次向这种决定论的因果性观念提出了挑战。这种挑战是与如何理解薛定谔方程中的波函数的物理意义及其概率解释联系在一起的。

从理论体系来看，在经典物理学中，物理系统的状态的演化，通过系统中的一些物理量之间所满足的确定的数学关系来描写，并且每一个物理量都不同程度地描写了系统物理状态演进的一个方面。例如，运用牛顿第二定律描写粒子在受力情况下的运动时，运动方程为

$$F = m\frac{\mathrm{d}^2x}{\mathrm{d}t^2}$$

式中，F 是粒子所受到的外力，m 是粒子的质量，x 是粒子运动的坐标，t 是粒子运动的时间。从上式中不难看出，这个运动方程是通过物理量的变化体现了粒子状态随时间的变化关系；如果已知粒子运动的初始状态，那么，通过运动方程可以确定性地求出以后任意时刻粒子的运动状态。

同样，描写质点振动时的物理量随时间的变化方程是：

$$x=A\sin(\omega t+\beta)$$

式中，x 为质点离开平衡点的位移，ω 为质点振动的角频率，A 为质点振动的振幅，t 为质点振动的时间，β 为质点振动的初相角。在这个方程中，我们还是通过质点振动的初始状态来唯一地确定以后任意时刻质点的振动状态。还有，电磁场中的麦克斯韦方程决定性地描写了电荷和电流的运动，是如何引起电磁场的变化，即给出了电场和磁场随时间的变化关系；狭义相对论力学中的动力学方程，则体现了高速宏观运动物体的质量和速度随时间的变化关系，如此等等。

这些物理量所遵循的数学方程，确保了物理量的演化遵守着确定的因果律。只要已知物质运动变化的初始状态，我们就可以不加怀疑地通过演化方程，确定未来任意时刻物体的运动状态。在原则上，不论是按照轨道行进的粒子、弥散着传播的连续场和质点的振动，还是高速运动的宏观物体，总可以在理论上通过一定的规律来追踪研究对象的状态变化。在这里，由动力学方程的计算所得到的每一个物理量的数值，总是与一个实际的测量结果相对应。而把概率看成是我们掌握系统值的一种量度。概率之所以引入物理学的描述中，是由于人类认识能力的局限性所造成的。所以，概率只有在主体的认识局限性的范围内，才能找到它的意义。

然而，量子力学的产生对这种思想提出了挑战。如前所述，从量子力学的基本假设出发，描述微观系统状态演化的非相对论性量子力学动力学方程说明，系统的状态不再是由物理量之间的关系直接确定的，而是通过假想的态函数随时间的变化关系间接地、概率式地体现出来。系统的算符决定系统的静态性质和系统状态的演化。在算符的作用下，态函数的变化不直接描写物理量，或者物理量之间的关系随时间的变化，只能给出力学变量应取的概率值。或者说，态函数绝对值的平方只决定对各种物理量进行测量时，所得到的观察值的一种统计分布，而不是物理量取值的大小。除此之外，它不再提供测量前的任何信息。因此，薛定谔方程虽然也是含有时间微商的线性微分方程，体现了系统状态变化的因果律。但是，这种因果律的表现不直接对应于物理量之间的关联，更不意味着在不同时刻的观察结果之间，可以建立起决定论的因果性关系。由薛定谔方程所体现的系统状态变化的这种因果性，从根本意义上，不同于以往我们所认识到的任何形式的因果性，它具有统计的性质。相对于物理量而言，量子力学的基本方程所给出的是一种统计因果性的理论。

正如玻恩 1926 年为了证明量子力学的完备性，赋予波函数以概率解释的那篇具有划时代意义的论文中所指出的那样：

从我们的量子力学的观点来看，在任何一个个别的情形里，都没有一个量能够用来因果地确定碰撞的结果；不过迄今为止，我们在实验上也没有理由相信，原子会具有某种内部特性，能够要求碰撞有一个确定的结果。或许我们可以期望，将来会发展这种特性（比如相位或原子的内部运动），并且在个别的情形中把它们确定下来。或许我们应该相信，在不可能给出因果发展的条件这一点上，理论与实验的一致正是不存在这种条件的一个必然结果。我自己倾向于在原子世界里放弃决定论。但是这是一个哲学问题，只靠物理学的论证是不能决定的。①

这说明，在原子世界里是否应该放弃决定论，也许既不完全是一个物理学问题，不能只靠物理学的自主发展来决定，也不完全是一个单纯的哲学问题，也不能只通过哲学争论来决定，而是一个关乎人类行为的心理信仰问题。爱因斯坦以“我不相信上帝是掷骰子的”名言，最直接地表达了他的信仰所在。也正是在这种信仰的引导下，一直到今天，还有人热衷于为量子力学提供一种决定论的因果性解释而不懈努力。

因为，如果物理学家完全接受波函数的概率解释，那么，就会意味着降低了科学的预言能力，意味着科学家不能再对世界做出肯定的断言，不可能还是时代的先知者，“而是像算命先生一样，只能说一些模棱两可的话，从而使科学变成追求不确定性的一项事业。科学家会因此而感到失落，无疑是很不情愿的”②。另一方面，如果我们认为，量子力学真实地描述了现象背后的世界，那么，那个世界是神秘和深奥的确实让人难以想象。如果我们认为，量子力学没有描述现象背后的世界，那么，就极大地颠覆了科学家长期以来信奉的科学研究传统。这是量子力学带来的最基本的哲学困惑之一。也许是由于这些困惑，玻恩早在 1926 年就赋予波函数的概率解释，但却在 1954 年才因此而荣获诺贝尔奖。

三、量子测量的哲学挑战

在量子力学的所有哲学挑战中，量子测量带来的哲学挑战更为基本。在科学研究的过程中，当科学家使用仪器来测量研究对象的某种物理特性时，他们总是假设：如果一个被测对象的某种物理特性的量值，不可能通过直接感知的方式来得到，那么，可以借助于测量仪器的某些宏观物理特性的量值，通过间接感知的方式来确定。即可以借助于一个放大装置，把测量对象的特性放大到能够认识的宏观层次，或者，从测量仪器所表现出的在宏观意义上可以直接感知的量值，推

---

① 玻恩．碰撞的量子力学．王正行译//关洪主编．科学名著赏析：物理卷．太原：山西科学技术出版社，2006：251

② 王正行．玻恩：《碰撞的量子力学》赏析//关洪主编．科学名著赏析・物理卷．太原：山西科学技术出版社，2006：245-246

出被测对象的物理特性的量值。具体推理过程是，一个被测量的宏观对象系统 S 的物理量 A 的量值是 a_n，将必然与测量仪器 M 的可观察量 G 的量值 g_k是一一对应的。这种推理过程的依据是，在被测对象与测量仪器之间引入一种适当的物理关系。这种物理关系是在仪器的制造过程中就已经蕴涵的。或者说，是由测量仪器的内在本性所决定的。这种物理关系能够使我们确信，在测量结束后，当且仅当 A 的值是 a_n的情况下，才能保证得到 G 的值是 g_k。从这一前提出发，如果我们在测量之后，确实观察到 G 的值是 g_k，那么，就可以肯定地推论出被测对象的值一定是 a_n。

另一种测量情况是，借助于物理学理论，把这些原始的数据转化为关于被测量对象的某种信息。例如，盖革计数器“咔嗒”一下，被理解为有一个带电粒子通过了计数器。在日常生活中，这两种测量过程是司空见惯的。其测量假设也从未引起人们的任何怀疑。例如，G 可能是任意一个刻度盘上的指针的位置；也可能是屏幕上显示出的某种图像，等等。这种物理关系说明，被测对象与测量仪器之间存在着下列因果性的相互作用：当物理量 A 在时间 t 的取值为 a_n时，使得可观察量 G 在时间 t'（$t'>t$）取值为 g_k。这样，测量过程假设了一个相互作用的因果性链条。因果性概念成为解释测量结果的基本前提。

在实际操作或具体的测量实践中，我们虽然承认，被测系统与测量仪器之间存在着因果性的相互作用，即被测对象会不可避免地干扰测量仪器，测量仪器也会干扰被测对象。并且认为，为了进行某种测量，测量仪器的干扰是必然存在着的。但是，我们同时也承认，当测量仪器干扰被测对象时，这种干扰不可能进入由测量过程所提供的可观察量的值的认识中，即在某种意义上，被测量的值不是一个受到“干扰”之后的值，也不是由测量过程本身所产生出的值，而是在被测对象的状态受到测量相互作用的干扰之前的可观察量的值。反过来，如果认为我们所观察到的测量值，是由被测对象系统 S 与测量仪器 M 之间的相互作用所产生的。那么，就不能说我们进行了一种测量，或者说，这已失去了测量的意义。因为这个值是在测量过程中形成的，不代表被测对象所固有的内在特性的值。或者说，通过测量所得到的值，不应该是在测量过程中生成的，而是在测量之前就存在着的，测量只不过对这个值的揭示与显示。

在量子力学诞生之前，这种经典意义上的测量观在科学的许多不同研究领域内得到了普遍的应用。在这个框架内，理论计算出的值在测量过程中总是处于概率为 1 或 0 两种状态，即要么在测量中能得到这个值，要么不可能得到这个值，中间不会有其他情况发生。也就是说，理论计算所得到的值与通过测量所得到的值是相一致的。测量不过是对理论计算的一种实现或证实。测量值与理论计算值之间的差异，被称为测量误差。但是，测量误差的存在，一方面，不可能在根本意义上影响测量结果的客观性；另一方面，也不会对被测量系统的存在状态造成实质性的影响。仅仅被理解为，由测量者的某种认识上的不足或测量仪器的不精确等因素造成。在实际操作的过程中，测量误差的存在是允许的。理论上，物理学家既可以不断地借助于精确度更高的仪器不断地逼近准确的测量值，也可以通过恰当的误差理论来校正测量值。这种测量通常被称为“测量的客观值理论”。

但是，根据前面给出的量子力学的基本假设，我们从薛定谔方程计算出来的值，不是确定的测量值，而只是测量时得到某个测量结果的可能性有多大，或者说，在测量过程中，测量值出现的概率不连续地分布在［0，1］的区间之内。理论只能提供测量过程中，某一可观察量出现的可能性的大小，具体测量所得到的值，与理论所给出的值，不仅不一致，而且具有不同的物理意义。所以，如果从经典的测量观来看，在量子测量的过程中，不是所有的量子系统与测量仪器之间的相互作用，都能够算作是一种测量。因为量子测量给出的微观对象的测量值带有一定的随机性，即不是固定的值。

1932 年，冯·诺伊曼在《量子力学的数学基础》一书中，用希尔伯特空间的数学结构，对量子力学的形式体系进行了重新表述。他用希尔伯特空间中的态矢来表示量子系统的纯态，用线性算符来表示量子系统的可观察量。然后，把量子力学的形式体系延伸外推到包括描述被测量对象、测量仪器及其与测量对象之间的相互作用之中。他把一个微观系统的量子力学的态的演化区分为两种完全不同的方式：

第一种演化方式：当量子系统没有与宏观测量仪器发生相互作用时，或者说，当量子系统没有受到测量时，它的态（即态函数）将按照薛定谔方程来演化。在这种演化方式中，量子系统的态随时间的演化规律，描绘了一个连续的和可逆的物理过程；

第二种演化方式：当对量子系统进行了某种测量之后，或者说，当被测量的对象与测量仪器发生了相互作用之后，对象与测量仪器构成的组合系统的态，将会由叠加态转变到其中一个具体的可能态。在这种演化方式中，微观系统的态发生了不连续的和不可逆的变化，或者说，在这个阶段，微观系统的态的演化过程是不连续与不可逆的。

为了具体而明确地说明这两种不同的演化方式，冯·诺伊曼用量子力学的术语，重新考察了测量仪器与被测量对象之间的关系。他认为，可以把量子测量看成是被测对象系统 S 与测量仪器 M 之间的相互作用。正是这种相互作用实现了一次具体的量子测量。这种测量理论不同于经典测量理论。经典测量理论认为，被测量的系统与测量仪器都遵守经典规律，都用经典语言来描述；而冯·诺伊曼的测量理论则认为，被测量的系统与测量仪器都遵守量子力学的规律，都用量子力学的术语来描述，只有不属于客体系统的人的意识不用量子力学的术语来描述。

具体的推理过程是，如果被测量的对象的态函数 ψ_i 属于希尔伯特空间 H^0；测量仪器系统的态函数 Φ_j 属于希尔伯特空间 H^M；与测量结果相对应的人脑或计算机记忆的态函数 X_L 属于希尔伯特空间 H^B。则测量结束后，整个组合系统 $S+M$ 的态函数为

$$\Psi_{0+M+B} = \sum C_i \psi_i \otimes \Phi_i \otimes X_i$$

这个态函数属于希尔伯特空间 $H^0 \otimes H^M \otimes H^B$。在这个方程式中，被测量的系统的态、测量仪器的态和观察者的态相互纠缠在一起，而没有描述观察者能够记录下任何一种单一的、确定的测量结果。或者说，在理论上，经过对象与仪器的相互作用之后的终态仍然是一个叠加态。按照经典测量观，我们总是把被测量的系统与测量仪器之间的相互作用的终止，看成是完成了一次具体的测量。但是，按照冯·诺伊曼的这种观点，在理论上，当测量仪器与微观系统之间的相互作用停止之后，测量仪器 M 的指示器将不再可能出现一种确定的值态，而是处于一种叠加态。或者说，在理论的意义上，测量仪器的指针将不会处于某一个特定的位置，也不能呈现出某种确定的测量结果。如果站在经典测量观的立场上，我们将会认为，这种测量是不可能实现的。

但是，在具体的实践操作的意义上，当观察者完成了一次测量之后，他实际上得到的是某种确定的测量结果，即

$$\psi_{0+M+B} \rightarrow \Psi_k \otimes \Phi_k \otimes X_k$$

量子态的第二种演化方式正是对实际测量结果的描述。这说明，在实验的过程中，量子测量的确是可能的，最后的测量结果将处于实际的确定状态，而不是理论上的叠加态，即测量仪器总是具有确定的值态。这是经验事实，而不是理论假设。如果按照本征态——本征值相联系的原理，$\psi_k \otimes \Phi_k \otimes X_k$ 被称为本征态，与本征态相对应的测量值称为本征值。冯·诺伊曼用第二种演化方式，即“投影假设”所描述的正是这种不连续的、无法在理论上加以明确描述的不可逆的演化过程。

这两种不同的演化方式表达了两种不同类型的物理系统之间存在的本质差异：第一种演化方式描述的是一个纯粹的微观物理系统的演化行为，是由一个决定论的动力学方程式所支配的；第二种演化方式描述的是一个含有宏观的观察者在内的演化行为，是由“投影假设”来解释的。问题在于，在实际的测量过程中，从叠加态到一个具体的可能态的转变将在哪里实现？哪一个具体的可能态将会首先得以实现？为什么要对量子测量过程进行如此特殊的处理？为什么系统之间的相互作用可以用薛定谔方程来描述，而从微观值到宏观值的转换，却不遵守

薛定谔方程，而是用至今难以令人理解的“投影假设”来描述呢？到目前为止，物理学家并不知道量子测量与非测量之间究竟有什么差异，更不知道如何解释，为什么量子客体会有两种截然不同的演化方式。量子哲学家把这种困惑称为“量子测量难题”，以着重强调长期以来寻找“测量的量子理论”所存在的实际困难。

冯·诺伊曼在他的量子测量理论中首先对这些问题作了如下的说明。他认为，量子测量系统同经典测量系统一样，也是由测量者、被测量的对象与测量仪器所组成的。所不同的是，在量子测量的过程中，被测量的对象与测量仪器组成了一个复合系统，这两个系统之间的相互作用可以用量子力学的术语来描述。由于量子系统是微观的，所以，它只有在被放大之后，才能被知觉主体所认识。这样，被测量的对象就可以包括微观系统与测量仪器在内。由于被测量的对象与测量仪器之间的分界线是任意的。所以，“投影假设”也可以用于其他对象系统，即既可以用于由对象与仪器组成的复合系统，也可以用于由更大的对象、仪器和更多的仪器组成的系统等。

如果观察者完成了一次测量，那么，“投影假设”必然在这个系统的某一个中间环节发生作用。问题是，“投影假设”将会在哪里发生作用呢？冯·诺伊曼指出，“投影假设”发生效用的地方完全是任意的、是可变的。这样，客体链条在对象系统中的无限延伸的结果是，在理论上，可以把观察者的感觉器官与大脑也包括在对象系统之内。如果是这样的话，那么，“投影假设”将能够用于这一更大的系统。冯·诺伊曼特别提到，对象与仪器之间的分界线，将会出现在观察者的大脑与意识之间。因为如果把微观系统、测量仪器和观察者的感觉器官与大脑作为一个组合系统，并且用薛定谔方程来描述的话，那么，在这种情况之下，主体与客体之间的分界线，将只能出现在组合系统的客体与观察者的意识之间。因为在进行观察时，只有观察者的意识不能够被包括在客体系统之内，它完全属于主体的范畴。

然而，如果认为“投影假设”在客体与观察者的意识之间发生作用，那么，客体的状态将最终取决于观察者对仪器和测量结果的“观看”这一行为本身。问题是，观察者的认识行为将如何决定被测量的可观察量的值？被测量的可观察量是微观的，它不可能直接地在宏观意义上被观察到，必须借助于与它发生相互作用的宏观仪器的宏观可观察量来实现。按照这种测量理论，观察者的观察行为，即观察者对宏观仪器的“观看”，将会使被研究的微观可观察量取一个确定的值。那么，可以认为，观察者的观察行为本身将影响宏观的可观察量，然后，依次类推，最后影响到微观的可观察量的吗？

这一推论就连冯·诺伊曼本人都感到十分的困惑。冯·诺伊曼的“投影假设”只能解释测量后处于本征态的量子系统，不能用于解释有微扰的非理想测量的量子系统。1951 年，吕德斯（G. Lüders）提出了一个比冯・诺伊曼的规则更复杂的数学公式，从而进一步把“投影假设”推广应用于有微扰的非理想测量。但是，这种更具有普遍意义的“投影假设”，同样会面临上述困惑。

1935 年，薛定谔在一篇著名的论文中，利用一个“薛定谔猫”的理想实验，对这种测量理论的悖论结果进行了生动的描述与说明。① 薛定谔指出，被关在盒子里的猫最后是处于“活着”的状态，还是处于“死亡”的状态，将取决于观察者揭开盒子的盖子“观察”这一行为。在此之前，放在盒子里的猫将会处于生与死的叠加状态，只有观察者的观察行为，才能最后确定，猫是活着，还是死亡。这一结论显然是荒谬的。在此之后，物理学家维格纳（E. Wigner）用一位科学家，即著名的“维格纳的朋友”，来代替关在盒子中的“薛定谔猫”的实验，更加形象地描述出用“投影假设”解释量子测量行为时所存在的困惑。

与此相类似的一种观点认为，如果把所有的系统在本质上最终都看成是量子系统，那么，测量行为似乎不可能摆脱上述悖论。② 例如，在观察一个辐射的原子核时，假如计数器是装有指针的刻度盘：指针指向位置 A，说明原子核没有衰变。如果指针跳到 B，并且检测到一个粒子，我们能够由此推出，原子核发生了衰变。因此，指针以这种简单的方式与原子核联系在一起。通过对指针的观察，我们能够有效地观察原子核。但是，如果按照冯・诺伊曼的观点，测量仪器也由一个处于叠加态的波函数来描述。那么，盖革计算器就是态 A 与态 B 的叠加（指针的偏转和不偏转）。指针的偏转是可重复的，不是意味着它要么偏转，要么不偏转。而令人奇怪是它要处于两种态的叠加态。每一种态都表示了一个由原子核的衰变所产生的可供选择的态。

马格脑分别在 1936 年和 1963 年发表的论文中强调指出③，在测量与态的制备之间存在着一个决定性的区别：测量产生了一个关于特定的可观察量的值，而制备产生了一个处于同样状态的粒子系综。所以，应该区分态的制备与测量是一个过程的两个阶段。他认为，冯・诺伊曼对“投影假设”的分析混淆了上述区别，最后只能出现悖论；伦敦（F. London）等提出，“投影假设”根本不是直接的物理过程；特勒（P. Teller）在 1983 年发表的一篇论文中认为，“投影假设”完全是一种幸运的近似。之所以说近似，是因为实际发生的过程不会像“投影假

---

① E. Schrödinger. The Present Situation in Quantum Mechanics//J. A. Wheeler, W. H. Zurek, eds. *Quantum Theory and Measurement*. Princeton University Press, 1983: 152-167

② P. Davies. *Other World*. London, Toronto, Melbourne: Dent and Sons, 1980

③ H. Margenau. Quantum Mechanical Descriptions, *Physical Review*, 1936, 49: 240-242; H. Margenau Measurements in Quantum Mechanics. *Annals of physics*, 1963, 23: 469-485

设”所说的那样精确地局限于某种态；之所以说是幸运，是因为原则上还没有一种公认的方法或方案能把这种近似转变为准确的陈述。①

“投影假设”只是对不连续的量子测量过程提供了一种可供选择的解释。通过这种解释，从一个侧面反映了量子测量过程中存在的根本性问题。然而，在基本概念的意义上，“投影假设”本身所存在的问题与主要的量子测量问题是可分离的。或者说，是有所区别的。如果只把“投影假设”理解成是对测量现象的一种说明，那么，它是与量子理论没有明显联系的一种任意规定。但是，我们不能由此而否定由“投影假设”所描述的实验现象，的确是不可取代的和客观存在的。如果不接受“投影假设”对量子测量过程的解释。那么，量子测量问题的主要症结就是，微观客体按照薛定谔方程所得到的叠加态，在经过测量后，将会转变为一种具体的可能态。这种从叠加态向一个可能态的不连续和不可逆的转变，只有借助于具体的测量来完成。按照现行的量子力学的形式体系，这个测量过程不仅不可能用薛定谔方程来加以说明，而且也不像经典测量那样，在对象与仪器之间存在着某种明确的物理关系。那么，量子测量过程为什么会如此特殊？应该如何对它做出解释？微观世界与宏观世界之间究竟存在着什么区别与联系？

立足于现行的量子力学形式系统，来回答这些问题，必然遇到两个困难：其一，量子系统与宏观测量系统之间的分界线究竟在哪里？其二，在测量过程中，“波包还原”将违反薛定谔方程。但是，它是任何一个量子系统所必需的。这是两个根本性的困难。因为在冯·诺伊曼所创造的量子力学的数学模型的希尔伯特空间中，他在根本意义上引入了一个本体论的概念，即态函数（或波函数）代表了一个实际存在的量子态。所以，贝尔指出，关于量子测量理论的持久的争论，不是对简单的数学处理有所分歧的那些人之间的争论，也不是关于测量复杂的可观察量的不同观念的那些人之间的争论，而是关于下列事实的不同程度的看法的那些人之间的争论：即只要“波包塌缩”是一个基本的事实，只要我们不可能准确地知道，在薛定谔方程的演化中，何时和如何将会发生波包的还原，那么，我们就不能对最基本的物理学理论做出精确的阐述。② 物理学家泡利甚至在他的名著《量子力学的一般原理》一书的序言中指出，

> 量子力学的建立，是以放弃对于物理现象的客观处理，亦即放弃我们唯一地区分观测者与被观测者的能力作为代价的。③

量子测量问题是由薛定谔方程的普遍有效性与实验者在测量过程中的感觉的

---

① P. Teller. The Projection Postulate as a Fortuitous Approximation. *Philosophy of Science*, 1983, 50: 413-431

② J. S. Bell. *Speakable and Unspeakable in Quantum Mechanic*. Cambridge University Press, 1987

③ 王正行. 玻恩：《碰撞的量子力学》赏析//关洪主编. 科学名著赏析·物理卷. 太原：山西科学技术出版社，2006：247

可靠性之间的一个直接的逻辑矛盾所造成的。量子物理学家用“投影假设”或“塌缩假设”来解决这个矛盾。但是，这些假设本身带来更加严重的问题。所以，有些理论物理学家试图在接受现有的量子力学的算法规则的前提下，改变对量子理论的解释观念来解决问题；还有一些理论物理学家试图超出现有的量子力学所限定的范围，寻找有效地解决量子测量难题的可能方案；而量子哲学家与科学哲学家则试图从逻辑学的意义上，通过修改经典逻辑来消除悖论。这些努力概括起来，都是试图为量子测量找到一个非塌缩实在论的解释机制。但问题是，任何一种这样的努力都需要为量子力学的形式体系附加额外的哲学前提。这就把物理学问题、哲学问题与心理信仰问题密切地联系在一起。

四、微观粒子的哲学挑战

量子物理学家对微观粒子的认识首先是通过实验进行的。为了便于理解，下面我们从大家熟知的三种实验来揭示微观粒子的不同于宏观粒子原则性差异。

（1）双缝衍射实验。在双缝实验中，有一束电子通过两个可以打开或关闭的狭缝，落在狭缝后面的屏幕上。如果打开其中的一个狭缝，关闭另一个狭缝，这时，我们获得电子在屏幕上的分布主要集中在打开狭缝的区域内。如果两个狭缝同时打开，屏幕上的图样则不是分别单独打开任意一个狭缝时，所得分布图样的总和，而是出现了著名的干涉图样。即使入射电子束的强度微弱到一次只有一个电子通过狭缝到达屏幕，干涉图样同样会出现。这表明，所获得的干涉图样不可能被解释为通常电子之间因果相互作用的结果，似乎电子是作为波通过两个狭缝，而作为局域的粒子被屏幕所吸收。如果我们在每一个狭缝后面放置一个检测器，来检测是否有电子通过该狭缝，这时，干涉图样便消失了，屏幕上显示出的图样是两个缝单独打开时的图样的相加。在这里，我们看到，不仅传播着的电子会对它的环境做出反映；而且单电子衍射实验的实现足以说明，传播中的微观粒子并不是以粒子流的形式行进的，而是以波的形式行进的。

（2）双路径实验或延迟选择实验。在这个实验中，让一束光分裂成两束，每一束沿着不同的路径传播，并且分裂开的两束光能够在某一点汇合在一起。这时，我们能够选择希望完成的实验类型。一个实验是，我们在每一条路径的汇合处放置探测器，当且仅当沿着一条路径传播的光子被检测到后，探测器将会做出反映。如果这束光的强度是被平均分离的，实验记录的结果将与下列假设相一致：即似乎分光器把一束粒子分成两半，其中，由一半光子组成的光束只沿着路径 A 传播；由另一半光子组成的光束只沿着路径 B 传播。但是，如果我们换一个实验，让两束光在一个新结合点处重新结合在一起，那么，利用探测器会检测到两束光之间产生的干涉图样。这些干涉效应所显现出的数据与下列假设相一致：

好像分光器把一个波分裂成两部分。其中，一部分沿着路径 A 传播，另一部分沿着路径 B 传播。由于这两束光彼此之间保持同相，所以，当它们相遇时，将会发生波的干涉现象。

美国理论物理学家惠勒（J. A. Wheeler）指出，应该注意的是，在这个实验中，我们是当光束分裂并送入各自的路径一段时间以后，才在最终的汇合处选择所要完成的实验。因此，也可称为“延迟实验”。如果试图通过实验结果和实验选择来确定，光的一种分裂形式——粒子性还是波动性——是对量子世界的真实描述，都不可能同时解释这两种效应。似乎在光束的分裂过程中，可以把微观粒子视做，既具有分裂成明显的粒子的性质，也具有分裂成相关联的波的性质。在这个实验中，好像实验者所做的决定在某种意义上影响了过去的微观粒子将会怎样行动。这显然是不可能的。这个实验事实说明，运用经典式的概念图像模式，即要么用经典的波动图像，要么用经典的粒子图像，来理解微观粒子的存在形式都是不准确的。在测量之前，微观粒子具有不同于宏观粒子的存在形式。与宏观粒子不同，微观粒子的存在形式依赖于它的测量环境。下面的实验进一步强化了这种认识。

（3）施特恩-格拉赫实验。在这个实验中，让一个电子束通过一个磁场，这个磁场与电子的运动方向相垂直的那个方向是不均匀的，除此之外，其他所有方向的磁场都是均匀的。由于电子具有自旋的性质，所以，它将会在非均匀的磁场方向上偏离原来的运动轨道，或者向上偏离，或者向下偏离。如果我们选择一个方向作为电子上-下偏离的方向，并且在这个方向上的磁场是非均匀的。这时，电子束将会在磁场中分裂成向“上”的一束电子和向“下”的一束电子。现在，让这束电子从这种上-下机器中产生出来，并且吸收所有向下的电子。然后，我们把得到的这束“纯粹向上”的电子送到另一个机器中，这个机器在上-下机器的右面磁场是非均匀的，称为左-右机器。我们发现，在左-右机器的输出端，有一半电子出自左面，另一半电子出自右面。如果我们挡住左-右机器的右面的电子束，把左面的电子束送到一个新的上-下机器里，结果，出自第二个上-下机器的电子是一半向上，另一半向下。如果挡住左-右机器的左面的电子，重复这个实验，会得到同样的结果。

但是，如果我们使出自左-右机器的左电子束与右电子束重新结合在一起，然后，让新结合起来的电子束通过第二个上-下机器。这时，从上-下机器出来的所有电子变成了都是向上的电子束。这说明，出自左-右机器的左电子束和右电子束是相互关联的，在某种程度上，“记得”原先输入的电子束具有全是向上的性质。当电子束重新结合时，它们相互“干涉”，产生的不是左电子束与右电子束的“混合”，而是所有的电子都是自旋向上的。然而，如果像在双缝实验中那样，我们在左电子束和右电子束的路径上放置探测器，探测每一个输出的电子是左电子，还是右电子，然后，再让这些电子重新结合在一起，并让它们通过上-下机器。这时，从上-下机器出来的电子，将不再是全部向上的电子，而是有一半电子是向上的，有一半电子是向下的。这说明，试图测量从左-右机器输出的自旋，一定是向上的，还是一定是向下的，将破坏了两束电子的一致性，它们重新结合不会再产生出纯粹向上的电子束。

这个实验现象说明，电子的干涉效应既与电子的空间分布有关，更与它们具有的可观察的特征相关，即与环境相关。左电子束与右电子束的叠加，不同于放置了探测器后，左电子束与右电子束的混合。处于相干叠加态的电子束包括了处于混合态的电子束所没有的信息。在这种情况下，从左-右机器输出的这些信息是由输入它的纯粹向上的电子束所决定的。[①] 或者说，处于叠加态的电子束保留了开始输入时电子所具有的某些基本特征。

可见，这些不同实验所表现出的干涉实验现象表明，描述微观粒子运动变化规律的波振幅的平方所代表的概率具有不同于通常概率的新特征，量子力学中的波函数是一个与经典概念根本背离的新概念。如果仍然简单而传统地把它解释成是通常的概率测量，显然，既不合理，也行不通。同时，这些实验事实也说明，微观粒子的存在方式与宏观粒子是完全不同的。这些差异在全同粒子的统计关联特性中更明显地体现出来（第二章专门阐述全同粒子的问题）。

更令人惊讶的是，在亚原子世界里，我们通常所说的“基本粒子”、“有形的物质”或“孤立的物体”这样一些经典概念全部失去了它们已有的意义。过去，我们通常认为，物质是由分子组成的，分子是由原子组成的，原子是由原子核与电子组成的，一直分割下去，最终会得到某种不变的“单元”。但是，在高能物理学告诉我们，分割亚原子的唯一方法是让它们在高能碰撞过程中猛烈相撞，但却永远得不到更小的单元，相碰撞后的碎片仍然是同类粒子，而且是从碰撞过程所包含的能量中创造出来的。这些微观粒子不能再被看成是一个静态的研究对象，而必须设想为是动态的，一种包含着能量的过程，能量则表现为粒子的质量，甚至从纯能量中能产生出有形的粒子。因此，我们在观察亚原子粒子时，既看不到任何物质，也看不到任何基本结构，只能看到一些不断地相互变换的动态图像，如波动或粒子。目前，尽管物理学家还不能对亚原子粒子的机制提供令人满意的理论，但这些观念已经足以在根本意义上颠覆通常的物质观和粒子观。

---

① Lawrence Sklar. *Philosophy of Physics*. Oxford：Oxford University Press，1992：169

结语　呼唤新的哲学

总而言之，在量子力学诞生之前，以牛顿力学为核心的经典物理学就像一块巨大的磐石一样支持着所有科学的研究，并为科学研究提供了坚实的哲学基础。但是，量子力学却向我们表明，物理学家在研究原子世界时，不能在自我与世界之间，观测者与被观测对象之间作出笛卡儿式的分割。在原子物理学中谈论自然界的同时，无法不涉及我们自己。[①]理论是关于自然现象的理论，定律是人类思维的产物，是科学家关于实在的概念图像的性质，而不是实在本身。这些观念完全违反了经典物理学的哲学基础，正如爱因斯坦在自传中深有体会所说的：

> 我为了使物理学的理论基础与这种（新型）知识相适应而作的一切努力都彻底失败了。就像是从一个人的脚下抽走了地基，他在任何地方也找不到可以立论的坚实基础了。[②]

① 卡普拉．物理学之道：近代物理学与东方神秘主义．朱润生译．北京：北京出版社，1999：56

② 卡普拉．物理学之道：近代物理学与东方神秘主义．朱润生译．北京：北京出版社，1999：40-41

第二章　概念前提

量子力学不仅从根本意义上对传统哲学提出了挑战，而且，它的形式体系本身还提供了一种哲学态度。这种哲学态度蕴涵了非常前卫的新哲学思想，甚至使得第一代量子物理学家从一开始就被迫卷入关于量子理论的完备性与实在性、量子现象的定域性与非定域性、微观粒子的抽象性与存在性等问题的讨论之中，导致了关于理解量子力学形式体系的实在论与反实在论之间的争论，也产生了各种不同形式的、值得系统研究的量子实在论。物理学家对量子力学的接受，经历了由观念之争到实验证明和成功应用的一个发展过程。但问题是，在时过境迁之后，关于量子实在论问题的研究并没有随着第一代量子物理学家的相继离世而停止，反而这些研究成果被延伸外推到科学哲学领域，成为当代科学哲学家论证各种不同的哲学立场的主要依据。为了有助于澄清这些争论，最终阐述一种基于量子力学的哲学态度的科学观，本章有必要首先明确下列相关的概念前提。

第一节　实在的三个层次*

任何一种科学认知活动都是基于科学认知主体固有的本体论承诺，在认识论意义上，以科学方法为手段来进行的。在这一认知模式中，承认并且确认科学认知对象（即认知客体）的客观性与独立性成为科学认识的理所当然的基本前提。然而，如前所述，以量子力学为核心的现代自然科学的发展，迫切要求对这一前提做出更明确的论证和进一步的深入阐发。因为量子物理学家面对的量子客体是理论实体。相对于人类这个认知主体而言，电子、光子等理论实体的存在形式既不能简单地看成是粒子或波，也不能根据其观察到的行为表现推测其测量之前的存在状态。这就构成了一种新的实在形式。因此，需要对我们通常所说的“客观实在”概念进行详尽的阐述。这里，我们依据客观实在在科学认知过程中与认知主体的相互作用方式的不同，以及对客观对象把握的程度的不同，将通常所讲的实在划分为三个层次：自在实在、对象性实在、科学实在。

---

* 这部分内容是在成素梅《科学认识实在的三个层次》（载《晋阳学刊》1993 年第 1 期）一文的基础上扩写而成

一、自在实在：科学认识的潜在对象

自在实在是指独立于人类的一切活动与意识而自在自为地存在着的自然现象和自然规律。这种实在，一方面由于独立于人的意识，从而是客观的；另一方面由于独立于人的活动，从而是天然的，可以称为天然自然。它是科学活动得以进行的潜在对象。人类出现之前的整个自然界都属于自在实在，目前人类活动尚未触及的领域也属于自在实在。

由于自在实在并没有打上人类活动的烙印，因而对人来说往往是模糊的、未分化的、不清晰的，实质上是指本体论意义上的实在。人们对它的认识只能通过间接的推理和思辨来进行。尽管如此，承认自在实在的存在，并不仅仅是科学研究传统中的一个形而上学的观念，而更重要的是，它为自然科学的发展提供了基本前提，为科学研究的进行创设了潜在的对象世界。

自在实在的这种潜存性并非是孤立的、永恒的。对人来讲，也并非是永久隐藏着的，它将随着科学技术的发展，逐渐转化为科学研究的现实对象，称为对象性实在。毫无疑问，自在实在向对象性实在的转变不是随意可得的，必然会受到许多主客观条件的直接制约，比如，社会的需要、文化环境、生产力的状况、实验技术，等等。通常情况下，与人类生活和社会发展的现实需求密切相关的自在实在首先进入人们认识的视域转变为对象性实在。其次是由于技术的不断发展使人类感官阈限之外的自在实在成为人类的研究对象。最后是随着水平的不断提高，把理论描述的实体变成人类思维中的研究对象。因此，从这个意义上看，自在实在向对象性实在的转变总是变化的、动态的和发展的。

二、对象性实在：科学研究的现实对象

对象性实在是指纳入人的认识活动和实践活动之中并成为人的活动对象的实在。相对于自然界而言，这种实在由于和人发生了直接或间接的相互作用，通常称为人化自然。它是科学研究的现实对象。凡是经由人的活动而与之建立了信息交换或调节控制关系的自然物均属于对象性实在。这里的对象性实在不包括技术产生在内。但是，技术的发展有助于把更深层次的自在实在转变为对象性实在。

一方面，对象性实在由于直接来源于自在实在，从而具有客观独立性，具有不依赖于个人意志的固有规定；另一方面，对象性实在是在经由人的认识活动和实践活动之后，成为人类可感知的认知对象的，从而具有对象性的特点。它的固有规定表现在与人的相互作用中，随着相互作用方式的改变，其固有规定的表现也会不同。对象性并不改变客观性，但却赋予客观性以人化的特点。自然科学的所有研究对象均属于对象性实在。

对象性实在的客观性与物质性特点在科学发展的近代时期已被完全揭示出来。在近代科学中，对象性实在的呈现仅限于宏观、低速的研究范围。测量仪器对测量过程的影响是连续可补偿的，甚至在一定的条件下，测量误差可完全忽略不计。这种追求简单性、终极性、必然性，排斥复杂性、相对性、随机性的研究方式，长期以来形成了科学研究中的经典实在论传统。

在经典实在论的传统中，科学家似乎忽视了包括测量仪器、语言符号、研究方法与思维方式等在内的认知中介对认知结果所起的作用。隐含的基本共识是，科学语言和符号能够无歧义地表达科学认知结果，科学仪器对测量结果的影响要么是可预期的，要么是补偿的，科学家借助正确的科学方法或测量程序能够完全把握自在实在的所有属性，即在终极意义上认识与把握自在实在。因此，在经典实在论的传统中，对象性实在完全等同于自在实在。这种观点在最大限度地接纳对象性实在的客观性特点的同时，也最大限度地掩盖了对象性实在的对象性或人化的特点。

对象性实在的人化特点是随着现代物理学的发展，逐渐被人们关注的。首先，相对论力学告诉我们，在一定条件下人们只能认识研究对象的固有属性的相对表现，而不可能在终极意义上把握其固有规定。人们由此强调研究对象对测量环境（如参照系）的依赖性，描绘出难以直观理解的质增、尺缩、时缓等新效应。其次，量子力学指出，在微观测量过程中，由于不可对易算符所对应的物理量之间存在着相互制约关系（即测不准关系），所以，具体测量时，一个量（如位置）的精确确定，必须以牺牲另一个量（如动量）的绝对确定性为代价。这就揭示了研究对象与认识主体的不可分割性，表现为对微观客体特性的认识取决于主体对测量仪器的选择。这些特征第一次显示并且突出了对象性实在与自在实在的异同关系，并在一定程度上揭示了对象性实在的人化特点，强化了认识中的主体性效应。

对对象性实在的人化特点的揭示虽然是人们认识中的一个飞跃。然而，倘若与经典实在论追求终极符合性、一一对应性的认识模式相反，而过分夸大对象性实在的人化特点，忽视其客观性特点，则必然会由认识的一个极端走向另一个极端，同样是有失偏颇的。这是因为，对象性实在的人化特点是在客观性基础上显示出来的。所以，只有合理地、统一地认识和理解对象性实在的客观性与对象性特点，才能在本质上认识客观世界的辩证特征。这是澄清关于认识的主观性问题的关键所在。

现代科学技术水平的发展业已表明，人们不仅早已实现了“敢上九天揽月，敢下五洋捉鳖”的宏愿，而且对对象性实在的研究范围已向着小至分子，原子，原子核，核子，夸克，…，大至地球，太阳系，总星系，…不断扩展。这种发展趋势充分证明，我们要使自在实在更多方面、更深层次的性质和规律反映到认识中来，只有而且必须不断改善自在实在向对象性实在的转变条件，才能不断扩大可观察变量和可控制变量的范围。例如，早在人们发现电子以前，电子固然已存在于原子中，但是，真空技术的发展和对真空放电现象的研究20世纪初物理学三大发现，才打开了原子的大门，原子这方面的特性才随之进入人的认识过程。但是起初，提供给人们的只是电子微粒性方面的一些特征（质量、电荷、云室中的径迹和计数器中的计数等）。尔后，随着观测和控制技术的提高以及量子理论的创立，才逐渐把电子的波动性、自旋等其他方面的特性展示出来。并且电子衍射实验的成功为德布罗意的实物粒子具有波粒二象性的假说提供了科学依据。

毋庸置疑，对象性实在的分层讨论，是以本体论层次的自在实在为渊源，在认识论意义上所迈出的认识现实对象的第一步。这种实在的确立表明：实际进入人类认识系统的对象已不再是自在意义上的客观实在，而是在一定的历史条件下，与认识主体发生了对象性关系的那一部分客观实在。正如恩格斯所言："我们只能在我们时代的条件下进行认识，而且这些条件达到什么程度，我们便认识到什么程度。"① 这就决定了自在实在向对象性实在转变的动态性与社会性，决定了人类的认识具有的依他条件性、相对历史性与绝对把握性之间的辩证统一。

对象性实在所提供的是科学事实，是经过观察与实验之后的结果。对对象性实在的认识不仅能为科学概念的形成提供直接的信息，为科学理论的形成提供实验基础，而且能为判定科学理论的真伪提供实验事实，为科学预言提供立论依据。

随着对对象性实在所提取的信息的加工处理、抽象升华，科学家对实在自身的认识进入认识系统的高级阶段，即语言、符号的建构阶段。对由语言符号及推理规则构成的科学理论所描绘的实在图景的认识，使人类的认识进入了由理论所构建的科学实在领域。

三、科学实在：对对象的理论建构

科学实在是指经由人的实践活动和人的认识活动（包括感性认识和理性认识）而在科学理论中所描绘的实在。这种实在包括两个层次的内容。

其一，狭义地讲，科学实在等同于科学理论所绘制的理论实体及其结构。例如，天文学所揭示的天体结构，原子物理学所描绘的原子结构，生物学所断言的

---

① 恩格斯．自然辩证法．中共中央马克思恩格斯列宁斯大林著作编译局译．北京：人民出版社，1974：219

核酸蛋白质体系，以及电子、光子、基因、夸克等理论实体。

其二，广义地讲，科学实在除包括理论实体及其结构之外，还包括由形成理论的概念、命题的内涵所反映的理论实体的属性。例如，广义相对论揭示的天体的红移现象，原子结构所具有的固有属性，核酸蛋白质体系所显示的本质特征。

实体与其属性是相互依存的，通过关系的作用，三者形成了双向的制约机制。实体通过关系反映出某种属性，对属性的认识使人们达到对实体的描述；反过来，一定的关系作用于实体，必然显示出一定的属性，对属性的认识达到对关系的掌握。

这表明，科学实在在形式上具有物质性和可感知性，因为它是通过可感知的物质形式（语言、符号、模型）存在的。在内容上却存在两个不可或缺的特点。

其一，复制性。科学实在是在复制对象性实在的过程中产生出来的。或者说，科学实在归根到底是对对象性实在的某种复制（同态的或同构的）。模型总是对原型的某种复制，从而总具有某种程度的相似性。

其二，建构性。科学实在是在人的活动中经由物理操作和心智操作而建构起来的。它是人的感性物质活动和理性思维活动的共同结果。随着操作方式的不同，使用的语言符号系统及推理规则不同，进行的思维方式不同，均会导致对同一对象所建构起来的理论描述及形成的理论实体的不同。

科学实在内在的复制性和建构性特点不是彼此孤立的，而是高度统一的。科学实在是在人的复制性认识过程中建构起来的。复制性在建构中显示为层次性结构；建构性在复制中保持其客观性基础。这意味着科学实在在具体建构中必须具备双重功能：一是尽可能准确地复制对象，使对象在思维中完整地再现出来；二是尽可能简练地凝结对对象的感知，使感觉和思维清晰起来。因此，科学实在既不完全是客观的，也不完全是主观的。科学实在的主体性特征概括起来主要通过下列两种方式体现出来。

（1）科学实在在建构中具有层次性特点与“进化”发展图式。这是由科学理论发展的特征所决定的。爱因斯坦认为，一个新的理论之所以成立至少必须满足两个条件：其一，外在的证实性。这意味着理论不应当同现存的实验事实相矛盾，理论的预言，应尽可能得到后来实验的进一步证实；其二，内在的完备性。这意味着理论内部应达到逻辑上的自洽。新理论所满足的这些前提，要把旧理论作为极限包括于新理论之中。形成理论的这种层次性特点决定了科学实在的层次性特点。从经典力学体系到相对论力学体系的过渡便是典型一例。

科学实在不仅随着科学理论的“进化”发展而改变自身的实在图景，而且在“进化”发展的同时，不断地提高了科学实在与自在实在的符合度。例如，原子物理学在描述原子结构时，经历了由汤姆逊模型（由于电子的发现）到卢瑟福的有核原子模型（依据粒子的大角度散射实验），又到玻尔的原子分立轨道模型（为解决原子稳定性等问题），再到量子力学中彻底废除轨道概念的量子化系统描述（微观粒子具有波粒二象性的特征）。可以看出，其中每一种原子模型的提出，都相应地绘制出一种原子结构图景。但是，随着新实验的不断成功，人们便会对原子结构逐渐有更深刻的了解，并且新的原子模型具有更大的普遍性。

（2）科学实在的内涵与外延取决于认识主体对科学理论的建构方式。在近代自然科学产生之初，归纳主义的过程论曾受到普遍的支持。按照归纳主义，理论是通过归纳—提出定理—经验证实而形成的。这时，经验事实起着决定的作用。问题的症结在于，现代科学的发展出现了新的前景。首先，和人类有信控关系的对象性实在远离了人类可感知的宏观世界，向着大至宇观乃至胀观、小至微观乃至渺观发展。其次，测量中引入一种仪器就相当于引入一种或几种测量理论。测量过程中不可逆性特点愈益显著，表现为测量仪器的干扰作用成为无法补偿的测量“误差”。用玻姆的话讲是，测量前后不可能具有同等的位相关系。最后，形成理论本身的数学化、模型化、符号化程度越来越提高。

鉴于这些特点，形成理论的途径随之便越来越多样化。这时，更令人重视的则是“假说—演绎”的方法。按照这种方法，理论是通过发现问题—提出假说—演绎检验取得生存权。在这一条途径中，形成理论所依赖的经验事实已不再是决定性因素，而仅是一种辩护性因素。起决定作用的则是科学家所持的实在观与认识观及他们的直觉、灵感等思维活动。这就导致了基于同样的实验事实所建构的物理方程，对同一个数学符号将会有完全不同的物理理解，从而形成截然不同的理论体系。尽管不同的理论都能达到对现存实验现象作出完整的描述，但理论所描绘的科学实在图景却存在着根本的差异。例如，在量子理论中，出现了对薛定谔方程中引入的波函数是对粒子个体的描述，还是对粒子“ 系综”的描述的不同理解，对测不准关系是粒子自身的属性，还是由于测量仪器所致，还是由于计算中的统计效应所致的不同理解。这样便形成两种量子论体系：量子力学的因果性理论与正统的量子理论。固然，理论的最终抉择依赖于实验的进一步“裁决”，但是，抉择前的并存和争论却表明，由科学理论所描绘的科学实在的内涵与外延最终取决于认识主体对科学理论的建构方式。

科学实在所显示的这些主体性特征是毋庸置疑的，但是一旦绝对化，所得出的哲学结论将失之偏颇。因为科学实在不仅仅有表现为主体性的一面，而且还有它赖以存在的客观性基础。科学实在在建构中的复制性特点意味着科学实在中蕴涵着不容否定的客观性成分。

（1）认识主体背景知识的客观性。任何一种科学理论的形成都依赖于认识主体拥有的背景知识。这种背景知识一部分来自主体直接经验的分析总结，一部分来自主体间接学习的归纳综合。但无论何种途径都包含着对对象性实在的复制性过程。可见，背景知识中理应包含着对自在实在的描述的客观性因素。

（2）测量过程的客观性（包括选择测量仪器和确定测量方式）。测量环境的选定与进行虽然依赖于主体，但一经确定，测量仪器作为认识工具将会与自在实在发生相互作用。测量结果正是在这种相互作用中得到的“共生”现象。无疑“共生”现象中包含着来自自在实在的信息内容。

（3）科学概念和命题内涵的客观性。科学实在是由科学理论通过概念与命题的形式描绘出来的。尽管概念体系连同那些构成概念体系结构的句法规则都是人的自由创造物，“可是，它们必须受到这样一个目标的限制，就是要尽可能做到同感觉经验的总和有可靠的（直觉的）和完备的对应（zuordnung）关系”①。换言之，“概念和命题只有通过它们同感觉经验的联系才获得其‘意义，和‘内容’”②。这说明科学概念与命题约定的任意性，并不排斥其内涵和语义的客观性。

简言之，科学实在是从概念上把握实在的一种努力尝试，它是一个具有复杂内在结构的理论实体。它以承认自在实在的存在为前提，以对象性实在为基础，以丰富的背景知识体系为主体，以求真为目标，以科学方法为手段，以概念和命题的进化发展为过程，形成具有高度动态性特征的科学图画。

四、三者之间的关系及其意义

自在实在、对象性实在和科学实在的划分并非是创设了三种不同的实在，而是同一实在在认识过程的不同认识阶段的不同表现。它们之间存在着内在的转变统一关系：

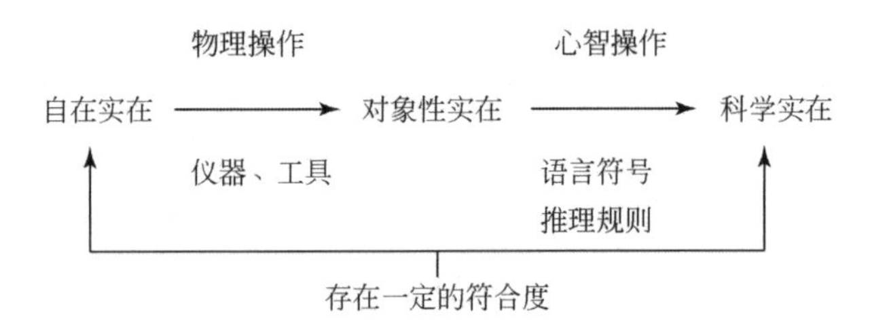

这一转变关系图表明：“人不能完全把握＝反映＝描绘全部自然界，它的‘直接的整体’，人在创立抽象、概念、规律、科学的世界图画等时，只能永远

---

① 爱因斯坦．爱因斯坦文集．第一卷．许良英，范岱年编译．北京：商务印书馆，1976：5-6

② 爱因斯坦．爱因斯坦文集．第一卷．许良英，范岱年编译．北京：商务印书馆，1976：5

地接近于这一点。”①列宁的这句话，在自然科学发展的今天仍然具有时代意义。理论实在不仅是对自在实在的整体模拟，而且还能在一定条件扩展自在实在的范围。例如，牛顿万有引力定律的提出，导致海王星和冥王星的发现；电磁场理论的提出，导致电磁波的发现；狄拉克相对论性电子方程和空穴理论的提出，导致正电子、反质子的发现。这些发现不仅扩展了对象性实在的范围，也加深了对自在实在的认识。因此，自在实在、对象性实在与科学实在三者之间的关系并不是一种线性的单值决定性关系，而是一种相互促进与共同扩展的同构或同态关系。

关于实在的三个层次的本体论意义在于，它能够从根本上保证人类认识实在的本体性和物质性；认识论意义在于，它能够从本质上表明，人类的认识正是基于主观性的理解来确立其客观性的陈述的过程，从而达到认识的相对真理与绝对真理的辩证统一；方法论意义在于，它不仅能够帮助我们更合理地理解现代科学的新特征，而且能够为我们澄清目前存在的各种实在论与反实在论之争提供一种可供反思的进路。

第二节　因果性与关联*

阐述量子力学与实在论命题涉及的第二类重要概念是因果性（causality）与关联（correlation）这两个关系术语。因果关系是指不同事物之间或同一事物的不同阶段之间的相互联系，是科学发展的内在动力。大到宇宙学家讨论的宇宙起源学说，小到粒子物理学家探索的基本粒子的产生机制，以及社会科学家追寻的社会变化发展的根据，等等，都是在为某种结果寻找某种原因。如前所述，量子力学的产生对无条件地寻找决定论的因果性概念的追求提出了挑战。

一、引言

事实上，对事物变化的原因的探索并不是一个新颖的问题，自古以来一直是人们思索的一个主题。从亚里士多德的四因说，到休谟的心理习惯说，再说康德的先验综合判断，都是对因果性问题的思索。狭义相对论的产生，把因果性问题的讨论，限制在光锥以内的事件。量子力学的产生又区分出因果性概念与关联概念。

关联比因果性广泛得多，可以有因果性的关联，也可以有非因果性的关联。一般的关联除了有因果性和非因果性的区别之外，还存在着确定性和统计性的区

---

① 列宁．哲学笔记．中共中央马克思恩格斯列宁斯大林著作编译局译．北京：人民出版社，1974：194

* 这部分内容是在关洪、成素梅、卢遂现《因果性和关联》（载《自然辩证法通讯》1995 年第 5 期）一文和《微观领域中的因果性和关联》（载《自然辩证法通讯》1996 年第 5 期）一文的基础上改写而成

别。这里所说的确定性和统计性只是一种简称。前者指的是个别事件的决定性，即普通所说的机械决定性。而后者指的大量同类事件的统计分布的决定性，即统计决定性，而且，因果性和决定论是内容不同的两个范畴。

关联可是空间的，也可以是时间性的。例如，在正午 12 点的时刻，我们可以预言，过 12 小时一定是黑夜，再过 12 小时一定是白天……这种昼夜交替的规律，就是一种确定性的关联，它表现出一种决定性的联系。不过，它不是一种因果性的规律，因为昼夜的出现是受同一原因支配的两种互相关联的结果。又如，要知道晴天的第二天会是晴天，还是下雨天，或者北京是晴天时上海是晴天还下雨天，这就只能给出统计性的答案。至于这种统计性的关联属于因果性还是非因果性的关联，那就要看人们掌握的科学理论达到什么样的程度了。此外，如果大量事件的统计分布出现了纯随机的结果，我们就说这是一种统计性的零关联，亦即两者之间不存在什么实质性关系。可以说，在一般所讲的“各个事物之间、现象之间”的“关联”、“依赖”和“制约”中，绝大部分都会属于这样一种零关联。从物理学的发展来看，一般情况下，纯粹的关联局限于对感觉材料的初步整理。例如，编目录式的整理，而要达到因果性的认识则必须靠某种动力学理论。所以，从认识论的角度看，对关联的认识属于理性认识的初级阶段，只有达到因果性的认识，才属于理性认识的高级阶段。

二、因果链的始端：状态概念

设观察到事件 A 的原因是事件（或事件组）B，而 B 的原因又是 C，C 的原因又是 D……这一个个（或一组组）的事件形成了一串接续不断的因果链。这里为了简单起见，不准备讨论表现为首尾相连的封闭式的因果链和有分支的因果链，而只讨论无分支无循环的一串串因果链。那么，这种因果链必定存在着唯一的一个始端，这个始端是一系列因果关系的开始，它本身不能够再有原因。因为，如果它有一个原因的话，就不会再有因果链的始端了。

在蒙昧时代或者蒙昧的人群里，由于无法在物质世界当中找到一种满意的解释，总是把因果链的始端归于上帝的旨意或神祇的力量。在近代科学的初创时代，即使牛顿那样的伟人亦未能免俗，把太阳系的起始运动归之于神力的推动。一直到 20 世纪人们才弄明白了，作为一门科学出发点的初始命题，是不可能通过逻辑论证的方法去证明的。这些初始命题如果不是从另一门科学搬过来的话，那就必定具有公理的性质。[①]那么，这些作为逻辑起点的公理式的命题，自然是不能再追问其原因的了。因此，把这些公理式的命题认作为上面所说的因果链的

---

① 关洪，崔内治．试论热力学初始规定的公理性质．中山大学学报（自然科学版），1993，(2)

始端，实在是再合适不过了。

例如，作为物理学第一部分的力学，它的第一条定律是惯性定律。这条定律就具有公理的性质，它既不可以通过逻辑推理的方法去证明，也不可以运用一般的实验去直接验证的。这条定律的正确性，只能靠由它得出的无数推论是否与经验事实相符合而得到证实。① 惯性定律的内容是说，当一个质点在不受外界影响时，必定会保持着它的静止或匀速直线运动的状态。在这里，我们引进了“状态”这个概念。在牛顿力学里，一个质点的运动状态是用它的速度或者动量（质量乘速度）来描写的。按照惯性定律，在不受外界影响时，质点的运动状态是不会改变的。至于为什么不会改变，这是一个不应该过问的问题，因惯性定律既然具有公理的性质，它就是没有原因的。换句话说，惯性定律就是有关因果链的不再有原因的始端。

在这里，问题的关键是选择好适当的状态描写或状态参数。为什么要用速度而不是位置或者加速度来描写质点的运动状态，这是一个必须依赖经验事实而不能光靠凭空想象去解决的问题。当然，你也可以说，状态的选择必须符合简单性原则或者美学原理，但那些都不是本质的要求，是一些表面的解说。总之，在科学当中，因果链的始端不可能由先验的原则来决定，而只能由经验事实来决定。

在复杂的系统里，也可以找到类似的解释。例如，有一盒理想气体，当达到平衡状态时，它的压强 P、体积 V 和温度 T 之间存在着如下关系式：

$$PV = nRT \tag{2.1}$$

式中，R 是摩尔气体常数，n 是气体物质的量（摩尔数）。(2.1) 式就叫做理想气体的状态方程。在宏观的层次上，气体的平衡状态为什么满足这一方程，是无法找出原因的。而且，满足 (2.1) 式的几个状态参数 P、V 和 T 之间，也只是存在着纯粹的关联，而没有什么因果关系。

一般说来，在对宏观系统进行现象描写的热学或者平衡态热力学理论里，所给出的都只是一些状态参数之间的关系。然而，当我们进到微观层次时，这些关联还是可以得到进一步说明的。例如，气体的状态方程是可以由分子的热运动来做出说明的。我们可以说，在温度较高的情况下，因为气体分子的（方均根）平均速度比较大，所以，当气体体积固定时，其压强会成比例地增高等等。有关的详细论证和计算，要用到气体分子运动论或者更严密的统计物理学理论。但是，这种微观说明并不是一种因果性说明，而只是微观层次上的一种深入一步的关联，即把描写分子运动的一些微观物理量的统计平均值分别同宏观状态的几个状态参数对应起来，把宏观参数之间的关联替换为微观量的平均值之间的关联。

---

① 关洪．力学的基本概念．(1) 惯性定律．大学物理，1984，(11)

所以，在平衡状态中，仅仅存在着纯粹关联的关系。只有当平衡状态受到外界干扰，其中一个（或一些）参数发生变化，因而引起其他参数的变化时，才表现出因果性的联系。因此，只有在系统状态随时间演化的过程中，才谈得到因果关系。研究系统状态随时间演化的规律的物理学理论，就叫做动力学。

现在我们回到力学理论。上面所说的惯性定律，其实是研究机械运动的动力学的第一条定律。但是在动力学之前还有运动学。运动学是对系统运动现象的单纯描绘，而不过问它为什么会有样的运动。换句话说，在运动学里只给出不同的状态参数之间，还有它们同时间之间的关联，而不涉及因果关系。在伽利略确立他的运动理论的时候，为了同亚里士多德的理论划清界限，有意避免谈论运动的原因。他在《关于两门科学的谈话》一书中专门声明：

> 现在看来还不是研究自然运动的原因的时机……本书作者的目的，仅在于研究和证实加速运动的某些性质，而不管这种加速度的原因是什么。[①]

因此，可以说，伽利略的这部著作，表面上看起来很像一部运动学。严格地讲，运动学还不是真正的物理学，而只是为动力学所做的准备工作。况且，要建立什么样的运动学，根本上还是由动力学的要求决定的。[②]正如马克思所言，

> 物理学家是在自然过程表现得最确实，最少受干扰的地方考察自然过程的，或者，如有可能，是在保证过程以期纯粹形态进行的条件下从事实验的。[③]

一个物理系统的确可以“最少受干扰”地存在，使物理学家能够把它近似地当做是孤立系统来处理，研究它的“纯粹形态”及其演化。上面讨论的质点的惯性运动和气体的平衡状态这两种情况，就是两个很好的例子。

在以复杂得多的系统为研究对象的学科里，就没有这么好的条件。例如，生物学和社会学里的研究对象，都是不可能不受外界的干扰和影响而孤立地存在的。在那里的状态及其演化都表现出复杂得多的形式，在这些学科里，还不能对所研究的一般系统的未来行为作出精确的预言，亦即还没有找到能够取代因果性这一哲学观念的确切替代物。下面讨论物理学里的因果性和关联的表现。

---

① Galilao Galilei. *Dialogues Concerning Two New Science*. H. Crew and A. de Salvio translated. Macmillan Co. , 1914：166-167

② 关洪．空间和时间的动力学本性．物理通报，1991，(11)

③ 马克思，恩格斯．马克思恩格斯全集．第二十三卷．中共中央马克思恩格斯列宁斯大林著作编译局译．北京：人民出版社，1972：8

三、描写状态演化的运动方程

如上所述，物理系统状态的保持是无原因的，而状态的变化才是有原因的，其原因就是外界的影响。在物理学里把这种影响称为外界对系统的作用，或者系统同外界之间的相互作用。

可是，在现代物理学文献里，几乎没有提到因果性这个名词。常见的唯一的例外是在相对论里。由于任何能量或信号的传递速度，都受到不可能比光速更快的限制，所以，只有当两个事件的空间分隔 Δx 和时间分隔 Δt 满足不等式

$$\Delta x < c\Delta t \tag{2.2}$$

时，它们之间才可能有相互影响或相互作用的传递，从而发生因果联系。因此，一般把（2.2）式叫做因果性条件。除此之外，在现代物理学的著作里，很难再找到关于因果性的明显叙述。（2.2）式的因果性条件也体现了，原因必须先于结果发生，那些发出的影响来不及传到的对象，一定不会是此时此地发生的事件的原因。按照这种理解，在理想气体平衡状态的状态方程（2.1）式里所描写的几个参数之间的关系，指的是它们在同一时刻（$\Delta t=0$）所满足的关系，所以，只能是纯粹的关联，而不可能是因果关系。

在物理学里，描写系统受外界影响或相互作用时状态的变化，用的是状态随时间演化的运动方程。例如，在非相对论质点力学里，用的就是牛顿第二定律：

$$m(\mathrm{d}v/\mathrm{d}t) = F \tag{2.3}$$

也可以写成，

$$m(\mathrm{d}^2x/\mathrm{d}t^2) = F \tag{2.4}$$

（2.4）式就是常见的作为位置 x 对时间 t 的二阶微分方程的牛顿第二定律。现在，只要知道了某一初始时刻 t_0 质点的初始位置 x_0 和初始速度 v_0，在了解了质点受力的情况下，就可以通过（2.4）式解出任意时刻 t 的质点位置 $x(t)$ 和速度 $v(t)$ 来。所以，我们说，牛顿第二定律这一运动方程，精密而确切地给出了外界相互作用同质点运动状态的变化之间的关系。一般说来，原则上运动方程已经可以预言，系统状态为什么会发生变化和将会发生怎样变化。通过运动方程我们已经获得了比因果性的抽象范畴具体得多和精确得多的知识。所以，不必再提到原因和结果的概念。这就是我们所讲的，现代物理学已经“超越”了因果性范围的意义。

物理学家在处理每一个问题时，都不可避免地做出一定的简化和近似。只要这种合理的简化能够在一定的近似程度上得到同经验事实相符合的结果，就不必进行更繁复的考虑。比如，在讨论一般的室内活动时，并不考虑美国正在发生什么事，也不必理会月球上有什么变动。事实上，任何一个科学理论都必须做出某

种程度的简化，都不可能无遗漏地考虑全部“各个事物、现象”之间的联系。在古代，人们把星相、阴阳、节气、时辰等等看得很重要，各种事物都要受到这些因素的支配。在近代动力学理论里，已经筛去了那些非因果性的纯关联或者零关联，而找到了真正的因果联系。所以，正如我们前面所言，要找到因果规律，必须依靠理论思维，从纯关联的编目录式关系进到因果关系的掌握，才真正实现理性认识从低级形式到高级形式的飞跃。

为了增强说服力，我们愿意指出，以上的论述，除反映了许多物理学家的共同观点之外①，不少科学哲学家亦程度不同地主张，科学中的因果关系是由运动方程来表示的。例如，弗兰克就把牛顿运动定律当做“因果性定律的数学形式”的首选例子。② 纳格尔（E. Nagel）则更明白地指出③，“系统的状态”的定义不能先于相应的“因果性”理论给出来，而“因果关系”指的就是一些“线性微分方程”。它们给出了物理系统的状态是怎么依赖其他因素的影响而随时间变化的。(这里与纳格尔的著作一样，也没有讨论非线性问题。)

在物理学的其他分支里，也可以作出类似的分析。例如，在流体力学里，可以建立速度分布或密度分布的运动方程，用来研究液体或气体受到初始扰动后的运动情况。在电磁学里，麦克斯韦方程组描写了电荷和电流的运动会怎样引起电磁场的变化。这些运动方程都采取线性微分方程的形式，它们分别给出了受到外界影响时流体运动和电磁场随时间的变化。

要注意的是，在经典物理学里，每一个方程的描写对象都是一个或者一些物理量，如上面讲过的牛顿第二定律里的位置或速度、流体力学方程里的速度或密度、麦克斯韦方程组里的电场与磁场……而且，回头来看，在经典物理学里，系统状态的描写也是使用着一些物理量作为状态参数，如惯性定律里的速度，理想气体状态方程里的压强、体积和温度……但是，在量子力学中，这些将会发生根本性的变化。

四、因果性和关联的表示形式

以上所讲的只是物理学里表示因果性和关联的最简单的常见形式。在这一部分，我们试图对现代物理学关于因果性和关联由浅入深的各种抽象程度不同的表示形式作出一个全面概括。

我们认为，在现代物理学里，由感性认识到关联再到因果性认识的各个阶

---

① M. Borm. *Natural Philosophy of Cause and Chance*. Oxford: University Press, 1949

② 弗兰克. 科学的哲学：科学与哲学之间的纽带. 许良英译. 上海：上海人民出版社，1985：第15章

③ E. Nagel. *The Structure of Science*: *Problems in the Logic of Scientific Explanation*. Hackett Pub. Co., 1979: chapter 10

段，可以区分为如下几处层次。分别用几种不同的数学形式来表示。

（1）观察数据。这是由感觉器官通过观察或实验直接得出的结果，一般表示成一些配上适当单位的数，这些数据对材料基本上属于感性认识的范围。

（2）数值关系。这是对各种观察数据所进行的初步整理，目的是找出一些有规则的关联。所使用的方法基本上同编制图书目录相似。当然，不同的编目方法也有巧拙优劣之分。最早的天文观察和历法制度，都属于这个范围。在同一时期，这种方法的滥用又导致了占星术的流行。把这种方法推到登峰造极，就形成了一门研究、玩弄和拼凑数字的“数字术”（numerology），它被广泛用来占卜人事的吉凶。我国古代的《易经》以及流传到今天的“生辰八字”算命法，都包含了这方面的许多内容。然而，人们曾用“数字术”推导出二进制和氢原子光谱（巴耳末）系的规则等有积极意义的结果。不可一笔抹杀。总之，数值关联是由感觉材料发展到因果认识的一个不可缺少的中间环节。

（3）代数公式。这是从杂乱的数值关联中发现的、可以用初等代数公式表示的一些规律或定律，如开普勒（J. Kepler）关于行星运动的三大定律、伽利略关于匀速运动的研究成果。以代数公式表示的这些定律，一般属于运动学的范围。还有一些是关于物性或者相互作用形式的实验结果的分析整理，前者如欧姆定律和胡克定律，后者如库仑定律和引力定律等。这些定律都为下一阶段到动力学的过渡提供了必不可少的准备。可是，历史上也提出过关于各个行星轨道半径的一条奇怪的“伯德定律”，虽然它同观察数据惊人地相符，甚至还据此做出后来被证实的预言，但是至今仍然未能对这条定律作出进一步的说明。上面所说的这些以代数公式表过的定律，虽然依然属于关联的阶段，亦即理性认识的初级阶段，却已经比简单的数值关联前进了一大步。

（4）微分方程。这指的是在动力学里，描写系统由于受到外界作用而使其状态随时间变化的运动方程的基本形式，在前面已经详细讲过了。伽利略关于匀速直线运动的研究，通过一套代数公式，概括了无数种具有不同加速度数值的运动，而每一种这样的具体运动，都对应着一系列独特的数值关联。现在，在恒定力场的情况下，像牛顿第二定律那样的微分方程式——（2.4）式，又统一地概括了伽利略所研究过的匀速直线运动、匀加速直线运动和抛体运动等几种用不同的代数公式表示的运动形式。由此可见，从数值关联到代数公式，再从代数公式到微观方程，这种从纯粹关联到因果关系的认识逐步深入的过程，也是概括抽象程度逐步升高的过程。

（5）拉格朗日量。在经典物理学里，拉格朗日函数 L 定义为动能 T 和热能 V 之差，即 $L=T-V$。通过变分法，即运用极值条件，

$$\delta\int L\mathrm{d}t = 0 \tag{2.5}$$

便可以导出运动方程，拉格朗日函数不仅适用于质点力学，也更有效地运用于流体力学和电磁场那样的连续体系统的情况。

在量子力学里，只为电子给出了态函数的描写，而在运动方程里，电磁场仅作为宏观参数出现。这种不平等的安排，使它注定不能独立地解决原子的自发辐射问题。而在量子场论里，拉格朗日量采取如下形式

$$L = L_1 + L_2 + L_{12} \tag{2.6}$$

式中，L_1描写电子的自由运动，L_2描写电磁场的自由运动，L_{12}是它们之间的相互作用。把（2.6）式代入（2.5）式，就能同时导出电子和电磁场满足的两个运动微分方程。其中，每一个方程都包含了对方所施加的作用项。这样，就实现了对电子场和电磁场的平等对待，顺利地解决了自发辐射问题。而且，（2.6）式还可以推广到系统不只有两种对象的普遍存在情况。由此可见，拉格朗日量是比微分方程抽象程度更高而且更加有效的一种描写因果联系的数学形式。

（6）不变性原理。过去，在经典物理学里遇到的相互作用形式，大都是可以通过实验观察确定的。今天，在描写微观现象的现代物理学里，再也不可能这样做了。那么，怎样选择运动方程里的相互作用项，更一般地说，根据什么原则来在理论上选择相互作用拉格朗日量 L_{12}或者整个拉格朗日量 L 呢？实际上，理论家们只能根据一些普遍适用或者特别选定的不变性来决定拉格朗日量的形式。这里所讲的不变性，指的是拉格朗日量在某种对称变换下的不变性，所以，这一要求又叫做对称性。正是不变性或对称性的要求限制着拉格朗日量的形式。

举例来说，在物理学中，对于具有球对称的物理系统（如太阳的牛顿引力场），物理定律在坐标系对于原点的旋转下是不变的。这一不变性导出了角动量守恒律（诸如开普勒第二定律）；对于在空间某个确定方向有平移对象的动力学系统，动力学定律在此方向坐标系的线性平移下是不变的，由此导致了在此方向上的动量守恒定律；对于时间上具有平移对称的系统，即在时间平移下不变的系统，存在能量守恒定律；在经典动力学中，有坐标和共轭动量的正则变换，在此变换下运动的（正则）方程形式不变。即其积分不变量为守恒量；对于匀速相对运动的系统，物理定律在洛伦兹变换下是不变的，由此给出了相对性原理。①因此，许多物理学家认为，不变性或对称性至少是“决定相互作用的主要因素”②。按照这种理解，今天是不是可以把不变性原理看做是表示因果性的最抽象概括？这还是一个需要进一步研究的问题。

---

① 吴大猷．物理学的历史和哲学．金吾伦，胡新和译．北京：中国大百科全书出版社，1997：38

② 杨振宁．对称与二十世纪物理学//宁平治等编．杨振宁演讲集．天津：南开大学出版社，1989：411-429

不过，因果性与关联之间的这种从认识的低级阶段到高级阶段的发展过程，只在宏观领域内适用，不能延伸外推到理解全同粒子的统计关联的情形中，或者说，在量子力学里，情况发生了根本的变化。

五、全同粒子系统的统计性关联*

在宏观领域内，我们通常认为，即使是完全相同的粒子也可以通过直接或间接加标记或编号等形式来加以区别。在有些情况下，虽然实际上做不到这一点，我们还是在想象中对所研究的采取了这个办法。例如，在经典统计学中，对于本来是完全相同的许多原子或分子，就采取了在头脑中把它们编号的办法来进行统计。但是，对原子和分子等微观粒子是没有办法做记号的，除非把它变成另一种粒子。所以，在经典统计里，实际上对于微观粒子采取了只适用于宏观物体的一些办法，因而是一种不彻底的理论。

量子力学的全同性原理第一次揭示了同类微观粒子的全同性质。根据全同性原理，所有的同类微观粒子（如电子、光子等）都是完全相同的，它们既不可能被分辨、也不可能通过任何贴标签或加标记的办法来加以识别。例如，对于两类典型的微观粒子——费米子和玻色子——的运动情况，通常是运用建立在全同性原理基础之上的一种特殊假设——对称化公设——来处理的。对称化公设认为，由全同粒子组成的系统，按照这些粒子的本性，要么，总是由对任意两个粒子交换都是对称的对称态函数来描写，要么，总是由对任意两个粒子交换都是反对称的反对称态函数来描写。对应于对称化公设第一种情况的粒子被称为玻色子，如光子；对应于第二种情况的粒子被称为费米子，如电子。到目前为止，除了与全对称和全反对称对应的这两类粒子之外，在自然界还没有发现与其他对称状态相对应的粒子。

依据对称化公设，电子的分布遵循泡利不相容原理，即每个确定的电子状态只能容纳一个电子，或者说，两个电子不可能处于同一状态。比如，在两个没有相互作用的电子组成的系统中，假设这两个电子所处的状态分别为 Ψ_i 和 Ψ_j 时，根据全同性原理，我们不能够说出这两个电子中哪一个会处于 Ψ_i，哪一个会处于 Ψ_j。习惯上，总是把两个电子不可能处在同一个态的性质，不恰当地称为受到了“泡利排斥力”的作用。这种说法本身，恰恰反映了物理学家习惯于把根深蒂固的经典粒子观照搬到理解微观粒子上的习惯倾向。

沿着这种习惯的思路，人们必然会提出这样一些不可思议而且是非常令人困惑的问题：一个电子怎么会“知道”某一个态已经被别的电子所占据，而自己

---

* 本部分内容参考：关洪，成素梅，卢遂现．微观领域中的因素与关联．自然辩证法通讯．1996，(5)

应该“选择”另一个态呢？这种把电子当成经典粒子，并进行“拟人化”的问话方式的必然推论，便是在两个电子之间寻找“信息传递”的环节，以求找到事情之所以如此的原因所在。然而，按照量子力学的基本假设，两个电子之间根本不存在通常所称的“泡利排斥力”的相互作用，两个电子不能处于同一个态的“排斥”效应，完全是由于系统处在反对称状态下的一种统计性关联，而不是真正的相互排斥的结果。经典的思维方式把这种纯粹的统计性关联不恰当地理解成因果性关系。

与电子为例的费米子不能处于同一个态的这种互不相容的效应相反，玻色子则表现出互相“亲近”的倾向。这是指玻色子更倾向于占据同一能级，或者说，倾向于处在更为靠近的位形空间中。例如，在运用干涉仪对汞灯射出的光束进行测量，分析不同时间间隔内相继接收到的两个光子之间的关联实验中，实验结果发现，在纳秒级的时间间隔内，光子到达检测器不是完全随机的（相应于零关联），而是在很短的时间间隔内呈现出互相靠近的趋势。这种正关联效应，称为光子群聚效应。这种效应指的是一种时间顺序上的连续，而不是空间距离上的聚拢。它是由光子的玻色子性质所决定的，是量子力学原理的很好体现。我们知道，在包括经典物理学的普通统计里，互相独立的事件之间没有任何关联，是完全随机的。而这个实验结果说明，不能够运用这种传统的观念来理解光子群聚效应。后来，随着量子场论的发展，物理学家才逐渐地搞明白，光子群聚效应是由电磁场的涨落造成。量子场论告诉我们，电磁场或者光可以有多种不同的量子态，当光子处在不同的量子态时，它具有不同的统计性质，由此决定着当光子受到测量时，体现出光子到达检测器的时间之间的关联规律。此外，还有下列两种值得注意的典型情况：

其一，理论上近似地处于平均光子数很高的相干态的激光。这是一种相位完全确定而粒子数完全不确定的态。在这种相干态中，光子遵从的是泊松分布。这时，与激光相对应的光子到达检测器的时间是完全随机的，表现出零关联。这种情况也已得到实验的证实。

其二，光子数完全确定的本征态，简称为“数态”。在具有确定光子数的态中，光子到达检测器的时间比纯粹的随机序列显得分散一些，表现出强度涨落的负关联。这种效应称为光子的反群聚效应。与光子的正关联的零关联所不同，光子反群聚效应是直接违反经典电磁场条件的，它必须在电磁场的量子理论里才能得到说明。

一般情况下，选取光子数 N 越小的态，负关联效应越显著。与 N 等于 1 对应的单光子态，将表现出非常显著的非经典效应。1977 年所进行的共振荧光实验被认为是对光子反群聚效应的初步肯定的证据。同电子不能占据同一个能态，取决于电子系统所处的反对称态之间的统计性关联一样，热光的正关联、激光强度涨落的零关联、具有确定光子数态的负关联，所表现出的光子计数序列的不同形式，也完全是由相应的光子的不同量子态的统计性质决定的，而不是由于各个光子之间有什么相互作用或影响所造成的。这些事实反映了经典粒子观与微观粒子观之间存在的差异性。

这说明，全同粒子之间只存在纯粹的统计性关联。在本质上，这种统计性关联与决定论的因果性有所不同，它是一种不依赖于任何相互作用的非定域性关联。在实验中，当对全同粒子系统中的一个粒子进行测量时，必然会扰动整个系统的态。或者说，在研究全同粒子系统时，应当把整个系统当做是一个整体来对待，不应该把它像经典粒子系统那样，简单地分解为其性质独立于整体态的部分。

第三节 统计决定性*

讨论量子力学与实在论问题时需要澄清的第三个基本概念是统计决定性概念。在经典力学中，决定性处于支配地位，统计方法被理解为人类暂时无法找到决定性规律的一种权宜之计。但是，在量子力学里，统计方法具有了根本的意义。因此，有必要对统计决定概念做出明确的阐述。

一、因果性与决定性

因果性概念还经常与决定性概念混淆使用。许多人会把决定性因果性与无条件地联系在一起。例如，在国内产生了广泛影响的《简明哲学辞典》里，我们读到这样一种典型的提法："决定论是关于一切事件和现象的有规律的、必然的联系及其因果制约性的学说。"① 在这句话里，一下子把决定性、规律性、必然性和因果性这四个概念纠缠在一起。事实上，从科学史的发展来看，决定性的内涵比因果性丰富得多。决定性可以同因果性有紧密的联系，也可以同因果性没有什么联系。决定性可以划分为因果式的决定性和非因果式的决定性两种。非因果的决定性所呈现的只是一种不同事件或现象之间的纯粹关联。单纯依靠观察，只能整理出现象之间的关联。只有遵循一定的理论原则，才能认识到其中的因果联系。

---

* 本部分内容是在关洪、成素梅《统计决定性分析》（载《哲学研究》1995年第12期）一文的基础上改写而成

① 罗森塔尔，尤金．简明哲学辞典．中译本．三联书店，1958：142

其实，如果我们把上述关于决定性的第一种解释中指个别事件的“事情”的含义进行扩展，推广到某种事件发生的可能性或概率，或者不同事件发生的统计分布，就可以界定一种非拉普拉斯的决定性、即统计决定性。在各个科学领域内的统计决定性，可以表现为因果性的关联，亦可以表现为非因果性的关联。下面我们要讨论的，除了普通的统计关联以外，主要是因果式的统计决定性。对于物理科学来说，则指建筑在动力学基础上的统计规律性。即由一定相互作用支配下的运动方程所描写的系统性质及其演化的统计决定性。

统计决定性无疑属于科学研究的范围。关于自然科学中的统计规律有别于传统的机械决定论的特点，早就是一个受到注意的论题。尽管人们早已认识到，在历史学和经济学，在生物学和医学，以及在经典统计物理学和量子力学里，都在某种程度上受到统计决定性的支配，但是，这几种不同领域内的统计决定性的共同点是，它们确定的都不是个别事件是怎样发生的，而是关于在一定条件下发生的大量事件中，各种不同表现结果的统计分布及其演化规律。然而，这些不同的学科领域内出现的几种统计决定性，在观察方式、数学描写、因果关系和理论处理等几个方面，都存在着本质上的差异。下面我们基于从现代科学中归纳出来的统计决定性的三种不同形式的讨论，指出还存在着未发现的统计决定性新形式的可能性。

二、三种形式的统计决定性

我们通常把统计方法在经济学、人口学、生物学和医学等科学上的应用称为普通统计。此外，还有经典统计物理学里运用的统计方法，以及在量子力学里所运用的统计方法。这里把这三个领域内表现出来的统计决定性分别称为统计决定性Ⅰ、统计决定性Ⅱ和统计决定性Ⅲ，下面逐一进行剖析。

1. 统计决定性Ⅰ——宏观对象的统计方法

在普通统计中，被调查和检验的每一个对象都是宏观的存在物。这些宏观的个体对象都具有确定的各项指标，只要调查或检验的项目足够多，指标的取值足够精确，原则上个体都可以被赋予互不重复的一组指标，作为它的独特标记。在这种统计方法里，设在样品的每次调查或检验中，得到第 i 个对象的一组指标值 $\{x_i, y_i, \cdots\}$ $(i=1, 2, \cdots, N)$。那么，对总数 N 个抽取的对象实施调查后得到的 N 组指标，运用下述公式就可求出每一指标的平均值 $\langle x \rangle$ 和统计偏差 Δx（为简单起见，只写出其中的一个指标 x）：

$$\langle x \rangle = \frac{1}{N}\sum_{i=1}^{N} x_i$$

$$\Delta x = \sqrt{\langle (x - \langle x \rangle)^2 \rangle}$$

经常遇到的情况是，调查到的所有 N 个个体的指标 x_i 当中，有一些是彼此重复的。为了描写这种重复出现的程度，设指标 x 的取值（以下称特征值）的集合是 $\{\lambda_k\}$，这样得到的集合 $\{n_k\}$ 构成了一种统计分布，表征着各个特征值 λ_k 出现的相对频度（frequency），而对应的绝对频度则定义为概率：

$$P_k = \frac{n_k}{N}$$

平均值公式则变成

$$\langle x \rangle = \sum_k P_k \lambda_k$$

以上讲的就是概率的频度解释。它是唯一的一种具有明确的操作意义并且被实验科学家们所普遍接受的概率解释。在以上的描写中 ，大量同类事件按不同方式发生的总概率，等于按各种方式发生的各个概率之和。所以，在这里概率是基本量，它遵守着叠加法则。例如，一个对象从初始状态 A 变化到终末状态 C，可能通过两种不同的中间途径 B_1 和 B_2 进行。设通过 B_1 和 B_2 的概率分别为 P_1 和 P_2，那么，这类事件发生的总概率为

$$P = P_1 + P_2$$

这种概率叠加的规则同人们日常生活的经验，以及从宏观物体轨道运动方式所得出来的认识是相容的。与此相关，普通统计的每种个别事件的结果都是有确定的原因可以追寻的。亦即构成人们观察数据的频度或概率，就是受到已知和未知原因支配的某种事件发生次数的表现。其中的未知原因，虽然由于人们能力的限制暂时未能掌握，但是他们相信每种事件的发生总是受到某些确切原因决定的结果。总之，在普通统计里所表现出的统计决定性，只是建筑在个体因果决定性基础上的一种派生现象。

2. 统计决定性 II——经典统计物理学的统计方法

经典统计物理学处理的对象是由大量的一种或不止一种微观粒子所组成的宏观系统。它在对某种物理系统建立了简化的分子结构模型之后，运用求微观量的统计平均值的方法，就可以计算出这种物质系统的宏观量之间的关系及其演化的性质。以下我们所要讨论的主要是关于平衡态的统计物理学，它所研究的是系统中那些不受初始条件影响的稳定宏观性质。

例如，由玻尔兹曼和麦克斯韦在 19 世纪下半叶建立起来的气体分子运动论以及后来相应的平衡态统计理论里，处理的是装在固定容器里的由大量相同分子组成的气体（为简单起见，以下我们不讨论混合气体）。这些气体所含分子数目的典型值是 10^{23} 的数量级。在一定的宏观条件下，只要是由足够多的相同分子所组成的气体，就会表现出确定的宏观性质。在这种理论里，气体的宏观性质是由

对大量分子适当微观量进行统计平均而计算出来的。这种计算是建筑在假定宏观物理系统的每个组分粒子都遵循牛顿力学的运动规律，亦即每个微观个体都受拉普拉斯决定性支配的基础上的。在这方面，统计决定性Ⅱ和统计决定性Ⅰ具有共同的特点。按照这条假定，只要了解到某一初始时刻的坐标和动量以及它们所受到的相互作用，原则上就可以根据已经掌握的动力学方程，预言出每个粒子在将来的任意时刻的坐标和动量。

可是，关系每个微观个体都服从某种因果律的演化图景，只是一种理论想象。实际上，由于系统所含粒子的数目非常庞大，对它们的坐标和动量逐一进行测量是做不到的。只是由于早期对物理系统的宏观参数的测量数据，同理论上对相应的各种可能的微观状态的统计平均结果基本符合，以及长期以来对经典物理学理论的依赖，才使人们对这条假定保持着信心。

如上所述，在经典统计物理学里，并不可能也不需要对每个微观个体的状态进行测量。这些微观状态，只出现在统计平均的计算过程中。而每次对物理系统进行测量所得到的，就是作为理论上的统计平均结果的一个宏观参数（如上面提到的压强 P）。回顾在普通统计里，每次调查或者测量得到的，都是关于某个个体指标 x_1 的取值；而平均值 $\langle x \rangle$ 则是通过公式计算出来的。由此可见，统计决定性Ⅱ与统计决定性Ⅰ在具体操作的意义上存在着实质性差别。

统计物理学开始的时候，是运用概率方法进行统计平均而取得成功的。例如，不同的宏观状态所对应的微观状态数目，就同它出现的概率成比例。在这种计算里，使用的是传统概率论的数学方法，这种方法以概率满足叠加法则为基本量。后来，吉布斯在20世纪初提出系综方法。统计系综是由处在相同宏观条件下的许多组分和大小都完全相同的系统组成的集合。每个这样的系统就是这个系综中的一个成员，它们虽然都处在相同的宏观条件下，却可以有各不相同的微观状态。有人把系综比喻为孙悟空拔出一撮毫毛所变成的许多个一模一样的孙猴子。它们不是表演着整齐划一的团体操，而是在同一时刻里各自做出千姿百态的自选动作。系综方法里的统计平均，就是用对大量系综成员的平均来代替对个别系统的各种微观状态的平均，所以又叫系综平均。要注意的是，经典统计物理学里的这种系综只是供统计平均计算用的一种理论模型，它只存在于人脑里面。实际的测量工作并不需要以系综为对象，而只需要对单个的宏观系统进行。并且，每次测量直接得到的是平均值。

系综概念的提出是以同一种类的微观粒子都是相同的这一性质为基础的。与此相反，我们知道，宏观对象是各不相同的，所以不可能在普通统计里建立系综的概念。可是，在经典统计物理学的计算里，对同一种类的微观粒子是编上号码来进行处理的。这种做法反映了，在观念上虽然认为它们是彼此相同的，但又设想是可以互相辨别的。所以，这种微观粒子的相同性在理论是不彻底的。另一方面，从19世纪末开始，陆续发现了固体比热、黑体辐射等实验现象的结果，是用经典统计物理学说明不了的。为了解决这一类矛盾，在20世纪之初，以量子力学为代表的量子理论开始得到发展。量子力学是一种新型的统计性理论，它的基本原理是同经典物理学格格不入的。所以，在统计决定II里作为理论前提的一些假定，就需要重新受到审查。

3. 统计决定性III——量子力学的统计方法

与以上所讲的两种统计决定性情况都不相同，微观现象中的统计性，不是建筑在个别事件的因果规律之上的，而是一种全新类型的、本质上的统计性。例如，在放射性衰变实验里，对大量衰变事件的观察发现，放射性原子核的数目$N(t)$由于衰变而随时间t的减少，满足指数式的统计规律：

$$N(t) = N(0)e^{-t/\tau}$$

式中，参数τ就是这种原子核的寿命。在量子力学里，这条统计性的规律得到了理论上的恰当说明。然而，没有一种理论可以确切地预测，个别原子核将会在什么时刻发生衰变。而且，对实际上数目有限的衰变事件的观察结果偏离上述规律的统计偏差（标准差）的研究，早就断定了个别核的衰变完全是一种随机行为。亦即每一个个别的衰变事件都是互相独立的，同其他原子核的存在或者其他衰变事件的发生都没有什么因果性的联系。不存在任何一种理论能够确切地预言个别微观事件的观察结果；以量子力学为代表的微观物理学理论，只能给出对大量事件观察结果的统计分布。所以物理学家普遍认为，个别微观事件的发生，是不受传统形式的因果律支配的。换句话说，在微观物理学里，因果联系只表现在像指数式衰变律那样的统计性，是一种本质上的统计性。这是它的第一个主要特点。

与此相关的是，在量子理论里，例如同一种原子核那样的同一种粒子，不仅都是相同的，而且是不可辨别的，包括不可以给它们编上号码。量子力学里的粒子全同性原理就反映了这一点。采用了这一原理的量子统计理论，就可以克服经典统计物理学的困难，对新的实验事实做出满意的说明。那么，各个原子核既然是完全相同而不可辨别的，就不应该有老少强弱之分。从这个角度看，处在完全相同的外界条件下的两个完全一样的原子核为什么衰变有先后，也是不可能找出什么具体原因的。

统计决定性III的第二个主要特点是，与上面讲过的两种统计决定性都不相同，量子力学里的基本量不是概念P，而是概率幅ψ。概念幅ψ是描写系统状态的态函数，它是一个复函数，其绝对值平方等于概率，即

$$P = |\psi|^2$$

量子力学里的基本运动方程——薛定谔方程，就是作为基本量的态函数 ψ 而设的。具体说来，薛定谔方程是一道关于 ψ 的齐次线性微分方程。因此，满足叠加原理的是 ψ 函数而不是概率函数 P。例如，假若有两种可能有途径达到状态 ψ，对应的概率幅分别为 ψ_1 和 ψ_2，相应的概率函数分别是，

$$P_1=|\psi_1|^2$$

$$P_2=|\psi_2|^2$$

那么，总的概率幅函数 ψ 和概率函数 P 分别等于

$$\psi=\psi_1+\psi_2$$

$$P=|\psi_1+\psi_2|^2=P_1+P_2+2\sqrt{P_1P_2}\cos\delta$$

从上式可以看到，概率幅叠加的结果比概率简单叠加的结果多出最后一项，称为干涉项。正是由于这一项的出现。就可以说明电子双缝衍射效应等量子干涉现象。这是量子力学中的概率幅叠加原理的直接推论。

由于在量子力学里唯一能够用运动方程来描写随时间演化的因果联系的只是概率幅 ψ，而不是任何具体的物理量，而 ψ 函数的意义又全在于它是反映对大量微观事件测量结果的统计分布情况的概率幅。所以，在量子力学里自然得不到对个别微观事件的因果描述了。

第三个主要特点是，依照量子力学，每次测量一个动力学变量的结果，只可能是与该力学相对应的算符 F 的所有本征值当中的一个，进一步当系统处在状态 ψ 时，对与算符 F 相对应的动力学变量进行足够多次的测量，所求得的平均值是

$$\langle F\rangle=\frac{(\psi,\ F\psi)}{(\psi,\ \psi)}$$

公式当中记有逗号的圆括号，是内积（标量积）符号，通过计算，可以把这一平均公式改写成

$$\langle F\rangle=\sum_n P_n\lambda_n$$

$$P_n=\frac{|\varphi_n,\ \psi|^2}{(\psi,\ \psi)}$$

式中，P_n 就是与本征值 λ_n 相对应的概率，亦即在所有测量值当中 λ_n 出现的频度。在这方面，量子力学又回到了普通统计的公式。与上面所讲的统计决定性 II 相反，量子力学和普通统计的共同点是每次测量得出的是某一个特征值，而平均值则是由它们计算出来的。不同的是，量子力学里的概率 P_n 是由理论直接算出来的，而不是建筑在个别事件的因果规律之上的派生结果。

最后，量子力学既然是一种关于全同粒子的统计性理论，它必定也可以使用系综方法。量子力学里的系综概念，同经典统计物理学里的系综是一样的。不过，既然在量子力学里，每次测量到的是一个本征值，而不是平均值，它所使用

的系综就不能是一种仅仅用来计算的想象，而是需要在测量过程中实现的。具体地说，为了积累计算实验平均值所必需的、足够多的观察数据，需要对在同样的宏观条件下制备出来，从而保证处在同一状态的许多个系统进行重复的测量，这种做法就是量子系综的实现。

微观现象中存在的这种本质上的统计决定性，自 20 世纪 60 年代非平衡自组织理论建立以来，更在许多不同领域中表现出来，得到越来越多的支持。正如普里戈金所言："爱因斯坦反对把概率作为自然界的基本性质，认为可逆性和概率是无知所带来的。我们今天已经很接受这种立场了。我们已经看到涨落在远离平衡态时起驱动作用。因此，不可逆性会导致新的结构。许多生物学家相信，正是这类结构对生命功能起作用。因此，不可逆性和概率必须和物理有关，而不是和我们对物理学的无知有关。否则，生命现象包括我们自身在内也都是一种无知或错误的后果了。"①

三、统计决定性的分析与思考

通过对上述统计决定性 I、统计决定性 II 和统计决定性 III 的具体剖析，我们看到，这三种统计决定性虽然都反映了由大量个体组成的整体所表现的统计性质，但是它们之间存在的差别，在某些方面其实并不比它们同机械决定的差别更小。下面从几个方面对它们之间的异同进行分析与比较。

第一，统计决定性 I 和统计决定性 II 是建立在个体行为的因果性之上的，因而它们不是一种基本的统计性，而是派生的统计性。这种派生的统计决定性，描写的像一种总体分布或者全局性趋向。与此相反，统计决定性 III 是一种本质上的统计决定性。这里只存在着统计分布性质的因果演化规律，而不存在个体行为的因果规律。然而，统计决定性 II 也不是服从牛顿力学运动规律的微观个体性质的简单再现。众所周知，牛顿力学的规律是可逆的，而经典统计物理学的熵增加定理反映了自然界实际宏观过程的不可逆性，在物理学里第一次指出了时间箭头的方向。所以，即使是派生的统计决定性，也会在整体的层次上，揭示出与个体层次不同的新型规律来。

第二，在统计决定性 I 和统计决定性 III 里，每次测量是对个体进行的，得到的是个别的观察值；而与理论预言相比较的整体的平均值以及统计偏差，则是由许多个别观察值计算出来的。与此相反，在统计决定性 II 里，个体的行为只是不可能直接检验的一些设想；每次测量都是对由许多个体组成的整体系统进行的，直接得到的是可与理论结果比较的平均值。

---

① 伊·普里戈金．从存在到演化．自然杂志，1980，(1)

第三，在统计决定性 I 和统计决定性 II 里，描写统计分布性质的基本量是概率 P，这指的是，当系统从初始状态出发，有可能通过几种不同的途径到达同一终末状态时，过程发生的总概率等于通过各种途径的分概率之和。与此相反，在统计决定性 III 里，描写统计分布性质的基本量是概率幅 ψ。这意味着，满足上述叠加原理的不再是概率 P，而是概率幅 ψ。

第四，在统计决定性 I 里，每个个体对象都是不同的，所以，每个整体系统当然也是不相同的因而不可复制。因此，在这里不可能建立统计系综的方法。与此相反，在统计决定性 II 和统计决定性 III 里，认为大量个体都是相同的，系统是可以复制的。因此，可以使用统计系综的理论方法。

第五，在统计决定性 II 和统计决定性 III 里，都认为大量个体是相同的，但是两者仍然存在着本质上的区别。在统计决定性 II 里，认为同类的微观个体虽然是相同的，但又是可以辨别的。在统计决定性 III 里，则认为同类的微观个体是全同的，即既是相同的，又是不可辨别的。

我们尝试列出一张简明的表格，按以上所说的五个方面来表示这几种统计决定性之间的异同。

统计决定性	统计性	每次测量结果	理论的基本量	系综方法	同类个体对象
I	派生	个别值	概率	无	各不相同
II	派生	平均值	概率	有	相同但可辨别
III	本质	个别值	概率幅	有	相同且不可辨别

从上表可以看出，所列出的三种统计决定性在对象性质、因果联系、操作形式和理论描写等方面呈现错综有趣的复杂情况。

例如，从上表看出，凡是以概率为理论基本量的统计决定性 I 和统计决定性 II，就是由个体的因果规律派生的。而以概率幅为基本量的统计决定性，就是直接由基本运动方程决定的其因果演化的、本质上的统计决定性 III。我们不禁要问的是，这里面是不是有什么更深一层的道理呢？

历史上，概率幅这个概论并不是在量子力学里第一次提出来的。就在量子力学即将诞生的 1922 年，遗传学家费希尔已经引入概率的平方根即实数的概率幅，来定量地描写“遗传漂变”，即各个世代遗传下来的性状差异的统计性质。结果发现，在实概率幅空间中的距离，同各个杂交世代之间的“遗传距离”这种统计参数，表现出简单的比例关系。不久前，乌塔斯斯曾对量子力学里的复数概率幅做了一个类似的工作。他论证了在复概率幅空间中的距离，也同用“可区分性”量度的不同量子状态之间的统计距离，表现出简单的比例关系。这两个不同领域的统计性之间，是不是存在着什么必然的联系呢？

此外，对上述表格里所列的几个栏目，如果写出所有可能性的组合，能够得到的统计决定性类型，远不止这里讨论的这三种。说简单一点，就拿表格中部的三个栏目即测量值、基本量和系综来说，如果每一项有两种可能的选择，一共会得到 $2^3=8$ 种组合方式的可能类型的统计决定性。那么，为什么自然界只选中上表给出的三种统计决定性？是不是有一些已知的学科（如量子统计物理学、混沌和耗散结构等）已经运用其他可能性？或者，在其余的五种可能性里，哪一些组合是有可能运用方法论的论证找出禁戒的法则而可以被排除？还有，不能排除的那些类型的其他统计决定性，是不是有机会充当科学中新的理论方法的候选者？这些还没有给出现成答案的问题，无疑都有待我们去进行深入的研究。

最后，是不是还存在着一些上面没有提到过的可能选择呢？例如，上面说起，曾经提出过的概率幅的数学形式有实数和复数两种。那么，是否有可能建立一种以更复杂的四元数作概率的统计理论？乌塔斯指出，从概率空间的态密度看，比起其他两种概率幅形式说来，似乎复数希尔伯特空间中的均匀分布占更有利的优势。但是，许多科学家认为，四元数迟早要不可替代地在某种学科的理论中出现。杨振宁先生曾讲过："我还是大胆地猜测，自然界确实利用了这种可能性，只是物理学家还未找到正确的途径把四元数引入基础物理……"①。如果把这一类未实现的选择考虑进去，统计决定性的可能形式就会更多了。

结语 统计规律的确立

由此可见，对三个层次的实在概念的区分、对因果性与关联概念的辨析、对不同形式统计决定性的剖析再一次说明，牛顿力学的严格决定论说明事实上是一个未经证明的、被理想化的观念。正如玻恩所言，这是以绝对准确的测量观念为基础的，这个假设显然没有物理意义。以统计的形式来写经典力学并不是困难的。② 概率概念在物理学中的出现不仅具有方法论价值，而且具有重要的物理意义。量子力学的产生进一步确立了统计规律的科学地位。这些使得经典力学的决定论的因果性描述成为一种理想与教条，使得相信只有一种真理而且必须由决定论的因果性来描述的观点，成为关于量子力学的实在论与反实在论之争的基本根源所在。

---

① 宁平治等主编．杨振宁演讲集．天津：南开大学出版社，1989：302

② 玻恩．我的一生和我的观点．李宝恒译．北京：商务印书馆，1979：97

第三章　物理学家争论的焦点

如果认为量子力学是完备的和成功的科学理论之一，那么，我们在接受量子力学的数学形式体系的同时，也就相应地接受了这个形式体系所蕴涵的哲学基础，并根据这些哲学基础向传统经典实在论提出的挑战来修正甚至革新物理学家普遍信奉的经典实在观。如果是这样，物理学家就必须普遍地把量子力学能回答的问题看成是有意义的，不能回答的问题看成是“不允许的”或“无意义的”问题。然而，值得注意的是，量子力学创始人的观点比这一点走得更远。在玻尔看来，量子力学的现行体系不仅是一个“完备”的理论，而且也是唯一的理论，即某些问题不仅是量子力学“不允许的”，而且也是我们的知识本性所“不允许的”。换句话说，玻尔相信，量子力学的现行体系已经规定了我们知识的限度，也规定了我们探求理解的限度。①而这种观点正是包括爱因斯坦、薛定谔和玻姆在内的许多物理学家所不能接受的。这就引发了一系列关于物理学基础问题的实在论与反实在论之争。本章主要沿着历史的轨迹，对争论的焦点进行梳理，对不同立场做出适当的评论。

第一节　波动？还是粒子？

在现有量子力学教科书中，大多数都以阐述光的波粒二象性到实物粒子的波粒二象性为出发点。这不仅是因为量子力学的两个形式等价的体系，即矩阵力学与波动力学，分别是以量子客体的粒子性与波动性为出发点建立起来的，而且因为波粒二象性是玻尔提出他的互补原理的前提，而互补原理是物理学家普遍公认的量子力学的哥本哈根解释的核心内容。虽然在量子力学的发展史上，批评与超越量子力学的哥本哈根解释的努力一直没有间断过，但是，量子物理学家至今仍然没有找到一个切实可行的替代解释，不论是研究量子理论的物理学家，还是应用量子理论成果的物理学家，都还在自然而自如地使用着波粒二象性的概念。问题是，当量子物理学家从本体论意义上讨论关于微观对象的存在状态究竟是波动，还是粒子或别什么时，争论就产生了。这些争论概括起来大致体现出三种不

① 吴大猷．物理学的历史和哲学．金吾伦，胡新和译．北京：中国大百科全书出版社，1997：74

同的实在观。

一、波动实在观*

波动实在观的目的之一是希望回到经典思维，认为在物理世界中只有波是实在的，粒子是派生的，物质由波构成，人们在实验中观察到的粒子现象，是在一定条件下被局限在一个很窄区域内的波，或者说，微观客体（如电子）不是粒子，应该放弃粒子概念和量子性跳变概念。这种观点最早由波动力学的创始人薛定谔提出。薛定谔从1926年初开始连续发表了关于量子化的本征值问题方面的六篇论文。在这一系列论文中，他不仅提出了令当时的量子物理学家非常震惊的薛定谔方程，而且还系统地概述了关于量子力学的波动解释的观点。这种观点是试图以波动为基础，赋予波函数以波动的性质，从而把量子力学的形式体系同经典电磁辐射理论在认识上关联起来。他认为，波动力学中的波函数描述的是实在的物质，就像声学所描述的声波，光学所描述的光波和电动力学描述的电磁波一样，或者说，薛定谔方程中的波函数不仅描述了事物的本质，而且是发生在原子边界的类波过程的直接描述。正如罗森菲耳德所言：

> 薛定谔力图把量子理论的范围只限制在波动方面。在他看来，由波动方程来支配的那个场就是终极的实在；粒子概念不过是由场的“量子化”所引入的那种不连续要素的一个名称而已。①

薛定谔极力推崇波动“图像”。在他看来，波函数是实在的，是最一般意义的“实在”，也就是说它既“有效”又“真实”；它既是事件发生的原因，也是自然事件本身，也即波函数是对在时空中发生的事件的真实描述。微观领域内并不存在任何“真正的”粒子，因为微观粒子已经不再有与经典粒子概念联系在一起的那种个体性。“原子实际上纯粹是被原子核俘获的电子波的衍射现象”。②所以，波动就是一切，粒子不过是波的集聚，他称之为“波群”，即后来所说的“波包”。因此，独立存在的物理实在不再是传统意义上的不连续的粒子，而是波动力学中的波。波函数是对存在的波动实在的反映。玻恩称薛定谔为“保波派”或者“唯波动论者”。

薛定谔认为，物理实在是由波构成的，而且只由波构成。他否认分立能级和量子跃迁的存在。他在1926年5月31日给普朗克的信中说：“‘能量’这个概念是我们从宏观经验而且实际上也只是从宏观经验导出的某种东西。我不相信这个

---

* 本部分内容主要参考了成素梅、王雷荣《薛定谔实在观的演变》（载《自然辩证法研究》2003年第12期增刊）一文中第一部分

① 雷昂·罗森菲耳德．量子革命．戈革译．北京：商务印书馆，1991

② 诺贝尔奖金获得者演讲集：物理学．第二卷．宋玉升等译．北京：科学出版社，1984

概念能够照搬到微观力学中去，使得人们可以谈论单个部分振动的能量。单个部分振动的能动特性是它的频率。”① 接着，在 1927 年发表的《从波动力学看能量交换》一文中，他又详细讨论了这个问题。他认为，我们不必假定有分立的能级和量子能量的交换，不用把本征值看成是频率以外的东西，物理的相互作用主要只发生在“出现有同样的能量矩阵元”的那些系统之间。为此，薛定谔总结说，量子跳跃或能级的假设是多余的，承认量子假设又承认共振现象，这意味着接受同一过程的两种说明。1952 年，他在《英国科学哲学杂志》连续两期发表《存在着量子跳跃吗?》I 和 II 两篇文章，详细地阐述了用频率替代能量的观点②，1958 年，他在《能量也许只可能是一个统计概念?》的文章中，把能量看成是与熵一样只具有统计意义的概念③。总之，薛定谔始终认为，对于微观现象的正确描述，人们根本不应当使用能量概念，而只应当使用频率概念。

薛定谔把微观客体纯粹归结为波而忽略其粒子性的波动实在观从一开始就受到洛伦兹的质疑。当时，洛伦兹是国际物理学界的领袖式人物，曾担任索尔维国际物理学和化学协会主席的职务。洛伦兹在 1926 年 5 月 27 日给薛定谔的信中表示：

> 就单粒子系统而言，他宁肯要波动力学而不是矩阵力学，因为前者有“更大的直观清晰性”；但他同时指出，一个以群速度运动、应当代表一个“粒子”的波包，“绝不能长期保持在一起并限定在一个小体积中。媒质中稍微有一点色散就会使它在传播方向上散开，而且即使没有这种色散，它在横向也总是会越来越扩大。由于这种不可避免的弥散现象，在我看来，波包并不适宜于代表那些其单独存在应当相当持久的东西”。④

除此之外，波动图像还无法解释 N 维抽象位形空间中的波，电子分解为波包后，也不能用来解释光电效应和热金属电子等现象。玻恩也认为：“波动力学的表述方式并不见得必然隐含着一种连续统诠释，它完全可以同以分立的量子跃迁（量子性跳变）来描述原子过程的描述方式‘掺和’起来。”⑤

薛定谔在同一年访问哥本哈根期间，他的这种观点还受到了玻尔与海森伯等的强烈攻击。玻尔不仅反对薛定谔用波来取代量子跃迁的做法，更不能容忍他试

---

① 雅默．量子力学的哲学．秦克诚译．北京：商务印书馆，1989：39

② E. Schrödinger. Are there Quantum Jumps? *The British Journal for the Philosophy of Science*，1952，I. 3（10）：109-123；II. 3（11）：233-242

③ E. Schrödinger. Might perhaps energy be a merely Statistical concept? Nuoco Cimento，1958，9：162-170

④ 雅默．量子力学的哲学．秦克诚译．北京：商务印书馆，1989：42

⑤ 雅默．量子力学的哲学．秦克诚译．北京：商务印书馆，1989：52

图把量子理论还原为经典的电学理论的做法。于是，玻尔与薛定谔展开了激烈的争论，而且他们之间的论战在薛定谔离开哥本哈根以后很久还在继续进行。玻尔认为薛定谔否定量子跃迁的观点是靠不住的，因为它无法说明威尔逊云室中所观察到的电子的径迹，更无法解释大量关于微观客体的粒子性、突变性实验。玻尔的强烈反对使得薛定谔不得不宣称："如果真有该死的量子跳变，我真后悔不该卷入到量子理论中来。"玻尔却回答说："但是我们旁人都极为感激你曾经卷入过，因为你为发展这个理论作了这样的贡献。"①

也许是由于波动实在观面临的这些困难以及玻尔等的强烈反对，从 1928 年起，出于教学的需要，薛定谔开始按照量子力学的哥本哈根学派的解释讲授量子力学。然而，值得我们注意的是，薛定谔按照量子力学的哥本哈根解释讲授量子力学，并不等于说，他已经完全放弃了自己的立场，这是两个不同的概念。量子物理学家可以按照共同的数学程式进行运算，但是，在对数学程式的理解还没有达成共识之前，却很难基于完全一致的理解达到交流与传播的目的。

玻恩批评说，薛定谔的波动论点允许物理学家和化学家带有"好像"的味道来使用粒子语言。想象根据薛定谔所开的这种处方撰写的一本化学教材，水好像是由 H_2O 分子组成，氢原子好像是由一个原子核和一个电子构成的，我们违背了"好像"允许的范围，因为薛定谔坚持认为，根本没有称为电子的粒子存在，原子核周围只有一个电波，原子核本身实际上也是某种波，但是，当我们接着希望研究这个氢原子的光电离时，我们不得不退回到他的"好像"来描述盖革计数器的不连续的记录。因此，在薛定谔的许多例子中，无法避免使用粒子或原子概念，否则，他的词就无法表达意义。②

玻恩曾把薛定谔的解释概括为下列几个要点：①对量子力学持保守的态度，恢复经典物理学的理解；②倾向于放弃量子力学的统计特征，恢复与爱因斯坦的观点相一致的决定论；③把粒子当成波包，似乎忘记了波函数的多维特征，在普通的三维空间中，拯救理论描述的图像。但是，迈克尔·比特保尔（Michel Bitbol）在 1996 年出版的《薛定谔的量子力学哲学》一书中，并不同意玻恩对薛定谔观点的这种总结。

然而，历史的发展常常带有某种讽刺性，虽然薛定谔的波动实在观，在量子力学解释的历史发展中，并没有占据十分重要的位置，也在提出后不久便夭折。但是，对他所阐述的解释方法的否定，也并非意味着是他所倡导的观点的彻底消

---

① 雅默．量子力学的哲学．秦克诚译．北京：商务印书馆，1989：68

② Max Born. The Interpretation of Quantum Mechanics. *The British Journal for the Philosophy of Science*, 1953，(14)：102

失。1957 年，埃弗雷特（H. Everett）在波士顿大学完成的题为“宇宙波函数理论”的博士学位论文中，阐述了一种对量子测量过程的“相对态解释”（relative-state interpretation）[①]，十多年后，德威特（B. de Witt）1967 年、1970 年和 1971 撰写了三篇论文，专门介绍埃弗雷特的理论；1973 年，德威特与格雷厄姆（N. Graham）在论文集《量子力学的多世界解释》中，把当时所有与这种解释相关的文章收录在一起，出版了关于量子力学的多世界解释的第一本经典文集。三篇论文的发表和这一本论文集的出版，使埃弗雷特的理论在学术界引起了广泛的关注。德威特和格雷厄姆把埃弗雷特提出的“相对态解释”和他们对这种解释的理解与阐述，统一称为“多世界解释”（many worlds interpretation）。[②]

虽然到目前为止，多世界解释仍然是由观点各异的几种解释构成的，但是，它们的目的都是企图完全基于现有的量子力学体系，通过复杂的数学推理，试图在排除任何附加假设的前提下，对量子力学的波函数进行一种最简单、最经济且符合奥卡姆剃刀原理的实在论解释。这种解释既不像传统解释那样，立足于测量的二元论基础，在观察系统之外假设有观察者存在，也不像玻姆的解释那样，以粒子概念为前提，借助于附加假设和类比方法来理解量子测量过程中的新特征，而是把整个宇宙看做是一个包括观察者在内的量子系统来阐述。多世界解释的观点与薛定谔的波动解释的思想有许多的相似之处。近些年来，由于多世界解释的观点能够与宇宙大爆学说，特别是著名的人择原理一致起来，受到像霍金那样的许多宇宙学家的拥护。比特保尔把埃弗雷特的多世界解释说成是关于量子测量问题的新的薛定谔观点。[③]

二、粒子实在观

古希腊的原子论者假定原子是构成实在的不可分的最小单元。也有哲学家认为实在是无限可分或连续的。但这两种观点都不能够得以证明。在经典物理学史上，粒子与场都是实在的。原子被假定为一个不可分的自然界基元，是自在的，

---

① H. Everett. *The theory of the Universal Wave Function*, Ph. D. Thesis, Princeton University (1957). 在现有的国内文献中，“relative-state interpretation”有两种译法：一种是译为“相关态解释”，另一种是译为“相对态解释”。本文认为，译为“相对态解释”，更符合埃弗雷特的本意。因为作者是在类似于爱因斯坦使用坐标的相对性的意义上，来使用态的相对性原理的。他认为，在由被测量的对象、测量仪器和观察者组成的复合系统中，子系统之间的相互作用将使它们的态纠缠在一起，形成一个不可分割的整体，测量过程中，仪器所处的状态是相对于组合系统中其他状态而言的，是一种相对态，而不是一种绝对态

② B. de Witt, N. Graham, eds. *The Many-worlds interpretation of Quantum Mechanics*. Princeton University Press, 1973

③ 成素梅. 在宏观与微观之间：量子测量的解释语境与实在论. 广州：中山大学出版社，2006：第 5 章

有精确的位置和精确的边界，粒子有质量，是物质实体。粒子的物质性是19世纪末的遗产，气体分子论和道尔顿的化学理论复兴与确证了古希腊的物质原子的观念。而波则是没有精确的边界，没有最小的基元，是弥漫的，不是自在的，是附着在物质媒介之上的。在19世纪，光的折射、衍射等实验揭示了光的波动性。当时的物理学家认为，传播光的媒介是以太，或者说，光是宇宙以太中的一种振动，以太是一种充满整个宇宙的理想媒介。光的波动作用被认为是非原子的，是无形的能量，当物理学家无法从实验上检测到以太时，原子的物质性和非原子的能量这个框架就崩溃了。不过，当时，还有许多人继续相信以太是存在的，因为如果以太不存在，光就没有振动媒介，就不可能传播。但后来的实验结果却是，光是普遍存在的，科学已经证明，光在真空中也能传播。

爱因斯坦通过把假设惯性系中光速不变作为一个基本原理，放弃了以太，打破了僵局。当然，这并没有使得光的概念变得更可理解。相反，却使其更不可理解，因为设想没有以太的光波就像设想没有水的水波一样。然而，一旦物理学家开始接受爱因斯坦的理论，对于所取得的很大收获来说，失去这种可理解性所付出的代价并不算什么。另一方面，物理学家进一步寻找对光的发射与吸收的疑难问题的解答，奠定了量子力学诞生的逻辑起点。1900年10月24日，普朗克以“正常光谱中能量颁布的理论”为题在德国物理学会上，提出了“能量子”概念，认为物体在吸收与发射时，能量不再是按照经典物理学规定的那样必须是连续的，而是不连续的、以一个最小能量单元整数倍跳跃式变化的。此后，物理学界把这个日子定为量子理论的诞生之日。[①]

1905年，爱因斯坦在《关于光的产生与转化的一个启发性观点》一文中提出“光量子”[②] 理论，认为光的时间平均值表现为波动，而瞬时值则表现为粒子，首次揭示了光的波粒二象性，由于用“光量子”概念成功地解释了光电效应，荣获1921年诺贝尔物理学奖。爱因斯坦建议，如果假设激发光的能量是由一些单个能量的“能量子”即“光量子”所组成的，就可以解释光电效应。由于入射光的能量与频率成正比，所以，频率越高，光量子的动能就越大。增加光强而不提高光的频率，意味着增加了光量子的数目，而并不能加大单个电子的动能。当入射光的频率小于截止频率时，入射光子的能量不足以供给电子逸出的能量，所以，没有电子释放出来。这时，不管光照有多么强，即光量子的数目有多么大，每一个光量子都没有足够的能量激发出电子。当入射光的频率大于截止频

---

① 杨仲耆，申先甲主编：物理学思想史．长沙：湖南教育出版社，1993：648

② 刘易斯于1926年称“光量子”为“光子”，在物理界流行开来，当今已经形成物理学的一个分支学科——光子学

率时，不管光量子的数目多么少，哪怕只有一个能量足够高的光量子射入，也会立即产生一个光电子。光电效应说明光是由一个一个的光量子组成的。

1906年，爱因斯坦在《普朗克的辐射理论和比热理论》一文中进一步把“能量子”的概念推广到物体的内部振动，较好地解释了低温下的固体比热同温度的关系；1912年，他把光子概念应用于化学，建立了光化学定律；1916年，他在《关于辐射的量子理论》一文中提出关于辐射的发射和吸收过程的统计理论，为尔后激光的诞生提供了理论基础。但在当时，爱因斯坦的光量子理论并没有马上得到老一代物理学家的认可。因为当时的物理学家认为，在作为波动的光的传统中，作为粒子现象的光的观点是难以令人置信的。

之后，法国物理学家德布罗意于1923年提出物质波概念，认为除了光以外，所有的实物粒子都具有波动性。1925年戴维逊-革末实验证实了电子的波动性。从此，波粒二象性作为微观粒子的行为特征得到了广泛的接受。但是，“粒子”和“波动”这两个概念都是经典概念，或者说，都是由经典物理学定律严格界定的。物理学家把可由波动方程描述的行为称为波动性，把可由粒子运动方程描述的行为称为粒子性。但微观客体究竟表现出什么样的行为，则取决于对它所进行的观察方式。对于光子或电子来说，在双缝衍射实验中表现出波动性，如果在双缝后面放置检测器后，则表现出粒子性。

虽然矩阵力学与波动力学是分别从粒子性和波动性两个不同侧面为出发点建立起来的，但是，因为其概念体系中没有可与经典的粒子概念和波动概念直接对应的概念，而观察结果又必须运用粒子和波动概念来描述。于是，关于波粒二象性的解释就成为物理学家们长期争论的一个中心。在经典物理学中，粒子和波动是有很大的差别，很容易区分开来。可是，在亚原子领域内，则并非如此。微观客体究竟是波还是粒子的问题成一个有争议的话题。如上所述，薛定谔认为，微观客体在本质上是波动的，仪器所观察到的粒子是波动叠加形成的波包。这构成了波动实在观。与此相反的观点是由玻恩提出的，玻恩指出：

> 我在弗兰克关于原子和分子碰撞的卓越的实验中每天都目睹粒子概念的丰硕成果。因而确信，粒子不能简单地取消。必须发现使粒子和波一致起来的途径。我在几率概念中发现了衔接的环节。在我们三人合写的论文中，有一节（第三章，第二段）是我写的，在那里出现了一个带有分量X_1，X_2，X_3，…的矢量X，矩阵对它是起作用的，但是没有说明它的意义。我猜想它一定同几率分布有些关系。但是，只是在薛定谔的研究出名以后，我才能证明这种猜想是正确的；矢量是他的波函数ψ的不连续的表现，因此，证明$|\psi|^2$是位形空间里的几率密度。通过把碰撞过程描述为波的散射，以及通过其他方法，这个假说被证实了。狄喇

克以略为不同的方法单独地发展了碰撞理论。[①]

玻恩在1953年发表的《量子力学的解释》一文中，通过对薛定谔的波动实在观的不可能性的论证，阐述了粒子实在观的必要性。他深有体会地指出：

> 对于理论物理学家的计算来说，整个问题几乎不是相关的。但如果他希望把他的结果与实验事实联系，他就必须从物理设置的角度来描述他的结果。这些设置是由物体组成的，不是由波组成的，因此，从某种观点来看，波的描述，即使是可能的，也不得不与普通的物体相联系。支配这些有形物体运动的规律，无疑是牛顿力学的规律。这样，波理论必须提供方法，把其结果翻译为普通物体的力学语言。如果彻底地估摸到这一点，那么，联系的纽带就是矩阵力学或它的概括之一。我无法看到，如果能避免从波动力学到普通的固体力学的这种翻译。[②]

因此，玻恩认为，量子力学方程描述的微观客体的本质是粒子，仪器所观察到的波动是统计分布形成的，波函数本身并不是真实的波，而是一种“概率波”，用玻恩的话来说，波动力学并不对“碰撞之后的精确状态是什么”这个问题给出回答，而只是回答了“碰撞后处于某一确定状态的概率是多少”的问题。因为实验者无法确定微观坐标，只能数出事件的数目，满足统计结果。量子力学在描述一个微观体系时，只是统计方法，粒子出现多的地方是波函数所表示的概率大的地方。因此，微观粒子是实在的，“粒子的运动遵循概率定律，但概率本身按因果律传播”[③]。在玻恩看来，微观客体的本质是粒子，但量子领域内所用的粒子概念要满足两个条件：一是必须分享原始粒子观的某些特性，二是这种原始观念必须是特殊的或最好是极限情况。[④]

玻恩立足于粒子实在观，对波函数的概率解释曾受到了爱因斯坦对电磁波同光量子之间关系的看法的影响，是接受了爱因斯坦的想法，或者说，是爱因斯坦的幻场（phantom field）观念对光子之外的粒子的一种言之成理的套用或更恰当的推广，但爱因斯坦却后来成了这种观点的最雄辩的反对者之一。[⑤]这是因为，一方面，以粒子实在观为出发点对薛定谔方程中的波函数赋予“概率波”的解释虽然与观察结果相吻合，但是，这种观点把“粒子设想为经典意义下的质点，

---

① 玻恩．我的一生和我的观点．李宝恒译．北京：商务印书馆，1979：13

② Max Born. The Interpretation of Quantum Mechanics. *The British Journal for the Philosophy of Science*, 1953，14（14）：99

③ 雅默．量子力学的哲学．秦克诚译．北京：商务印书馆，1989：51

④ Max Born. The Interpretation of Quantum Mechanics. *The British Journal for the Philosophy of Science*, 1953，14（14）：101

⑤ 雅默．量子力学的哲学．秦克诚译．北京：商务印书馆，1989：52

它在每一时刻既具有确定的位置，又具有确定的动量。与薛定谔的观点相反，Ψ 既不代表物理系统，也不代表该系统的任何物理属性，而只表示我们关于后者的知识”①，或者说，在这种粒子实在观中，Ψ 函数本身并不代表某种物理上实在的东西，没有意义，而有物理意义的是它的绝对值的平方，指在具体进行一次测量时，在单位体积内找到粒子的概率密度，这就隐含了放弃决定论的因果性观念。

另一方面，在威尔逊云室中能观察到电子运动的“径迹”，可是，在矩阵力学中没有直接定义一个电子的“径迹”或“轨道”概念，而在波动力学中任何波包在运动中都会很快弥散到与这种“径迹”的横向大小不相容的程度。海森伯为了将量子力学的数学形式与威尔逊云室中观察到的粒子的“径迹”联系起来，根据爱因斯坦结合创立狭义相对论的体会在谈到“观察”概念的物理意义时所说的“是理论决定我们能够观察什么”的观点，提出了不确定性原理。按照这个原理，量子力学否定了粒子的轨迹（位置与动量）的严格的可观察性，威尔逊云室中观察到的现象只是由凝结的小水滴所表征的不精确位置所组成的一个不连续的序列。因此，在亚原子领域内，没有轨道概念，轨道是形象的说法，是指粒子出现概率最大的地方，谈论具有确定速度的电子的位置是没有意义的。微观粒子的位置与动量这样的共轭量不可能同时具有精确的测量值。在测量中，位置越准确，则动量就越不准确，反之亦然。简单说来，在微观世界里观察电子不可能不对它产生干扰，当我们尽量减小对电子的影响，减小到不影响电子的地步时，也就不可能知道电子的位置，于是，也就无法测量了。所以，要观察就必须用光照在电子上，并射到观察者的眼里，可是光子会改变电子的运动，任何观察原子内部电子行踪的行动，都同时造成了电子状态的变化。

可见，作为粒子图像的微观客体不可能像经典粒子那样具有确定的轨道运动。因此，量子力学不再是对清楚明白的像桌子或石头那样的客观存在的实体的描述，而是对朦胧的东西或概率的描述，那么，这样的理论还是对实在世界的反映吗？微观粒子的概念已经不同于经典粒子的概念，这种拓展了的粒子概念，在什么意义上能被称为粒子？在量子力学的发展史上，物理学家关于物体具有波粒二象性的实验发现，以及粒子实在观的确立与追求，最终导致了关于自然界究竟是决定论的还是统计性的，量子力学究竟是否完备，是否是对实在的描述等问题的大争论。这场争论的一方以爱因斯坦为代表，另一方以玻尔为代表。本章第三节将对此问题进行专门论述。这里，只是指出，粒子实在观致使爱因斯坦从量子论的奠基者，变成了对波函数的概率解释和现行量子力学体系的拒斥者，甚至是

---

① 雅默．量子力学的哲学．秦克诚译．北京：商务印书馆，1989：53-54

最著名、最尖锐的批评家。从而在量子力学的问题上赋予爱因斯坦相互矛盾的形象。但是，站在当代的立场来看，他的批评家角色丝毫不逊色于他的奠基者角色。他关于物理学基础问题的持之以恒的追问，不仅实质性地推动了量子力学的发展，而且还澄清了许多基本概念。论战对手玻尔，在爱因斯坦谢世后对其批评的价值做出这样的评论：

> 在物理学的每一个新的、看来似乎是从前一步中唯一应该迈出的步伐中，他都找出了矛盾，而这些矛盾就成为一种推动物理学前进的动力；在每一阶段，爱因斯坦都向科学发出号召，要是没有这些号召，量子力学的发展必久宕。①

总之，在亚原子领域内，微观粒子的存在方式不同于经典粒子的存在方式，但是，当我们回答为什么会不同时的问题时，已经把量子物理学与哲学联系在一起。这也就是为什么在量子力学的成功应用已经取得如此丰硕成果的当代，关于它的哲学研究还在持续的原因所在。

三、波-粒综合实在观

与前面两种实在观所不同，物质波的提出者德布罗意一方面同意玻恩的关于波函数的概率解释，但另一方面他又认为粒子和波都是物理实在。为此，他在1926年夏天的一篇论文中提出了“双重解理论”，后来称为“导波”理论。在这篇文章中，他从经典光学中的波动方程着手得出光量子的波动方程，在这个波动方程中，光量子的密度与强度成正比，从而在光的粒子观的基础上，为干涉和衍射现象提供了满意的说明。接着，他在1927年的一篇论文中指出，“在微观力学中如同在光学中一样，波动方程的连续解只提供统计信息，精确的微观描述无疑需要使用奇异解，它们表示了物质与辐射的分立结构。”②

在1927年的索尔维会议上，德布罗意简单地阐述了他的这种“导波理论”的观点。在这个理论中，薛定谔方程允许有两个不同的解：一个是具有统计意义的连续的波函数；另一个是奇异解，其奇点构成所讨论的物理粒子。第二个解实际上是不存在的，但是，人们仍然可以认为粒子存在于这个给定的区域内；粒子处于某一定值的位置的概率来自标准方式中的概率密度，并且粒子的运动也由波函数来决定。在这个方案中，微观粒子既具有经典粒子的性质，但又不同于经典粒子，它始终被一个延伸的 Ψ 场所引导，使它在远离障碍物时可以产生衍射效应。这样，德布罗意的解释是把波粒二象性归结为波-粒综合，即在双重解理论

---

① 董光壁．伟大孤独者的遐想：哲人科学家——爱因斯坦．福州：福建教育出版社，1996：64

② 雅默．量子力学的哲学．秦克诚译．北京：商务印书馆，1989：58

中，构成物理实在的不再是单独的波或粒子，而是波和粒子。

但是，德布罗意的理论并没有引起物理学家的共鸣。由于“导波理论”只与单体系统有关，不能很好地解释双体的散射过程，因而受到了当时领头物理学家泡利等的强烈反对和严厉责难，德布罗意本人因此而放弃了自己的探索。巧合的是，如同多世界解释以一种不同的形式复兴了薛定谔当年的波动观点一样，在25年之后的1952年，玻姆先立足于单体量子系统阐述了一个类似于德布罗意所提出的“导波”理论的隐变量理论①，回答了当时德布罗意的理论所不能够回答的问题，从而为一致性地解释包括量子测量理论在内的广泛量子现象提供了一条新的思路。

玻姆同德布罗意一样，把微观客体（如电子）看成与经典粒子一样，是沿着连续的轨道随时间变化的粒子。但是，与经典粒子所不同，微观粒子总是与一个新型的量子场密切地联系在一起，这个量子场由满足薛定谔方程的波函数来描述。玻姆的这一工作，不仅使德布罗意重新回到了自己当初的立场，而且使沉寂了25年之久的关于量子力学解释的讨论，又重新紧锣密鼓地开展起来。

与海利经过长达20多年的讨论，玻姆1993年出版《不可分割的宇宙：量子论的一种本体论解释》② 一书，体现出这种波-粒综合实在观。在他们看来，波函数所代表的量子波具有双重作用。一方面，它决定着粒子处于某一位置的可能性的大小；另一方面，它决定着粒子的运动。微观粒子的运动既会受到与经典势相关的经典力的作用，也会受到与量子势相关的量子力的作用。由于微观粒子总是与量子场相伴随，所以，粒子加场形成的组合系统是因果决定的系统。玻姆认为，与微观粒子相联系的、由薛定谔方程所描述的量子场，与由麦克斯韦方程所描述的经典场所不同，它完全是一种无源场，或者说，量子场依赖于粒子的存在形式。这种依赖性意味着，现有的量子论是不完备的，它只是更一般的物理学规律在一定有限范围内的一种近似。玻姆特别强调指出，实际上，这种做法不是把量子力学还原为用经典观念的术语来表述。量子势的定性的新特征意味着，量子论已经揭示出了微观客体的新特征。

首先，对于单体的量子系统而言，与经典波（如机械波）不同，量子的 Ψ 场乘以任意一个常数，将不改变量子势的大小。这意味着，量子势与量子场的强度无关，仅仅与量子场的形式有关。从经典物理学的观点来看，这种行为似乎是不可思议的。但是，在日常经验的层次上，它却是相当普遍的。玻姆举例说，这

---

① D. Bohm. *A Suggested Interpretation of the Quantum Mechanics in Terms of Hidden Variables*. Physical Review, 1952, 85 (2): 166-193

② D. Bohm, B. J. Hiley. *The Undivided Universe: An ontological interpretation of quantum theory*. London: Routledge and Kegan Paul, 1993

就像一艘被无线电波自动导航的轮船一样，无线电波的作用独立于它的强度，而只依赖于它的形式。其基本点是，船靠自己的能量来行驶，但行驶的方向却由无线电波来引导。同样，可以认为，电子以自己的能量来运动，而量子波的形式引导着电子的能量。这样，在非经典力的作用下，电子在自由空间中的运动不一定总是直线运动，而且波的作用也没有必要随着距离的增加而减少，即使是遥远的环境特征也会对电子的运动产生影响。

例如，在双缝干涉实验中，一个电子总伴随着一个量子波。作为粒子的电子在运动的过程中，一次只能通过两个狭缝之一，而电子相伴随的量子波可以同时通过两个狭缝。在狭缝的外面，波的干涉带来了量子势的改变，量子势变化越迅速的地方，作用于电子的量子力就越强，电子的运动就越容易发生偏转。对于电子系综而言，每一个电子都具有自己的量子场，借助于特定的手段，可以选择出具有相同形式的量子场和相同量子势的电子。这些电子从不同的出发点接近狭缝，形成电子的随机分布，而这些电子的运动轨道又形成了一系列不同疏密的区域，这就明显地构成了通常所说的干涉条纹。如果只打开一个狭缝，量子场将只能通过一个狭缝，在这个狭缝以外的系统，存在着和双缝情况下所不同的量子场和不同的量子势。这样，当粒子到达屏幕时，产生了更加一致的粒子分布，不产生干涉图样。

为了更加明确地说明粒子与量子场之间的这种精细或微妙的内在关系，玻姆在物理学的语境中引入了一个非常重要的新概念——“主动信息”或者说“起作用的信息”（active information）。他指出，“主动信息的基本观念是，一种非常小的能量形式能够约束和引导着非常大的能量。在某种程度上，后者的活动形成了类似于小的能量的活动形式。”[①]玻姆认为，量子场不同于经典场，它直接地包含有粒子运动所携带的信息。例如，在船的例子中，无线电波携带着船的环境中的信息，这些信息通过所采取的自动导航机理进入船的运动当中。同样，在双缝干涉实验中，量子场包含有电子运动中有关狭缝的存在状态的信息，即在单缝与双缝的情况下，电子所携带量子场的形式是不同的。

玻姆所提出的主动信息概念与通常信息科学中所采用的技术性较强的信息定义有所不同。香农曾把信息定义为对系统的不确定状态的消除。这种定义把信息理解为人们把握系统客观特征的一种衡量标准。然而，在根本意义上，主动信息概念不是与人们对系统状态的认识程度联系在一起，而是与粒子本身的确定的运动状态相关。在这里，信息一词的使用更强调它的字面意义，即 in-form，其实际

---

① D. Bohm, B. J. Hiley. *The Undivided Universe: An ontological interpretation of quantum theory.* London: Routledge and Kegan Paul, 1993: 35

含义是指把形式加给某物，或使某物成形。例如，我们在收听收音机时，无线电波的形式是携带信号，我们所听到的声能不是直接来自无线电波本身，而是来自电池或电源，电源或电池所提供的是不成形的能量，它的形式由无线电波所携带的形式所给予。显然，这一过程完全是客观的，它与我们认识这个过程是如何发生的细节无关。在无线电波中，信息在任何地方都蕴藏着主动性，但是，实际的主动只有在能够给予收音机的电能以某种形式的时候，才能显示出来。更明显的例子是计算机。硅片中的信息内容能够确定计算机的潜在活动的整个范围，而潜在活动通过赋予来自电源的电能以某种形式才能实现。在一定的情况下，这些可能性向现实性的转化依赖于一个更大的语境和计算机操作员的操作水平。

这说明，主动信息的存在具有客观性，但是，主动信息的作用的发挥却是以人类设计的某种结构（如收音机或计算机）为基础的。因此，主动信息在由潜在作用变为现实作用的过程中，还留有主观性的印记。这样，玻姆借助于主动信息的概念，使信息的客观性与主观性得到了内在的统一。玻姆用旅游者与地图之间的关系对这种统一性作了进一步的说明。他指出，在实际旅游之前，旅游者用自己的智力理解地图所包含的信息内容，通过这种想象中的虚拟活动或潜在活动，他们能够明白这张地图的价值所在。因此，在地图能够激起旅游者的想象这个意义上，这张地图所携带的信息是非常主动的，但是，这种主动性显然是存在于人脑与人的神经系统之中的。只有当旅游者在这张地图所标示的区域内去实际旅游时，地图中所包含的一些信息才能通过旅游者的体能在更大的语境中得以实现。

可见，对于人类而言，信息总是主动的，而不是被动的。玻姆认为，他立足于这样的信息概念语境，在量子层次上使用主动信息的概念是非常自然的。在双缝干涉实验的语境中，量子场中所包含的主动信息引导着电子的运动，其引导力的强弱通过量子势的大小来衡量。当电子到达狭缝前的某一点时，主动信息“通知”它加速或减速。在这里，量子势不是代表粒子所在的环境特性（即狭缝），对粒子在力学意义上的吸引或排斥，而是代表了对以自身能量运动的粒子是加速、还是减速所起的某种引导作用。电子必须通过一个狭缝，但是，它的运动是由来自通过两个狭缝的量子场中的主动信息所决定的。在性质上如同无线电波推动或牵引它所引导的船只一样。

电子以它自己的能量运动，但是，却被量子场中的主动信息所引导的事实说明，电子或其他粒子具有目前还没有被人们所认识的复杂而精细的内在结构。这种观念与现代物理学的整个传统正好相反，在现代物理学的传统中，人们假设，当把物质分解成越来越小的部分时，物质的行为将会越来越基本。但是，在玻姆的解释中，就像可以用统计规律研究社会集体行为，而个人行为却是十分复杂与难以捉摸一样，大的物质可以近似地还原为简单的牛顿力学的行为来处理，而组成物质的分子和原子却具有非常复杂的内在结构。

正是粒子的这种复杂的内在结构，使量子信息场有可能发挥着引导粒子运动的作用。在这里，量子信息场的能量与它所引导的粒子运动的能量相比，可以忽略不计。就像无线电波的能量相对于船只运动的能量可以忽略不计一样。由于量子信息场把整个实验语境作为一个不可分的整体来对待，所以，在量子信息场的引导下，电子的运动受到了远距离的狭缝的影响。不同的狭缝系统产生不同的量子势，并以不同的方式影响电子的运动，所以，电子的运动不能够离开整个实验安排来讨论。这是玻姆理论与德布罗意理论的关键差别，同时，也是玻姆的整体性观念与玻尔的整体性观念的区别所在。

其次，对于多体的量子系统而言，量子势不是像经典势那样依赖于粒子的位置，而是以一种相当复杂的方式，依赖于系统的整个波函数本身，而波函数按照薛定谔方程进行演化。因此，量子势的作用不会随着距离的增加而减少。当两个粒子相距很远时，粒子之间的力也可以是很强的。所以，在这种系统中，粒子的运动除了同样依赖于远距离的环境特征之外，两个粒子之间还具有远程关联性。两个粒子之间存在的这种相关性，被称为非定域的。玻姆认为，非定域性是对多体的量子系统进行因果性解释时，所具有的首要的新特征。说明每一个粒子的行为可能非定域性地依赖于所有其他粒子的位形，而不管这些粒子之间彼此相距有多远。这样，对一个粒子变量的测量，将会影响到对在空间上已经分离开来的另一个粒子变量的测量，即对这些变量的测量是依赖于测量语境的，在物理哲学界，通常把这种形式的测量称为语境测量。

与单体系统一样，多体系统中的量子势也依赖于整个系统的"量子态"，而不能简单地定义为所有粒子之间事先指定好的相互作用。微观粒子之间的这种非定域的相关性，带来了量子系统中的整体性的新特征：即这种整体性超越了只依照所有粒子的实际的空间关系所说明的整体性。这正是量子论超越于任何形式的机械论的主要新特征。玻姆所阐述的量子测量系统中的整体性概念，依赖于由量子系统中的量子态所决定的、依照薛定谔方程来演化的多体波函数。多体波函数直接地与整个量子系统有关，是在所有粒子的位形空间中被定义的。波函数对粒子的作用由相位和量子势所决定，而相位和量子势只与波函数的形式有关，而与波函数的振幅无关。在多体的量子测量系统中，波函数所包含的主动信息，是在位形空间而不是通常的三维空间中发挥作用。

玻姆认为，对于多体的量子系统而言，主动信息实际上是一种共同的信息库。这些信息引导粒子的运动，导致出现非定域的量子势。波函数的不同的线性组合，将会形成不同的信息库，依次相应地产生不同的系统行为。当把波函数分解为独立乘积的形式时，它将对应于独立的信息库。因此，在整体上被共同信息库所引导的系统，与由被相互分离的信息库所引导的独立部分而构成的系统之间，有着客观的区别。在多体的量子系统中，由于主动信息能够被组合成所需要的多种维度，所以，量子场的多维度特性并不神秘。

玻姆用超流和超导为例，对共同信息库在多体系统中所起的引导作用进行了具有地说明。玻姆认为，通常把超流和超导特性抽象地解释成是多体的薛定谔方程的一种必然结果，没有对现象是如何发生的机理提供一种直观的理解。但是，如果采用主动信息的概念，就可以十分直观地解释这些现象。按照玻姆的观点，每一个粒子都可以被看成是共同信息库的一部分，并按照共同信息库所提供的信息来确定每个粒子的运动速度。在超流与超导的情况下，可以把由共同信息库所引起的所有粒子的坐标运动，想象成是一场“芭蕾舞”，就像所有的舞蹈者都以同一种系统的方式绕过障碍物跳动，然后，形成新颖的图案一样，粒子在共同信息库的引导下，形成了具有特殊性质的运动。随着温度的升高，超流的特性将会消失。这是因为波函数分解成一组相互独立的因子，这些独立因子代表了独立的信息库。电子将不再在共同信息库的引导下运动。这时，电子的行为与没有组织的人群一样，使超流和超导的特征消失了。

可以看出，玻姆借助大量的比喻，运用主动信息概念对微观粒子运动与量子场之间内在关系的阐述，足以表明，在玻姆看来，微观粒子既具有经典粒子所具有的特征，如具有确定的位置与速度，能够沿着连续的轨道运动，会受到力的作用，等等。但是，它又与经典粒子所不同，在经典物理学中，粒子与波完全是彼此独立的两种物理存在，只有把粒子放置于某种有源场当中时，粒子与波之间才能发生相互作用，并通过力的作用改变粒子的运动。而在量子理论中，微观粒子始终存在于某种无源场当中，总是与某种量子波联系在一起。或者说，在微观粒子的运动过程中，波成为粒子的一种“高级伙伴”。波对粒子的作用通过信息的引导体现出来。所以，在量子客体的这种本体论语境中，整体性概念不再是一个认识论的术语，而是具有了本体论的意义。

四、一些评论

从逻辑上讲，通常的量子力学既可以单独从粒子性方面来建立，也可以单独从波动性方面来建立。但是，量子物理学家在具体处理问题时，通常是从粒子性着手，而在理解问题时却出现了不同的立场。这说明，处理问题与理解量子力学的形式体系是有区别的。因为理解本身已经带有哲学的成分。这也是为什么量子物理学家关于如何理解量子力学的讨论经常会出现在科学哲学会议或杂志上的一个重要原因。正如玻恩在谈到量子力学的解释问题时所说的那样，理解量子力学的不一致“与其说是一个物理学内部的问题，还不如说是一个关系到哲学和一般人类知识的问题”①。因此，关于微观客体究竟是粒子、波动还是两者的综合这一问题的回答，已经渗透了某种哲学思想，甚至需要某种哲学态度：是否愿意牺牲某些旧的概念，接受新的概念。

在玻恩看来，在实现的科学研究活动中，基本概念的含义并不是一成不变的，而是不断延伸与发展的。数学中“数”概念的发展便是典型一例。最初，“数”意指我们现在所说的整数。如果我们把“数”定义为计数的手段，那么，像2/3或4/5之类的有理数就不再是“数”，在这种意义上，表示单位正方形对角线长度的$\sqrt{2}$也不是“数”。为了把这些包括进“数”的范围，数学家开始推广“数”的概念，发明了“分数”、“无理数”、“虚数”等概念。在物理学中也有相似的例子。声音无疑被定义为我们能听到的东西，光被定义为我们能看到的东西，但我们通常会说，听不见的声音（超声学）和不可见光（红外线和紫外线）。在日常生活中，这类词语的含义延伸的过程也很常见。例如，民主概念，最初是指在市民们聚集起来共同讨论和决定他们问题的希腊城邦的政府。现在，用来指议会制的大国政府。②

同样道理，量子力学的发展已经表明，在量子领域内的粒子概念在含义上与描述方式上都不同于宏观粒子概念。因此，关于微观客体究竟是粒子还是波动的问题，已经不完全是一个简单的物理学问题，而是与量子物理学家的心理假设与哲学信念相关的问题。这也表明，量子物理学家确实生活在一个开始用实验结果来阐明哲学问题的非凡时代。虽然这一点，在当代认知科学、心理学、人工智能等研究中也有所体现，但是从所取得的实验结果的惊人程度来看，至今还没有任何一个领域可以超过量子力学。也正是从这个意义看，量子力学所带来对哲学的挑战是根本性的，其潜在的哲学资源还有必要深入挖掘。

第二节　量子概率与量子测量

围绕量子实在论与反实在论争论的另一个焦点问题是关于如何理玻恩为解波函数赋予的概率解释以及如何理论提供的概率值与具体测量时得到确定值之间的关系问题。如前所述，概率进入物理学是从统计力学开始的。但是，玻恩赋予薛定谔方程中的波函数的概率解释却与统计力学中的概率概念有着根本的差异。这

① Max Born. The Interpretation of Quantum Mechanics. *The British Journal for the Philosophy of Science*, 1953, 14 (14): 95

② Max Born. Physical Reality. *The Philosophical Quarterly*, 1953, 3 (11): 149

样，如何理解量子概率成为如何理解量子力学的一个核心问题，甚至有人把对量子概率性质的不同理解看成是关于量子力学不同解释的分类标准，或者说，把量子力学的不同解释之间的差别归结为理解量子概率的差别。[①] 另一方面，理解量子概率又与理解量子测量过程密不可分。在量子力学的发展史上，量子物理学家普遍认可的解释是哥本哈根解释。20 世纪下半叶相继出现的其他替代解释，都是在既接受量子概率又批评哥本哈根解释的基础上形成的。不同的是，这些解释对量子概率的存在方式提供了不同的解读，这些不同的解读本身反映了解释者所持的不同的哲学立场。

一、概率解释与量子理论

关于概率问题的系统讨论最早出现于 17 世纪，当时的目的是为了计算包括赌博在内的游戏中能够获胜的可能性问题。概率的数学理论首先来源于帕斯卡（Pascal）和费马（Fermat）的私人通信。在现存的 1654 年 7 月 29 日的第一封信中所讨论的问题是得分问题[②]。直到 19 世纪，拉普拉斯在他的《概率的分析理论》一书中，才对概率的基础进行数学和概念的分析。拉普拉斯的观点成为概率的经典定义。[③] 拉普拉斯指出：

> 所有的事件，即使是似乎不遵守伟大的自然定律因而是无意义的那些事件，其结果都恰好与太阳的旋转一样是必然的。在对把这样的事件与整个宇宙系统联合起来的纽带一无所知的情况下，按照它们发生并被有规则地重复或无序地出现，使得它们依赖于终极原因或依赖于机遇；但这些想象的原因随着知识面的扩展逐渐地退出，而且，在可靠的哲学面前，完全消失了，这表明，这些想象的原因只表达了我们对真正原因的无知。
>
> 一个事件，如果没有产生它的原因，就不可能发生，基于这个明确的原理，有一条纽带把当前的事件与过去的事件联系起来。这个公理，被称之为充足理由的原理，甚至可推广到平常考虑的行为。[④]

这说明，在拉普拉斯看来，宇宙是决定论的，概率只产生于我们对事件的确切原因的无知，或者说，概率是建立在我们不知道事件发生的真正原因之基础上

---

① D. Home, M. A. B. Whitaker, Ensemble Interpretations of Quantum Mechanics. A Modern Perspective. *Physics Reports*, 1992, 210 (4): 228

② 得分问题是指，两位赌徒在赌博时，每位赌徒每一步都有相等的机会得 1 分，假如在赌博没有结束时，一位赌徒要离开，他们应该如何根据其当前的得分分配赌金

③ 帕特里克·苏佩斯. 科学结构的表征与不变性. 成素梅译. 上海：上海译文出版社，2011：241-242

④ 帕特里克·苏佩斯. 科学结构的表征与不变性. 成素梅译. 上海：上海译文出版社，2011：243

的。之后，随着概率理论的发展出现了四种概率解释：①与认识者的信念相关的主观解释（比如，上海明天下雨的概率有多大），这是在信息不完全条件下做出预言的问题；②与事件发生的频率相关的客观解释（比如，在掷硬币时，得到正面的概率是多大），这提供了某个事件发生的相对频率；③与基于一组证据提出一个假设的确证度相关的概率的逻辑理论，这种观点是强调根据命题而不是事件来思考概率（如卡尔纳普的确证度理论），它提供了前提与结论之间的一种逻辑关系；④与一个事件的发生相关的概率的倾向性理论，这是定性地表达概率的一种方式，代表了对象与环境共同作用的特性，而不是现象本身的特性，概率的倾向性解释试图为单一事件的概率提供一种客观解释，或者说，提供一种特殊的因果性概率观。

在物理学的发展史上，统计力学的产生首先把概率引入了物理学当中。经典物理学家对概率本性的理解普遍接受了拉普拉斯的观点，还没有涉及解释概率的问题，玻尔兹曼（Boltzmann）、吉布斯、洛喜密特（Loschmidt）、基尔霍夫（Kirchhoff）、普朗克、庞加莱和策梅洛（Zermelo）等著名的物理学家，都在很大程度上详尽地论证过统计物理学的基础，但不是关于概率的基础。那时，物理学家只是把概率当做一种代表权宜之计的方法论来使用，没有涉及其基础问题。另一方面，从直观看，把概率理解为我们对产生事件的确切原因的无知的事例，在现实生活中也很常见。现实生活中确实有许多无法准确预言的系统，比如，天气预报、地震预测、股票市场等等。我们通常都会把这些不确定性归因于信息的不完全性，我们深信，只要我们能准确地掌握一切信息，就能得到准确的结果。

然而，在亚原子领域内，我们的这种日常信念受到了最大的挑战。量子力学的基本假设告诉我们，在量子系统中，波函数本身只是一个数学符号，没有物理意义，只有它的振幅的平方才有物理意义。这就致使物理学家不得不讨论关于概率的基础问题。首先，量子概率与经典概率的运用范围不同。经典概率只具有方法论的意义，通常认为，是由于信息的不完全掌握造成的，而不是在本体论层次上对对象性质的描述；量子概率则是与测量结果直接相关的一个操作概念；其次，量子概率与经典概率的根源不同。经典概率仅适用于主体与客体的关系中，代表了认识上的局限性；量子概率则是通过基本假设进入理论体系之中，赋予描述微观对象变化发展的薛定谔方程的解以统计的性质；最后，量子概率与经典概率的含义不同。在统计力学中，满足叠加原理的基本量是概率本身；在量子力学中，满足叠加原理的是基本量是概率幅，概率由概率幅的平方来决定，而概率幅的叠加比概率叠加增加了一个相干项，从而带来了根据常识观念无法理解的新的特征。

量子概率与经典概率之间的这些差异，促使量子物理学家在传播与教授他们理解的量子力学时，首先需要表明他们对量子概率的理解，而他们的理解本身又不仅与概率理论密切地联系在一起，而且还与他们坚持的哲学态度与心理信念密不可分。这样，当我们试图系统地清理量子物理学家关于波函数的概率解释的理解时，就需要把他们的相关著作或论文作为必要的参考文献来引用。此外，他们的许多哲学言论基本上是根据自己的研究实践得出来的，并不是系统的哲学论证。正如玻恩所言：

> 我不是一名哲学家，而是一名理论物理学家。我不可能提供一个很公平的科学哲学来考虑不同学派提出的观念，而是努力阐述我自己在应对这些问题时对我有所帮助的某些观念。[①]

这也是为什么当代量子哲学家普遍地会基于相同的参考文献却对同一位量子物理学家的哲学立场得出相左结论的原因所在。在物理学的发展史上，这种情况很少发生。一般说来，一个物理学理论是以充分精确而一致的方式被提出的，人们没有感觉到在理解和学习物理学理论和基本符号时，必须引用理论创立者当初的思想和观点，而只是努力坚持他们的精神和感悟即可。

这种现象同时也说明，当人类科学研究的视野延伸到微观领域时，科学与哲学已经内在地彼此交织在一起。特别是，当已有的哲学认识与新理论所蕴涵的哲学认识相冲突时，物理学家通常就会出现要么根据传统的哲学信念修正对量子理论的公认理解，如隐变量量子理论的努力和量子力学的多世界解释；要么基于自己的研究实践修正传统的哲学信念，如量子力学的哥本哈根解释与统计解释。前者是以接受现有量子力学的概率特征为前提，对量子概率提供不同的解释与理解，后者则是基于经典实在论假设为量子概率提供新的解读方式。正是在这种意义上，可以说，当我们考察量子物理学家对量子力学的波函数的概率解释的理解时，通常会使科学的哲学讨论变得比物理学本身的讨论更加重要。

二、哥本哈根解释的理解

在量子力学的发展史上，哥本哈根学派对波函数的概率解释和量子测量问题的理解是最有影响力的。哥本哈根学派的早期代表人物主要有玻尔、海森伯、狄拉克、玻恩等。随着这些代表人物的相继离世，其追随着在不断克服原有解释所面临的困境之基础上，又发展出与原初不完全相同的变种解释。在现有的文献中存在着强弱不同的两种解释。强解释是伴随着量子力学的发展由第一代量子物理学家提出，并在几次大型的国际物理学会议上得到公认与传播的一种解释。这种解释假设，薛定谔方程中的波函数是对单个量子系统性质的完备描述，量子概率

---

① Max Born. Physical Reality. *The Philosophical Quarterly*, 1953, 3 (11): 139

不是对观察者或理论家的某种无知的反映，而是自然界本身所具有的特征，是实在与它的数学形式之间相关联的特征。弱解释是指近几十年来兴起的统计解释，但其思想渊源可追溯到爱因斯坦早期倡导的量子系综解释。其核心概念是概率幅，目的在于通过对波函数的描述性质的限定和对概率幅的意义的重新理解，消除量子测量过程中出现的测量悖论，为一致性地理解量子力学的新特征一个最简单明了的解释。这种解释假设，薛定谔方程中的波函数不是对单个量子系统性质的描述，而是对统计系综性质的描述。本节的后面部分专门讨论弱解释，这里讨论哥本哈根解释是指强解释。

哥本哈根解释不是一组统一的、清晰的、无歧义的观念，而是有着复杂关系的不同观念的组合。在强解释的代表人中，他们虽然都承认波函数是对单个量子系统的描述，但是，他们对量子概率和测量过程的理解并不完全相同。玻恩最初提出波函数的概率解释时，是把微观粒子设想为经典意义上的质点来对待的，认为微观粒子在每一时刻既具有确定的位置，又具有确定的动量，并认为“波函数既不代表物理系统，也不代表该系统的任何物理属性，而是表示我们关于后者的知识”。[①] 许多人正是引用玻恩的这些早期言论，为他贴上了实证主义的标签，事实上，这是不妥当的。玻恩早期的概率解释，由于无法说明单光子或单电子等双缝实验现象，很快就得到了修正。

因为如果把微观粒子理解成是经典意义上的质点，那么，根据经典统计理论，在双缝实验中，同时打开两个狭缝，后面屏幕变黑的程度，应该是轮流打开每一狭缝时，屏幕变黑的程度的叠加，即满足叠加原理的是概率（即 $P=P_1+P_2$）。但事实却并非如此。正如第二章第三节所阐明的那样，在量子领域内，量子概率等于波函数的振幅的平方，而概率幅的叠加比经典意义上的单纯的概率叠加多出了一个干涉项，可用数学公式表示如下：

$$P = |\psi|^2$$

$$P_1 = |\psi_1|^2$$

$$P_2 = |\psi_2|^2$$

$$P = |\psi_1 + \psi_2|^2 = P_1 + P_2 + 2\sqrt{P_1 P_2}\cos\delta$$

根据这种数学分析，即使一次只有一个光子或电子通过狭缝，每个微观粒子也会同它自己干涉，而这种干涉已经通过粒子在屏幕上的物理分布显示出来。单光子或单电子实验已经证实了这一点。因此，波函数应该是某种物理实在的东

① 雅默．量子力学的哲学．秦克诚译．北京：商务印书馆，1989：53-54

西，而不只是表示我们对经典意义下的关于粒子的知识。[①] 这样，如何理解波函数的实在性就与如何理解波函数的概率解释问题纠缠在一起，成为当时量子物理学家寻找量子力学解释的核心所在。

1953 年，玻恩在《哲学季刊》发表的《物理实在》[②] 一文中以如何理解普朗克的量子假设为例，明确地阐述了他自己对量子概率的理解。他认为，在普朗克公式（$E=h\nu$）中，E 表示光子的能量，h 是一个常数，ν 是光的频率，这里的概念困难是，能量 E 集中于一个很小的粒子，而频率或更准确地说是波长（$\lambda=c/\nu$）需要定义一个几乎是无穷系列的波。解决这个悖论的唯一方法是，牺牲某个传统概念。量子力学表明，我们必须放弃粒子遵守类似于经典力学定律那样的决定论的定律。量子力学只能给出概率的预言。量子概率是由波函数提供的。这就是我们关于自然界态度的决定性的变化。这要求描述物理世界的新方式，而不是否定物理世界的实在性。可见，玻恩完全改变了当初的立场，认为薛定谔方程中的波函数这个抽象概念是某种物理实在的东西，而不只是表示人们对经典意义上的粒子的知识。

海森伯同意玻恩的观点，认为波函数不是一种数学虚构，应该赋予其物理实在性。海森伯用源于亚里士多德的潜能论观点来理解量子概率的意义。他认为：

> 如果我们想描述在原子事件中所发生的事情，我们不得不认识到“发生”（happens）一词只能够应用于观察，而不能应用于两种观察之间的物态。它能应用于物理学的观察行为，而不是应用于心理学的观察行为，并且我们可以说，只要微观对象与测量仪器发生相互作用，那么，系统就会从“可能的”状态跃迁到“现实”的状态。[③]

海森伯的观点与马格脑的观点相类似。[④] 巴布（J. Bub）认为，这种观点实际是来自玻尔。因为玻尔所讲的整体性，是指微观对象与测量仪器之间的不可分离性，仪器是实现对象的倾向性的一个基本条件，即测量使对象的潜在特性得到了实现。[⑤]但是，也有人认为玻尔反对潜能论的观点。[⑥] 不管怎样，一方面，海森伯基于量子事件发生的倾向性，用潜能论的观点来理解波函数的概率解释，把概率理解成是量子事件发生的一种定量表达；另一方面，海森伯把量子力学中之所以会出现统计关系的根本原因归结为微观粒子具有的测不准关系或不确定关系，

---

① 雅默．量子力学的哲学．秦克诚译．北京：商务印书馆，1989：53-54

② Max Born. Physical Reality. *The Philosophical Quarterly*. 1953，3（11）

③ W. Heisenberg. *Physics and philosophy*. New York：Harper and Row，1958：54

④ H. Margenau. *The Nature of Physical Reality*. McGraw-Hill，New York，1950

⑤ J. Bub. *The Interpretation of Quantum Mechanics*. Reidel，Dordrecht，1974：43-44

⑥ D. Bohm，B. J. Hiley. *The Undivided Universe：an ontological interpretation of quantum theory*. London：Routledge and Kegan Paul，1993：19

而把导致不确定关系的原因归结为量子假设带来的不连续性，把不确定关系理解为在量子力学中使用经典概念（如位置与动量）的极限。

作为哥本哈根精神领袖的玻尔则不同意海森伯对不确定关系的这种理解。玻尔提出的互补原理表明，微观粒子的不确定关系并不代表经典的粒子语言或波动语言不适用，而是代表了同时使用粒子图像和波动图像所受到的限制，即不能同时使用这种语言，或者说，只有在不确定关系所限制的范围内使用经典概念来描述。“互补”这个术语的意思是指一些经典概念的应用，会排除另一些经典概念的应用，而另一些经典概念在另一种条件下也是阐明测量现象所必要的，或者说，只有将人们同时使用经典概念的局限性与人们观察能力的局限性相符合，才能有效地避免理解中的矛盾。玻尔认为，海森伯的不确定关系是由微观对象的个体性所要求的波粒二象性导致的，因为普朗克量子假设所体现出的微观粒子的个体性，已经把波动性与粒子性联系起来，双缝实验是说明微观粒子具有波粒二象性的经典范例。这就像相对论理论是通过假设光速不变原理达到了逻辑一致性一样，量子力学是通过不确定关系来保证量子力学的逻辑无矛盾性。

在关于量子力学的解释应当使用经典概念这一意义上，玻尔和海森伯的立场基本一致。他们之间的意见分歧在于，运用经典概念的条件不同。海森伯认为，物理学理论是根据其数学形式来预言每个实验的，用“波动”还是用“粒子”来描述实验现象，并不重要，重要的是认识到，粒子图像与波动图像不过是同一个物理实在的两个不同侧面，粒子语言和波动语言是相互独立的，两者都可用来对量子力学做出完备的描述，但描述的程度受到不确定性关系的限制。玻尔则在本体论意义上理解微观粒子的波粒二象性，在测量操作意义上理解不确定性关系，认为海森伯的不确定关系所表明的不是修改经典概念，而是修改关于解释的经典观念。因为在玻尔看来，试图用新概念替代经典物理学中的概念来解决量子论困难的想法是错误的。在量子领域内，对同一客体的完备描述，需要用到相互补充的观点，而不是唯一的一种描述，或者说，对于完备地反映一个微观物理实体的特性而言，描述现象所使用的两种经典语言是相互补充的，其使用的精确度受到了海森伯的不确定性关系的限制。也许正是在这种意义上，有人认为，玻尔的互补性原理不是先验地对经典概念的批判性分析的一种单纯的概念发现，而是缺乏要求同时使用一定的经典概念的事实（factual）条件的发现。[1]

玻恩甚至认为，他对波函数的概率解释只是理解原子物理学中粒子和波关系

---

① Clifford A. Hooker. The Nature of Quantum Mechanical Reality：Einstein Versus Bohr//Robert G. Colodny, ed. *Paradigms and Paradoxes*：*The Philosophical Challenge of Quantum Domain*, University of Pittsburgh Press, 1972：137

的第一步，对于澄清这种思想做出最重要贡献的是海森伯的不确定关系和玻尔的互补原理。① 这说明，在对量子概率与量子测量的哥本哈根解释中，不确定关系与互补原理占有核心的地位，而后者又成为其他理解试图批判与超越的重点。不过，这里需要强调的是，把海森伯的不确定关系与玻尔的互补性原理等同起来，是错误的。不确定关系是量子力学形式体系的一个数学推论，而互补性原理则是外加在量子力学上的一种解释，即不是关于可存在量的（beable）解释，而是关于可观察量的（observable）解释。正是在这个意义上，玻恩指出，玻尔对科学哲学的贡献比任何人都大。② 然而，也正是这一哲学贡献成为其他替代解释试图超越的关键。

总之，玻恩、玻尔和海森伯都把量子概率看成是对单个量子系统的性质的定量表达，是由量子假设带来的不连续性导致的，认为物理学家对任何一个物理现象的描述，都需要借助于经典语言，即粒子语言和波动语言。不同之点是，海森伯与玻尔对这两种语言适用范围有不同的理解，玻恩则希望通过改变传统的决定论的自然观与实在观，确立统计自然观或实在观来接受量子力学的统计性特征。

三、统计系综解释的理解

量子力学的统计系综解释认为，量子理论是关于量子系综的统计理论，波函数是对全同制备出的量子系统所构成的系综的描写，而不是对单个量子事件的描写。1927 年，在布鲁塞尔举行的主题为“电子与光子”的第五届索尔维会议上，爱因斯坦在批评玻尔的互补原理解释时，首先明确地提出了这种观点。雅默把对波函数性质的这种理解称为“爱因斯坦假说”，而把上面描述的将波函数看成对单个系统完备描述的观点称为“玻恩假说”。爱因斯坦的观点还得到了肯布尔（E. C. Kemble）、波普尔（K. Popper）、朗之万（P. Langevin）和马格脑等的支持。但是，20 世纪 50 年代前，由于玻尔运用出色的论辩能力，在与爱因斯坦的三次大论战中所处的有利地位，再加上冯·诺伊曼关于量子论的隐变量理论的不可能性的证明，极大地降低了物理学家追求各种系综解释的热情。因此，在量子力学发展的开始几十年的时间内，与强解释相比起来，统计解释只得到了少数人的支持。

唯一的例外是在苏联，由于意识形态方面的原因，在第二次世界大战前后，引起了一场复杂的关于量子力学解释的大论战。主要代表人物分别是福克（V. Fock）和布洛欣采夫（D. I. Blokhintsev）等。福克支持玻尔的量子力学解释，布洛欣采夫则把玻尔的互补原理理解为与辩证唯物主义不相容的唯心主义哲学的

---

① 玻恩．我的一生和我的观点．李宝恒译．北京：商务印书馆，1979：14

② Max Born. Physical Reality. *The Philosophical Quarterly*, 1953, 3（11）：140

代表。因此，在当时，统计解释的观点作为哥本哈根哲学的一剂重要的解毒剂，很顺利地被接受为强解释的替代品。1949 年，布洛欣采夫在他的《量子力学原理》一书中，明确地引进量子系综的概念，以系综解释的观点，讲述了量子力学的形式体系。这本书成为用俄语写的量子力学教科书中最普及的教科书之一。

1970 年，巴伦廷（L. E. Ballentine）在《现代物理学评论》发表的《量子力学的统计解释》[①] 一文是倡导统计解释的最有影响的一篇重要文章，1986 年后，他又多次撰文重申自己的观点，特别是在 1990 年出版的《量子力学》一书中做出系统的阐述。1992 年，霍姆（D. Home）和惠柯（M. A. B. Whitaker）在《物理学报告》上刊发的《量子力学的系综解释：一种现代的观点》[②] 一文是一篇关于系综解释的综述性文章。在这篇论文中，作者基于雅默和巴伦廷的工作以及到 1992 年为止前 20 年中所有关于量子力学系综解释的文献，着重对统计解释的观点进行了详细而系统的阐述。作者指出，他们之所以愿意介绍量子力学的统计解释，是出于下列三个方面的动机：其一，概率的相对频率解释能够可靠地把像量子论那样的概率论理解为关于系综的理论；其二，说明消除量子论的不确定性的本质，把量子论还原为一种概率的实在论形式；其三，仅仅是为了避免传统解释中的困难和“悖论”来支持量子论的统计解释。他们认为，量子力学的统计解释采用了对概率的相对频率解释的观点，这种观点不仅能够自洽而合理地解释现有的量子力学体系，而且能够很好地说明 20 世纪 60 年代以来量子物理学的许多实验现象。

在国内学术界，完全运用统计解释的观点来阐述与理解量子力学的基本概念体系的文献，首推关洪的《量子力学的基本概念》一书[③]。该书从讨论量子力学的基本假设开始，清晰而系统地阐述了下列观点：传统解释中的波——粒二象性和互补性原理等，并不是量子力学体系所必需的陈述，而是在量子力学建立之初用来形象地理解量子现象的一种“脚手架”。当量子力学的形式体系已经建立起来之后，这些曾经起过启发作用的“脚手架”应当及时拆除，不然会妨碍理论大厦的美观与进一步的发展；在这种观点的基础上，关洪以量子论的统计解释为出发点，着重分析了态的叠加原理、波函数的统计诠释、概率幅的意义和不确定关系的物理内容及其本质。是目前国内物理学与物理哲学界系统而全面地反映量子力学的统计解释观点的一本专著。

---

① L. E. Ballentine. The Statistical Interpretation of Quantum Mechanics. *Reviews of Modern Physics*, 1970, 42 (4): 358-381

② D. Home, M. A. B. Whitaker. Ensemble Interpretations of Quantum Mechanics. A Modern Perspective. *Physics Reports*, 1992, 210 (4): 223-317

③ 关洪. 量子力学的基本概念. 北京：高等教育出版社，1990

统计解释的概念基础是建立在量子力学的公理体系之上的“概率幅”，以及实现量子测量所运用的“量子系综”；其基本目的是，试图立足于量子力学现有的公理体系，放弃对任何单个量子测量事件进行描述的努力，或者说，不讨论在一次具体测量的过程中实际上所发生的事情，而是返回到对量子测量的集合进行描述的陈述上来。其理由是，既然量子力学只是正确地预示了各种测量结果的概率，是一种关于量子测量系综的统计力学，那么，就不存在要回答有关单个测量问题的情况。

在物理学的发展史上，系综（ensemble）概念是由吉布斯（J. W. Gibbs）首先提出的。众所周知，统计物理学研究的对象是数目大得惊人的分子系统。在这种研究对象面前，最紧要的任务是如何在大量无用的信息中选出真正有用的信息，使问题得以简化。为了达到这个目的，吉布斯阐述了用研究大量的、完全一样的、互相独立的系统的集合在某一时刻的行为来代替研究一个巨大系统的统计分布函数的方法。这种“大量的、完全一样的、互相独立的系统集合”被称为统计系综。所谓“完全一样”，是指这些系统由同种物质构成，它们具有相同自由度、相同哈密顿量和相同的外部环境。

在具体的操作过程中，物理学家在选择系综描写的方式上带有某种任意性，通常用微正则系综处理能量、粒子数和体积都不变的系统；用正则系综处理与外界具有能量交换的系统；用巨正则系综处理能量、粒子数和体积均可变化的开放系统。运用系综方法所得到的宏观物理性质的结果，适用于每一个个别系统，并且构成经典系综的每一个要素都是一个宏观系统，这些系统的微观行为不要求完全相同，而只要求能表现出同样的宏观性质和规律即可（即在统计平均的意义上）。所以，对经典系综的测量是对它的宏观性质的测量，一般不涉及它的微观状态的描写。从根本意义上看，在吉布斯的系综概念中，统计系综只是一种设想的计算工具，是不需要得以真正“实现”的一个辅助概念。

与经典统计力学中的吉布斯系综所不同，量子力学的统计解释中所指的量子系综中的每个成员都是一个微观系统。量子系综是由全同地制备出的一个个微观系统所构成的。例如，如果系统是单电子，那么，在概念上，系综将是由所有单电子构成的无限集合，其中，每个电子都是经过全同的制备程序与技术而产生出来的。一个动量本征态（即位形空间中的一个平面波）就代表了这样的系综，系综中的每个成员是具有相同动量的单电子。在散射实验中呈现出的一个更现实的事例是，一个具有近似确定波长的有限波系列，它代表了来自下列一系列程序的单电子构成的系综：即从发射源中发射出的带电粒子，经过在加速器中加速后，再通过电场或磁场及各种小孔、狭缝和偏振装置，对粒子进行偏转、准直、极化，最后选出具有确定的方向和大小的动量以及某种自旋状态的粒子束。这一整套操作程序就是入射粒子状态的制备过程。

所以，量子态是对某种确定的态的制备结果的数学表征。在相同的态的制备条件下形成的那些物理系统，虽然具有某些相似的特性，但是，并不是所有的特性都相似。在量子力学中，海森伯的不确定关系的物理意义已经说明，没有任何一个态的制备程序有可能产生出所有的可观察特性都是完全相同的系统的系综。因此，最自然的断言是，量子态是对相同地制备出的系统的系综的表征，不提供对单个系统的完备描述。在经典系综中，通过系综计算的结果可以与单个系统的计算结果相比较，但是，在量子系综中，计算结果直接地从属于一个相似测量的系综，与单个测量无关。

1958 年，马格脑提出，在量子测量的情况下，应该将态的制备与测量区别开来。"态的制备"是指任何一种能够在统计意义上产生出可复制的系统的系综之程序；对单个系统的某个量的"测量"则是意味着系统与适当的测量仪器之间的相互作用，通过这种相互作用在一定的精确度的范围内推论出被测量的量的值。这个值是在相互作用之前系统就拥有的。这两个概念之间的根本区别在于，态的制备所涉及的是未来，而测量所涉及的是过去；"测量"包括一个特定系统的检测，而"态的制备"所提供的是关于系统的条件信息。在进行了这样的区分之后，马格脑把量子系综的实现分为两种类型：一种是空间系综，它是由处在同一状态的许多个互不干扰的独立系统所构成；另一种是时间系综，它是由使用同一套仪器设备，可以一次一次地反复按照相同的物理条件制备并接受测量的系统所构成。在实际应用中，经常用到是时间系综。

因为波函数的概率性不可能在单次测量中体现出来，而是与多次测量结果相对应的，即通过具体地执行量子系综的实现来得到。量子系综的实现通常是时间序列的实现。例如，在观察单电子或单光子的双缝衍射实验的图案时，如果只有少数的电子或光子打到屏幕上，那么，我们将观察不出任何有序的干涉图样，而只能看到无序的、不成形的像满天星斗那样的图像；只有在打到屏幕上的电子或光子数足够多的情况下，才能观察到一幅清晰而有序的干涉图样。所以，量子系综的实现是量子测量所要求的，而不只是一种假想的计算工具。从元理论的意义看，以"爱因斯坦假说"为基础的统计解释，是量子力学的基本假设所蕴涵的一种解释。

统计解释以"概率幅"为核心概念。"概率幅"概念的引入，一方面，标志着量子力学是区别于以概率为基本量的所有旧的统计理论的一种崭新的统计性理论。另一方面，只要抓住这个核心概念，就可以理解许多新的量子效应，既不需要借助于经典图像或经典语言，也不需要假定隐变量的存在。正如费曼所说的，量子力学所处理的不是质点的运动，而是空间和时间中变动的概率幅。或者说，量子力学中最惊人的特点就是概率幅概念。如果在双缝干涉实验中，承认发生干涉的是概率幅，就不会发生任何理解上的困难。在量子力学中，概率的概念没有改变，改变了的只是计算概率的方法。

巴伦廷认为，概率论的数学框架可以容纳过去统计方法中概率相加的计算方法，也可以容纳量子理论中第一次使用的概率幅相加的计算方法。在这个意义上，量子力学并没有使概率的数学理论失效，而是发展了它的新形式和揭示了它的新运用。其实，早在 1922 年，德国化学家费希尔（H. Fisher）就曾使用概率的平方根（即实概率幅）来定量地描述遗传变异现象中的统计性。这说明，概率幅的使用并非始自量子力学，虽然量子力学的创始人并没有由此而受到过任何启发。遗传学与量子力学都是以统计性质为基础的，所不同的是，量子力学里使用的概率幅不是实数，而是复数，因此会发生概率幅的干涉，①从而表现出明显的非经典特征。

总之，在统计解释的代表人的理解中，量子力学的问题本质上统计问题，由波函数描述的量子测量的统计分布是量子系综的性质，而不是构成系综的元素的性质，是由量子力学的基本假设所蕴涵的一个基本特征。接受量子力学，就意味着修改传统的决定论观念，接受世界的统计性特征。

四、本体论解释的理解

20 世纪 50 年代掀起了以批判哥本哈根学派解释为前提，立足于重构量子测量过程，从本体论与决定论的实在论角度理解量子概率的努力。其典型标志是，一些物理学家在根据哥本哈根解释讲授量子力学的过程中，先后改变了自己的立场，变成了哥本哈根解释的强烈的反对者。两位代表人物分别是玻姆和朗德（A. Landé）。1951 年，朗德根据哥本哈根弱解释的精神，出版了量子力学的教科书之后，于 1952 年开始对这种解释持有怀疑的态度。朗德认为，玻尔的互补原理是用语言的改进来代替物理学中的建设性的探索，是对纯物理论据的严重曲解。这种做法不是主动地用物理学的手段和方法解决理论所遇到的困难，而是回避了所存在的问题。②同样，曾经是玻尔解释观点的热情支持者与传播者的玻姆，也在 1951 年，以量子力学的以哥本哈根精神为基础，出版了至今仍有影响的《量子理论》一书之后，于 1952 年开始，致力于阐述关于量子论的隐变量解释。第三种努力来自埃弗雷特，他于 1957 年完成的博士学位论文《宇宙波函数理论》提供了对量子测量的一种决定论的实在论解释。玻姆和埃弗雷德的共同目标都是

---

① 关洪．量子力学的基本概念．北京：高等教育出版社，1990：104-105

② 雅默．量子力学哲学．秦克诚译．北京：商务印书馆，1989：534

试图基于直觉的和可想象的概念为量子概率和量子测量提供一种可理解的说明，只是他们采取的路径与构造说明的方式完全不同。

玻姆于1952年独立地发表了题为“用‘隐变量’的思想方法提出量子力学的解释”的论文。[①] 在这篇论文中，他运用复杂的数学技巧阐述了对量子力学的隐变量解释是可能的观点。他认为，在微观粒子的运动过程中，粒子的位置是隐藏着的，在波函数并中不出现。为此，他采纳经典的方式定义波函数，即把波函数看成是对量子场的描述，然后假定粒子总是具有精确的位置和精确的动量，总是沿着特定的轨道运动，粒子的位置和轨道与波函数相关，粒子的位置分布由概率密度给出。这样，玻姆提供了一种方式在量子领域内恢复了对概率的经典理解：概率的使用不再是由于粒子属性不确定性造成，而是由于物理学家对隐变量的无知造成的。玻姆的这一工作，使德布罗意重新回到了自己当初的立场。

贝尔在读了玻姆1952年倡导隐变量的文章后，决定重新返回来研究量子力学的基本问题。贝尔为了澄清冯·诺伊曼证明不存在量子论的隐变量理论的推理是否成立的问题，他重述了冯·诺伊曼的证明，重述了1935年由爱因斯坦等提出的EPR关联实验，抓住了隐变量理论的共同本质，1964年在《关于EPR悖论》一文中，证明了一个著名的定理（后来被称为贝尔定理）：一个定域的隐变量理论不能重复量子力学的全部预言。[②] 此后，贝尔还惊奇地发现，非定域性是所有的隐变量理论与量子力学的共同属性。贝尔的这一篇论文，不仅成为以后物理学与哲学研究中引用率最高的文献之一，而且使关于量子力学解释的争论从观念层次到实践层次跨出了决定性的一步。

在这篇文章中，贝尔引述了用自旋函数来表述EPR论证的玻姆说法，以转动不变的独立波函数描述组合系统的态，推导出一个不同于量子力学预言的、符合定域隐变量理论的关于自旋相关度的不等式。接着，贝尔用归谬法推翻了量子力学的预言和贝尔不等式相等的可能性，说明任何定域的隐变量理论，不论它的变数的本性是什么，都在某些参数上同量子力学有矛盾。定域隐变量量子论给出的自旋相关度较量子力学给出的要小。后来，克罗塞（J. F. Clauser）、霍恩（M. A. Horne）、希芒尼（A. Shimony）和霍尔特（R. A. Holt）等把贝尔不等式的论证条件进一步放宽，提出一个更具有普遍性且能够在实验中检验的不等式，称为“Bell-CHSH”不等式。这个不等式是物理事件定域特征的一种必然结果。1967年，卡诚（S. Kochen）和斯佩克（E. P. Specker）在他们的论文中从不同的

---

① D. Bohm. *A Suggested Interpretation of the Quantum Mechanics in Terms of Hidden Variables.* Physical Review，1952，85（2）：166-193

② J. S. Bell. On the Einstein Podolsky Rosen Paradox. *Physics*，1964，（1）：195-200

视角证明，不可能建构一个经典的相位空间，在这个空间中包括能够重构量子统计的隐变量。

这些工作促使玻姆不得不改变他对量子概率的经典理解方式，开始立足于量子力学的非定域特征来重新思考问题。1975 年，他与海利合作在《物理学基础》杂志发表《关于量子理论隐含的非定域性直觉理解》① 一文，通过提出整个宇宙的不可分割的整体性（unbroken wholeness）和分离的系统之间存在的量子相互联系（quantum interconnectedness）两个新概念，运用超系统（supersystem）、系统（system）、子系统（subsystem）的三级分析法，基于早期定域隐变量解释中的“量子势”概念，提出了量子力学的一种因果性解释，其主要目的已经不再是证明隐变量理论的可能性，而是为量子力学的许多惊人的新特征，如量子跃迁、波粒二象性、势垒穿透、量子概率等，提供一种因果性解释机制。

玻姆与海利在这篇文章中假定，波函数是对一个真实存在的量子场的描述，粒子总是与这个场相联系，并进行随机运动，就像布朗运动一样，概率密度是由粒子的随机运动引起的一种最终的“定态”分布决定的。他们的这种看法在 1993 年出版的《不可分宇宙：量子论的一种本体论解释》一书中得到更加详尽的阐述。如果说，玻姆早期的想法只是单纯地为量子论提供一个决定论的基础，说明全凭想象来抛弃隐变量的做法是不成熟的；那么，后期的追求已经发生了实质性的改变，变成了试图完全从统计力学的观点，对被量子理论所覆盖的整个领域给出一致性的处理，并得出传统解释所接受的统计结果，为量子力学提供一种本体论的解释。

他们在这一本书的前言中曾明确地指出，最初使用“隐变量解释”和“因果性解释”这些术语来称呼自己的解释是很有局限性的，“首先，我们的变量实际上并不隐藏着。例如，我们总是用受到波动影响的确定的位置和动量来引进电子是一个粒子的概念。通常情况下，这个粒子远远不是隐藏着，而是在观察中最直接明了的。只是它的特性在不确定性限制的范围内是不可能被完全精确地观察到。这种类型的理论没有必要是因果性的，我们的本体论解释也可能是随机的。因此，决定论的问题是第二位的，而基本的问题是，我们是否有可能得到量子系统的恰当的实在概念。”②基于这样的考虑，他们在阐述量子论的本体论解释的长达近 300 页的著作中，只是提到了因果性解释，而不再提及“隐变量”的概念。

与隐变量理论的方法不同，玻姆在晚年系统化这种本体论方法，不再是试图把量子力学塞进经典的语言框架当中，而是试图提供一种恰当的语境。在这个语

---

① D. Bohm, B. J. Hiley. On the Intuitive Understanding of Nonlocality as Implied by Quantum Theory. *Foundation of Physics*, 1975, 5 (1): 93-109

② D. Bohm, B. J. Hiley. *The Undivided Universe: An ontological interpretation of quantum theory*. London: Routledge and Kegan Paul, 1993: 2

境中，物理学家能够运用相同的语言来讨论经典力学和量子力学；不是希望把一种理论还原为另一种理论，更不意味着把量子力学发展为对经典概念的延伸，而是需要发展一种新的物理学直觉。在这种直觉中，用不着像玻尔那样需要在量子层次与宏观层次之间划出界线，而是把经典测量看成是在忽略量子效应的前提下进行的测量，从而把量子测量看成是比经典测量更基本的一种测量。

玻姆立足于他们构成的量子测量过程来解读量子概率。其基本思路是，把量子测量过程划分为两个不同的阶段来讨论。在第一阶段，被测系统 S 与测量仪器 M 之间发生相互作用，这时，组合系统的波函数将会分解成不可重叠的波包之和，每一个波包对应于一种可能的测量结果；在第二阶段，测量结果被某种检测装置所放大，成为在宏观层次上可以被直接观察到的实验现象。首先，玻姆与冯·诺伊曼一样，把被测系统 S 与测量仪器 M（包括宏观测量仪器在内）都看成是遵守量子力学规律的系统。在 S 与 M 发生相互作用之前，组合系统的波函数为

$$\psi = \Phi_j \sum C_i \psi_i$$

其中，Φ_j为测量仪器的初始波函数；$\sum C_i \psi_i$为被测系统的初始波函数；ψ_i是与被测算符 F 相对应的本征函数。相互作用结束之后，组合系统的波函数变为

$$\psi = \sum C_i \psi_i \Phi_i$$

这一过程与冯·诺伊曼所描述的关于量子态的第一种演化方式相一致，不同的是，玻姆对取叠加形式的组合系统的波函数 ψ 的存在状态做出了另外一种不同于投影假设的新解释。

玻姆认为，系统 S 与 M 发生相互作用后，组合系统的波函数分裂成不可重叠的各个波包的叠加，每一个波包对应于一个量子通道（channel），每一个量子通道对应于一种可能的测量结果。在相互作用期间，粒子的初始状态与量子势的分叉结构使最初沿着轨道运动的每一个粒子都进入一个可能的量子通道，并且停留在那里。由于波包之间的波函数为零，所以，粒子不可能位于两个波包之间。从这时起，量子势对粒子的作用将只由与该量子通道所对应的波包来决定，其他没有被粒子占用的波包将对粒子的运动不再起任何作用，或者说，其他波包提供了在物理意义上对粒子运动无效的信息。玻姆称这些波包为不活动波包（inactive packets）。他通过计算得出的结论是，组合系统从初态进入一组终态之一（即粒子进入一个量子通道）的可能性正好是$|C_i|^2$，这说把波函数的概率解释理解为粒子进入某个量子通道的可能性。

玻姆认为，在这一阶段，没有被粒子占有的不活动波包并不是永远处于不活动状态，在原则上，它仍然可能导致仪器中的不同波包（如 Φ_k与 Φ_j）之间发生干涉，这时，量子势仍然会受到原先的不活动波包的影响。因此，在这一测量过

程中所形成的独立而分离的测量结果，是不稳定的，或是说，还是可改变的。只有当仪器粒子（apparatus particle）进一步与宏观的粒子系统（即某种检测装置）发生相互作用之后，量子测量过程才能成为不可改变的过程，即成为不可逆的过程。这一过程相当于冯·诺伊曼所描述的关于量子态的第二种演化方式，也是玻姆所指的量子测量的第二个阶段。

玻姆虽然同冯·诺伊曼一样也认为第二阶段的量子演化过程是不可逆的。但是，与冯·诺伊曼的解释所不同，玻姆认为，在这一阶段，仪器粒子与检测装置之间的相互作用，是把测量结果放大到足以被直接观察的程度。在这里，不需要有特定观察者的参与来决定量子测量结果。因为仪器粒子在同检测装置发生相互作用之前，已经处于特定的量子通道当中。所以，在第二阶段，不存在从叠加态向本征态的跃迁。玻姆通过简单的计算假设，测量仪器与检测器之间的相互作用，对已进入量子通道的粒子的影响可以忽略不计，或者说，检测器只起到了对测量结果的放大作用，而不会在根本意义上对在第一阶段已经形成的测量结果产生实质性的影响。

玻姆假定，在整个测量过程中，被测系统与测量仪器的行为由一个共同的信息库来引导，而共同信息库意味着，组合系统的量子势将以非定域的方式把两个系统联系起来。这两个系统中的粒子将很强地相互联系在一起，而且极不稳定。从一个实验到下一个实验的进行，总是从自由涨落的统计系综开始，对于单个粒子而言，即使粒子的运动是可以确定的，也没有任何办法预言或控制它将进入哪一个量子通道。当相互作用结束之后，量子通道将被分离开来，未被粒子占用的通道中的信息将成为不活动的信息，只留下被粒子占用的通道和它的量子势，对粒子的运动产生作用。这时，不仅波函数与有效的量子势处于变动之中，而且仪器粒子的运动也将相应地发生改变，仪器与被测量系统已经内在地相互参与在一起，并且互相之间已经产生了极大的影响。当相互作用结束之后，两个系统的状态被相互关联在一起，对应于粒子实际进入的量子通道。因此，量子概率完全是由粒子进入量子通道的随机性决定的。

五、相对态解释的理解

玻姆用量子通道对应于波函数的叠加态来理解量子概率的做法，与 1957 年埃弗雷特在《现代物理学评论》上发表的《量子力学的“相对态”阐述》① 一文中的做法有某种类似。如果说，玻姆的目标是试图借助于量子势与主动信息等

① H. Everett. “Relative state” formulation of quantum mechanics. *Reviews of Modern Physics*, 1957, 459 (29): 454-462

新的概念与假设，通过构造一种新形式的量子论体系来再现量子力学的全部预言，以及理解量子测量与量子概率的话，那么，埃弗雷特的相对态解释和后来在此基础上发展起来的多世界解释、多心解释、多历史解释、多纤维解释等，则是在排除任何附加假设的前提下，完全基于量子力学的形式体系，为量子概率与量子测量提供一种实在论的解释。

埃弗雷特假设，波动力学对所有的物理系统（包括被测量的系统、观察仪器和观察者）都有效，由薛定谔方程中的波函数是对包括观察者在内的整个宇宙的物理状态的完备而精确的描述，这种观点在某种程度上支持了薛定谔最初在1926年提出的波动解释。冯·诺伊曼在用量子力学描述整个测量过程时，产生了无法解决的量子测量难题，当埃弗雷特用波函数描述包括观察者在内的整个宇宙时，要避免冯·诺伊曼面临的量子测量难题，就需要做出新的假设。因为在理论意义上，按照量子力学的形式体系，当被测系统与包括观察者在内的观察仪器发生相互作用后，由被测系统、测量仪器和观察者所组成的组合系统的态，将会始终处于某种形式的纠缠叠加态。但是，在具体的实际测量的意义上，当观察者完成了一次测量之后，所得到的是某种确定的测量结果，而绝对不是任何一种形式的叠加态。这是经验事实，而不是理论假设。

埃弗雷特为了在抛弃投影假设的前提下，说明测量系统如何从叠加态到测量之后获得的确定态的转化，不得不做出一系列新的假设。他首先认为，在量子测量完成之后，不是被测系统从叠加态跃迁到本征态，而是观察者的观察状态产生了分裂（split），分裂成同时存在的不同“分支”（branches），其中，每一个分支分别对应于被测系统中的一种本征态或叠加态中的一个项。为了明确说明这一思想，他假定：

（1）观察者像一架自动的机器一样，拥有感知设施，这个感知设施能够记录观察者过去的感觉数据；

（2）该自动器当前的行动，不仅要取决于它当前的数据，而且也将取决于机器记忆的内容。这样一种机器能够完成一系列的观察（或测量），此外，也能够基于过去的结果，决定它的未来的行为。埃弗雷特觉得，可以用下列短语来表示这种机器，即如果把事件A记录在机器的记忆中，那么，“机器就能察觉到A”，或者说，“机器能意识到A”。

（3）波函数的每一个部分或每一个分支都与观察者意识到的记忆内容中确定的态相对应；不同的分支代表了观察者的不同经验。所有的分支都是共同存在的，具有同样的“实在性”，没有任何一个分支会比其他分支更“真实”。

（4）连续测量后，观察者的记忆构型（the memory configuration）的“轨道”不是线性连续的，而是与最终叠加态中同时存在的可能结果相一致的一种分叉树

(branching tree)。在相同的记忆装置中，分支不是无限连续的，而是停留在记忆容量的极限这一点上。

（5）不同分支之间的演化是彼此分离的、是互不干扰的。这意味着，没有一个观察者能够意识到自己的任何一种态的分裂过程。不能因为观察者感觉不到分叉的过程，而否认波动力学描述的世界图像的真实性，就像我们不能因为在日常经验中感觉不到地球的运动，而否定地球的运动性是一种真实的物理事实一样。

（6）如果观察后，对于一个观察者存在着许多不同的相对态，那么，可以说，不同的态描述了不同的观察者；如果只有一个物理系统，那么，观察后只存在着具有叠加态的各个元素的不同经验的一个观察者。波函数中的各个元素起到了把态分配给观察者的记忆的作用。

在此基础上，埃弗雷特进一步补充了好的观察者的两个条件或两个测量规则：①如果一个好的观察者测量一个被测系统，该被测系统的初始态处于被测量的可观察量的本征态，那么，测量后，观察者与被测系统将处于分离态，这时，观察者记录了被测系统所在的本征态，而被测系统仍然处于同一本征态；②如果一个好的观察者测量一个被测系统，该被测系统不处于被测量的可观察量的本征态，那么，测量后，观察者与被测系统将处于相互关联的叠加态，在这种叠加态中，观察者记录了各种不相容的结果，而被测系统则处于相对应的本征态。规则①说明，不同的观察者测量处于同一本征态的可观察量，将会得到一致的测量值；规则②表明，能够单独地把规则①应用于某一叠加态中的每一个元素，然后，把测量相互作用之后得到的终态叠加起来。而观察者在整个观察过程中都由一个单独的物理态来表征，这种物理态只是关于测量后所谈论的许多观察者的主观经验而言的，它是一种相对事实，而不代表绝对的测量结果。或者说，观察者所记录的测量结果是相对的。

在埃弗雷特看来，测量结束后的组合系统所处的叠加态，描述了一组同时存在的分支，其中，每一个分支来自叠加态的一个项，而叠加态中的每一个项（本征态 $\Psi_k \otimes \Phi_k \otimes X_k$）好像具有唯一的指针读数（本征值）。这种唯一性只具有相对的意义，它是相对于组合系统的其余态的一种详细陈述。通常情况下，在由被测系统、测量仪器和观察者组成的组合系统中，不同子系统的态是相互联系在一起的，或者说，是不可能单独存在的。问一个子系统的绝对态是无意义的，而只能问，相对于已知的其他剩余子系统的态而言，该子系统处于何种态。正如埃弗雷特所言："一般情况下，对于组合系统中的一个子系统而言，不存在任何独立的态。人们能够任意为一个子系统选择一种态，而使其余的子系统表现出相对态。”[①] 这也是他把自己的解释取名为“量子力学的相对态的解释”的原因所在。

例如，在测量电子的 X- 自旋实验中，测量仪器指针显示出自旋向上或向下，是相对于对象态是处于自旋向上或向下而言的。当一个典型的量子相互作用发生之后，从表面上看，在每一个叠加态中，测量仪器（或观察者）已经记录了确定的测量结果，被测量的对象则近似地处于与这个测量结果相对应的本征态。但是，实际上，组合系统始终处于相互纠缠的叠加态，而不是任何一种相对态。叠加态中的所有元素是同时存在的，并且整个过程也是相当连续的。既不存在任何确定的仪器态，也不存在任何确定的对象态，而是存在着两者之间的某种关联。所以，在埃弗雷特的解释中，“量子跳跃”（quantum jumps）或“量子跃迁”只是一种相对现象。或者说，量子测量系统表现出的随机的不连续现象是相对的，而由线性的、决定论的波动方程所描述的叠加态的连续变化则是绝对的。这说明，可以把波动理论的演化理解为，在客观意义上是连续的、因果性的过程，而在主观意义上则是不连续的、概率性的过程。

埃弗雷特指出：“从我们的观点来看，测量仪器与其他物理系统之间不再存在基本的区别。因此，对于我们而言，测量是物理系统之间发生相互作用的一种特殊情况。”[②] 测量结束之后，对象态不连续地“跳跃”到一个本征态，只是一件相对的事情。它依赖于把总的态函数分解为叠加态的理论模型，它是相对于某种选择的特定仪器坐标的值，或者说，是相对于特定的观察者而言的。因此，在埃弗雷特的语言系统中，量子测量系统中不同子系统之间的态的相对性，类似于相对论中物体运动的坐标的相对性。在基本意义上，就像在相对论中，物体的位置坐标只有相对于它所处的参考系才有意义一样，在量子力学中，相对态也是一个全新的概念；同样，就像在相对论中允许有许多坐标“框架”（frame）存在一样，在量子理论中，也允许有许多观察者的“框架”存在。

基于上述假设与规则，埃弗雷特认为，用主观经验的语言来讲，测量结束后，作为叠加态的一个元素的观察者，已经感觉到了一种具有肯定观察结果的随机序列。因为测量使系统中的每一个元素都处于某种测量的本征态。如果对同一系统进行第二次测量，具有记忆结构的观察者将由最终叠加态中的每一个元素来描述，观察者较早的记忆与较晚的记忆是一致的——即记忆态是相互关联的。这样，对于观察者而言，对系统的每一次最初的观察，好像都会导致系统以一种随

---

① H. Everett. “Relative state” formulation of quantum mechanics. *Reviews of Modern Physics*, 1957, 459 (29): 454-462

② H. Everett. The Theory of Universal Wave Function//B. de Witt, N. Graham, eds. *The Many- Worlds Interpretation of Quantum Mechanics*, Princeton University Press, Princeton, 1973: 53

机的方式“跳跃”到一种本征态，然后，停留在那里。因此，从定性的意义上看，波函数的概率解释，对于由叠加元素描述的观察者来讲是同样有效的，量子力学的统计预言成为观察者的某种主观表象（subjective appearances），表现出来。

后来，德威特（B. de Witt）1967 年、1970 年和 1971 年撰写了三篇论文，专门介绍埃弗雷特的理论。1973 年，德威特和格雷厄姆（N. Graham）在《量子力学的多世界解释》[①] 的论文集中把当时所有与这种解释相关的文章收录在一起，出版了关于量子力学的多世界解释的第一本经典文集。三篇论文的发表和论文集的出版，使埃弗雷特的理论在学术界引起了广泛的关注。德威特和格雷厄姆把埃弗雷特提出的“相对态解释”和他们对这种解释的阐述统称为量子力学的“多世界解释”（many worlds interpretation）。20 世纪 90 年代以来，还出现了在埃弗雷特的相对态解释基础上发展起来的“多视域解释”（many views interpretation）[②]、“多心解释”（many minds interpretation）[③] 等名目繁多的解释。

这些解释的共同目标是试图基于量子力学的基本方程，为量子概率和量子测量寻找一种无“塌缩”的实在论解释。而这种实在论解释是假设多元本体论为代价的，即要么假定，被测系统在进行测量之后，分裂成多个同时存在的世界；要么假定，被测系统在进行测量之后，观察者分裂成多个同时存在的心灵状态或多条历史演化线索等。这些解释与玻姆的晚期倡导的本体论一样，目前也是一种形而上学的构造与解读。

六、一些评论

综上所述，关于量子概率与量子测量的不同解释反映了量子物理学家与哲学家在从经典物理学的思维方式过渡到量子理论的思维方式时，他们在本体论、认识论、实在论和方法论立场上所发生的变化。如前所述，当冯·诺伊曼用量子力学描述整个测量系统时，由于在观察者与测量仪器之间划出明确的界线而遭遇棘手的量子测量难题。哥本哈根解释、统计系综解释、本体论解释和相对态解释之所以都不会遇到这个难题，是因为它们对量子测量过程做出了特殊的理解。

第一，哥本哈根解释突出了被测系统与测量仪器之间的相互作用，把量子现象的产生理解为依赖于被测系统与测量仪器共同作用的结果，并用海森伯的不确定关系和玻尔的补原理作出进一步的解说。但是，互补性解释自身仍然存在着概

① B. de Witt, N. Graham, eds. *The Many-worlds interpretation of Quantum Mechanics*. Princeton University Press, 1973

② E. J. Squires. Many views of one world. *European Journal of Physics*, 1987, (8): 171-173

③ D. Albert, B. Loewer. Interpreting the many-worlds interpretation. *Synthese*, 1988, (77): 195-213

念上与理解上的困难。[①]

（1）在语义学的意义上，玻尔始终没有赋予互补性概念以精确的意义。任何一个真正读过玻尔关于因果性和互补性文献的读者都会发现，在很大程度上，玻尔自己对互补性概念的阐述是含糊不清的。历史地看，理解玻尔的互补性概念实际上是理解玻尔是如何提出互补性概念的问题；以及理解玻尔是如何阐述互补性概念的问题。一种观点认为，玻尔对互补性概念的意义的最早阐述是在1927年的科摩讲座上进行的，当时，他试图运用互补性解释来想象量子世界的整个图像，把薛定谔的连续性波动力学与分立能态的量子假设统一起来，并把互补性概念论证为对原子现象的时空描述与因果性描述之间的一种互相补充。但是，玻尔晚年试图把互补性解释作为一个普遍原理，推广到生物学、社会学及心理学等领域的做法足以说明，玻尔对互补性概念的解释已经远远超出了自己的初衷。

（2）从方法论意义上来看，玻尔的互补性概念不是通过普遍的论证之后才提出的，而是在一个对特殊的理想实验的描述中提出的。那么，这种来自特殊实验结果的观点，能否作为一个更广泛的认识论结论来加以推广呢？冯·诺伊曼批评说，为什么“互补性”只限于两种属性，而不是——也许超出了它的纯字面的意义——被推广到三个或多个组分。爱因斯坦把互补性称为海森伯-玻尔的一个稳定的哲学或者一种宗教。他认为，互补性解释为真正的信仰者提供了一个舒适的枕头。它使这些信仰者忽略了需要为理解量子图像提供一致的、可理解的说明而努力的问题。近些年来，大多数人只是把玻尔的互补性概念看成是描述自然界的一个框架，而不是一个明确的原理。

（3）在本体论意义上，这种解释由于不可能提供一个明确的理解量子客体的本体论图像，从一开始就受到了薛定谔与爱因斯坦这些与玻尔同样著名的大物理学家的反对。近些年来，这种解释受到批评越来越多。

第二，量子系综解释避开了讨论个体系统的问题，主要只立足于量子系综来讨论问题，并采纳了概率的相对频率解释。而关于概率的相对频率解释面临着数学上和概念上的困难。根据量子力学的基本公设，观察者在测量一个力学量时，得到本征值 a_n 的概率密度 ω_n 的数学表达式为

$$\omega_n = \lim_{N\to\infty} \nu_n / N$$

式中，ν_n 表示测量值为 a_n 出现的次数；N 为总的测量次数；$N\to\infty$ 表示测量足够多的次数。在这个公式中，当测量次数趋近于无限大时，对系综测量的统计平均值是否趋近于所希望存在的确定的极值，或者说，上述写出的极限是否存在，目

① Jamse T. Cushing. *Quantum Mechanics*: *Historical Contingency and the Copenhagen Hegemony*. The University of Chicago Press, 1994: 32-33

前，并没有任何可靠的数学基础或者说还没有得到严格的数学证明。

关于统计系综解释所面临的这种困难，至少存在着两种不同的态度：一种是要求用严格的数学工具来表述物理学思想的态度。按照这种态度，量子力学的基本公设是有待进一步改进的；另一种是从物理学家的实际操作为出发点，来选择表述物理学思想的数学工具的态度。认为尽管频度解释理论存在着数学上严重的、甚至是不可克服的困难，但是，这种理论的阐述仍然是可能的。按照这种态度，频度解释本身的困难也许没有出现，真正有困难的或许是人们还没有找到一种适当的数学工具来描写这种新型的极限。这种情况类似于数学史上无理数概念确立和虚数理论建立时所面临的局势。困难的出现恰好为数学的进一步发展提供了契机，不是由于困难的出现而修改物理学。所以，频度解释的上述困难的真正解决有待于物理学与数学的共同发展来完成。

相对频率解释所面临的另一个困难是，如果人们所处理的个体非常接近的话，所有的概率将会变为 1 或 0，从而导致了相对频率解释在概念上的困难。例如，保险公司在调查犯某种急病的概率时，按照相对频率解释的观点，他们首先是选择适当的人群体，以找出这些人中间犯这种病的相对频率是多少。为了提高准确度，在被调查的对象中，必须建立性别、民族、个性等方面相同或相似的人所组成的研究序列，还要进一步明确被调查个体的特殊工种及对危险，是否有特殊的病史等，这样，研究序列就变成了具有相似背景的人的序列。对于概率的相对频率解释而言，这个序列是无意义的。当然，相对频率解释在概念上的困难是从宏观系统中提出来的，能不能无条件地延伸外推到微观系统中去，还有待于进一步的研究。

第三，玻姆的本体论解释能够把经典层次与量子层次很好地统一起来，不需要在主客之间划出明确的界线，或者说，在本体论解释中，经典层次来自理论本身，不是外在的假设。另一方面，本体论解释为量子测量过程提供了一个可把握的直观图像。但是。玻姆与海利的阐述还是停留在经验类比的层面，既没有独特的数学描述，更没有令人信服的物理内容。1993 年出版的《不可分的宇宙：量子论的一种本体论解释》一书，只是玻姆思想的系统化，是对他在 40 多年的时间内，追求量子论的隐变量解释到本体论解释转变的一个总结，而不是推出了一套全新的概念体系。

在此之前，许多物理学家认为，玻姆的理论在数学上并没有自己的新内容，只不过是用不同的语言对哥本哈根解释的一种重新表述。早在 20 世纪 70 年代，雅默在《量子力学的哲学》一书中谈到隐变量理论时，就指出，玻姆的方法不会给出比标准的量子力学更详尽的预言；而由于它是建立在薛定谔方程和量子力学的形式体系的基础上的，它的预言的详尽程度也不会比通常的量子力学的预言差。因此，虽然在概念上玻姆的方法与哥本哈根解释不同。但是，在经验上它们在一切方面都是一致的。①

玻姆针对这些批评指出，在根本意义上，他们起源于德布罗意最早的建议的论证方法，已经完备地给出了量子论的另一种不同方式。假如说，在1927年的索尔维会议上，是德布罗意的建议，而不是玻尔的解释，被当时的领头物理学家所采纳，并且在以后有机会得到相应的发展。那么，在25年之后的1952年（玻姆1952年提出了量子论的隐变量理论），一些物理学家提出当前的传统解释，情况将会如何呢？那时，大多数物理学家已经接受了德布罗意解释的训练，并且这种训练是很难改变的。这时，物理学家们将会很自然地发问，如果采纳传统解释，将会有何收获呢？玻姆相信，其结果肯定会与当前他们的解释所面临的局面完全相同。

就现状而言，物理学家还无法根据实验在量子力学与玻姆的量子理论之间做出选择。②许多科学哲学家引用这个案例来支持单纯立足于经验证据不足以在相互竞争的理论之间做出选择的“非充分决定性”论题。

第四，以埃弗雷特的相对态解释为基础的实在论解释虽然为在经典实在论意义理解量子力学提供了一条可想象的途径。但是，这种解释图像不完全是经验的，而是包括了想象或发明的成分，是从某种偏爱的角度观察实在的一种方式。因此，它不是科学，因为没有任何经验能够表明它是错误的；它也不是理论意义上的真理，因为没有任何人能够证明它。③

巴伦廷认为，虽然多世界解释的辩护者所提供的数学结果是引人注目的，但是，由于他们的数学本质与传统解释是相同的，他们没有清楚地说明，为什么数学必定会支持多世界解释，从量子理论的统计假设可以推出，这种解释“既不是必要的，也不是充分的”④。贝尔认为，这种解释“在具体的EPR语境中具有某种优越性，它能够不借助超光速就能处理遥远事件何以能即时发生的事情。就某种意义而言，如果每件事均发生，如果一切选择（所有平行宇宙中某处）均实现，如果直到最后，在实现的一切可能结果之间没有做出选择（这是一种多宇宙假说方案中所暗含的），那么，我们就绕过了困难”。所以，多宇宙解释只是有

---

① 雅默．量子力学的哲学．秦克诚译．北京：商务印书馆，1989：328

② D. Bohm，B. J. Hiley. *The Undivided Universe*：*An ontological interpretation of quantum theory*. London：Routledge and Kegan Paul，1993：5

③ Roland Omnès. *The Interpretation of Quantum Mechanics*. Princeton：Princeton University Press，1994：345

④ L. E. Ballentine. Can the statistical postulate of quantum theory be derived? —a critique of the many-universes interpretation. *Foundations of Physics*，1973，(3)：229-240

启发的简化理论。[①]

另一方面，这种解释曾得到了霍金以及诺贝尔奖获得者盖尔曼、费曼（R. Feynman）和温伯格等物理学的支持。因为按照宇宙大爆炸假说，宇宙在大爆炸以后，经过一系列的演化、膨胀，然后，再收缩成一个点。在这个过程中，至少可能假设，宇宙在不同的膨胀与收缩时期，物理学常数是不同的。但是，如果存在着足够长的演化序列，那么，有一些宇宙将会出现生命。在我们现在居住的宇宙中，如果物理学的许多常数（如基本粒子的质量、电荷等）所取的值稍有变化，那么，宇宙中的生命将不可能存在。似乎生命的存在正是一个惊人的巧合，我们所在的宇宙好像专门为了我们的利益而设计。这种实在论解释与这种人择原理的思想并行不悖。

从上述阐述的这种观点与争鸣来看，目前关于量子力学的任何一种解释，不论是本体论的、实在论的，还是物理学家在实际工作中一直践行的哥本哈根解释，都承认薛定谔方程及其统计预言。这说明，量子力学的数学形式体系是非常清楚的，用它来解决实验问题，也不比其他形式的物理学理论存在着更多的争议。但是，物理学家对量子力学的本质与微观世界的基本构成的理解，以及对理论的统计预言与决定论的测量结果之间的内在关联的理解，至今没有形成一致性的认识。他们在这些问题上的分歧与争论，虽然不会对解决物理学问题提供直接的帮助，但却为科学哲学家重新理解科学提供了有益的启迪。

第三节　量子论的意义与非定域性

费曼说，没有人理解量子力学；彭罗斯说，量子力学非常精确，难以置信的精确，并具有难以置信的数学之美，但是荒谬之极。他们两位都有资格说出自己的体会和感受。因为费曼曾因发明了量子物理学的一个公式而获得诺贝尔奖，彭罗斯也是一位著名的物理学家。他们之所以说量子力学荒谬之极，是因为它极其违背常理，之所以说没有人理解量子力学，是因为关于它的解释至今仍然处于争论之中。这些争论不仅涉及“现象”、“测量”、“实在”、“因果性”、“决定论”等概念的意义变化，而且涉及关于理论意义的理解，特别是关于理论的实在性、因果性与决定论问题的理解。正是这些不同的理解，再加上物理学家根深蒂固的、先入为主的观念，为他们的理解所设置的障碍，迫使他们不得不参与激烈的哲学争论。

---

① 戴维斯，布朗．原子中的幽灵．易心洁译．洪定国校．长沙：湖南科学技术出版社，1992：50

一、爱因斯坦与玻尔的论战

爱因斯坦本人曾为量子理论的初期发展做出了重要贡献。但是，他却是之后建立起来的量子力学的最重要的反对者。他对量子力学的反对体现在与玻尔的三次大论战中。在20世纪物理学史上，这两位物理学巨大在物理学基础问题和哲学问题上的争论，堪称是继地心学与日心说之后科学史上最重要的争论之一。就像地心说与日心说之争改变了人们关于世界的总图景一样，爱因斯坦与玻尔就量子理论的意义及其完备性等问题的争论也蕴涵着他们对理论意义与概念变化的全新理解。遗憾的是，这种新理解在经典实在论的框架内被简单地说成是实证主义、工具主义甚至是主观主义的观点，而遭到批判与忽视。通常情况下，人们把爱因斯坦看成是实在论者，把玻尔等说成是反实在论者。

之所以会得出这样的看法是因为，在爱因斯坦看来："在科学中，我们应当关心自然界在干什么，物理学家的工作不是告诉人们关于自然界能说些什么。"①这是典型的经典实在论的观点；而玻尔在1949年为了纪念爱因斯坦70岁生日所写的题为"就原子物理学中的认识论问题与爱因斯坦进行的商榷"一文中却再次重申他早期一直坚持的观点：并没有什么量子世界，只有一个抽象的量子物理学的描述。认为物理学的任务是发现自然界究竟是怎样的，这个观念是错误的。物理学只提供对自然界的描述。海森伯也曾指出，在原子物理学领域内，"我们又尖锐地碰到了一个最基本的真理，即在科学方面我们不是在同自然本身而是在同自然科学打交道"②。这被看成是典型的实证主义的观点。从当代科学哲学的发展来看，这种简单的划分与归类是值得商榷的。

这里涉及评价标准的问题，从爱因斯坦的观点来看，玻尔等无疑不是经典意义上的实在论者，但是，承认理论提供的只是关于自然界的知识，就这一点而言，并不等于说他们一定持有实证主义、工具主义甚至主观主义等反实在论的立场。这就像不能以欧几里得几何的时空观反对非欧几何的时空观一样。新理论的产生不仅带来概念的变化，而且带来关于理论意义的新理解。从前面的概念前提来看，经典实在论是一种本体论化的实在论，这种实在论在把科学实在看成是无条件地等同于自在实在，从而忽视了科学认知活动中，人的活动所引起的对象的改变，以及这种改变中人的建构性作用，忽视了自在实在与对象实在之间的区别，忽视了语言、符号及推理规则在建构科学实在中的作用，忽视了科学理论得

① 爱因斯坦．爱因斯坦文集．第一卷．许良英，范岱年编译．北京：商务印书馆，1976：216

② 海森堡．严密自然科学基础近年来的变化．《海森堡论文选》翻译组译．上海：上海译文出版社，1978：180

以成立的边界条件及其真理的相对性与历史性，把科学实在简单地等同于自然实在来理解。这种理解是一种理想的常识化理解。正如海森伯所言：

> 在原子物理学中，不可能再有像经典物理学意义下的那种感知的客观化可能性。放弃这种客观化可能性的逻辑前提，是由于我们断定，在观察原子现象的时候，不应该忽略观察行动所给予被观察体系的那种干扰。对于我们日常生活中与之打交道的那些重大物体来说，观察它们时所必然与之相连的很小一点干扰，自然起不了重要作用。[①]

量子力学的哥本哈根解释受到的批判与他们在阐述这种解释时所提供的关于科学的哲学理解是可分离的。我们不能混为一体，犯了把洗澡水与小孩一起倒掉的失误。如何从他们的观点中，析出科学哲学方面的新启迪便是本书的重要任务之一。为了做到这一点，这里分两步进行。首先，评述爱因斯坦与玻尔论战的分歧所在；其次，立足于原始文献重新剖析玻尔的整体实在论与玻恩的模型实在论立场所带来的认识论教益。这一部分致力于第一步，本章第一节和第三节致力于第二步。

爱因斯坦最早与玻尔的会晤是在 1920 年玻尔访问柏林期间。当时，关于量子理论的基本问题已经成为他们谈话的主题。爱因斯坦对待量子力学的基本立场正如他在 1926 年 12 月 4 日写给玻恩的信中所说的："量子力学固然是堂皇的。可是有一种内在的声音告诉我，它还不是那真实的东西。这理论说得很好，但是一点也没有真正使我们接受这个'恶魔'的秘密。我无论如何深信上帝不是在掷骰子。"[②] 这也构成了爱因斯坦反对量子力学哥本哈根解释的基本出发点。玻尔把他与爱因斯坦论战的焦点归纳为用什么样的态度看待量子力学的新特征对传统自然哲学惯常原理的背离问题。因为量子客体的个体性超越了物质无限可分的古老学说，使原来作为绝对真理的经典物理理论变成了忽略量子效应的一种理想化的理论。这样，放弃因果决定论的描述，应该被看成是一种暂时的权宜之计呢？还是一种不可改变的步骤呢？爱因斯坦坚持前者，而玻尔坚持后者，这便是他们就量子力学的内在自洽性、确定关系的有效性和量子力学的完备性三大论战的主要根源所在。

爱因斯坦与玻尔的第一次大论战是 1927 年 10 月 24 ~ 29 日在布鲁塞尔召开的由洛伦兹主持的第五届索尔维会议上进行的。这次会议的主题是"电子与光子"。会议为讨论当时最热点的问题，即波函数的解释与量子理论的意义问题，

---

① 海森堡．严密自然科学基础近年来的变化．《海森堡论文选》翻译组译．上海：上海译文出版社，1978：139

② 爱因斯坦．爱因斯坦文集．第一卷．许良英，范岱年编译．北京：商务印书馆，1976：221

提供了一次最高论坛。德布罗意、玻恩、海森伯、薛定谔等都发表了各自的看法。作为主持人的洛伦兹反对把概率观念作为量子力学解释的一个出发点而不是结论所带来的放弃连续性、因果性和决定论等传统观念的看法，他在做了一些富有挑战的评论后，请玻尔发言。玻尔重述了他 1927 年 9 月 16 日在意大利科摩召开的纪念伏特逝世 100 周年国际物理学会议上所做的“量子假设与原子论的最新发展”演讲的主要内容。在这次演讲中，他第一次公布了他关于量子力学的互补解释的观点。他认为，量子假设迫使物理学家采用新的互补的描述方式：一些经典概念的确定应用，将排除另一些经典概念的同时应用，而另一些经典概念在另一种条件下却是阐明现象同样必需的。因为我们不能明确地区分原子客体的行为及其和测量仪器之间的相互作用，测量仪器是确定现象发生的前提条件。这是由典型量子效应的个体性决定的。任何将现象细分的企图都会要求对实验装置的改变，这种改变将引入客体与测量仪器之间发生的原则上不可控制的相互作用的新的可能性。结果，在不同实验条件下得到的证据，不能概括在单独一个图景中，而必须是互补的。

爱因斯坦用一个单缝衍射的思想实验（即只在头脑中的实验）来说明他对波函数的概率解释的看法。他认为，关于波函数的概念解释有两种观点：一种是像玻尔等认为的那样，把量子力学看成是关于单个过程的完备理论，波函数就是对这一单个过程的描述；另一种是他提出的关于概率的相对频率解释。他认为，量子理论提供的信息不是关于单个过程的，而是关于这种过程的一个粒子系综的。关于概率的这两种理解，虽然实验结果的解释不会造成很大的问题，但是，却对量子论的意义提供了不同的解释。爱因斯坦用相对频率解释概率的观点，为隐变量理论的提出奠定了基础，而隐变量理论把量子力学看成是统计力学的一个分支。玻尔等对概率的解释则排除这种可能性。

在当时的争论中，爱因斯坦的思想实验，由于技术的限制是无法实现的。但是，近几十年来，随着实验技术的提高，这种实验已经变成了现实。在单个量子系统中进行的对单粒子干涉而不是多粒子干涉的实验以及从贝尔出于哲学上的考虑提出著名的贝尔定理，到实验对定域隐变量理论的否定，证明了玻尔等当时对量子力学的直觉理解。玻尔认为放弃传统概念，是理解原子现象所能遵循的唯一出路，因为原子现象方面的证据是这一新知识领域内的探索过程中逐渐积累起来的。而爱因斯坦则不愿放弃这些概念。甚至爱因斯坦在 1928 年写给薛定谔的信中把玻尔和海森伯的观点说成是精心策划的一种绥靖哲学，向他们的信徒提供了一个舒适的软枕。[①] 这说明，爱因斯坦与玻尔之间的对立在很大程度上是哲学前

---

① 爱因斯坦．爱因斯坦文集．第一卷．许良英，范岱年编译．北京：商务印书馆，1976：241

提的对立。

爱因斯坦与玻尔的第二次论战是在1930年10月20～25日由朗之万主持的为了研究物质磁性而召开的第六届索尔维会议上进行的。同上一次会议一样，关于量子力学的主题仍然是本次会议的一个重要议题。玻尔在1929年发表的一篇文章中，把量子力学的情况与爱因斯坦的相对论的情况进行了三个方面的类比。其一，他认为，在宏观力学中，速度很小使我们能够把空间观念和时间观念截然公开，而对于宏观现象而言，作用量子很小使得我们能够对同时进行时空描述与因果描述；其二，就像光速不变保证了相对论的逻辑一致性一样，海森伯的不确定关系保证了量子力学的逻辑一致性；其三，相对论力学的建立，揭示了经典时空观的主观性质，量子力学中作用量子的个体性或不可分性，也必然要导致对描述自然概念的进一步修正。在这次会议上，爱因斯坦试图用光子箱实验来推翻玻尔的这些论证和海森伯的不确定关系，以证明量子力学没有内在自洽性。但是，出乎意料的是，玻尔却反而借助于爱因斯坦的广义相对论有力地驳回了爱因斯坦的实验论证。这次交锋也成为爱因斯坦对待量子力学态度的一个转折点。

雅默在追溯爱因斯坦与玻尔的这段论战时认为，爱因斯坦虽然在此次论战后不再怀疑不确定关系的有效性和量子理论的自洽性，但是，他仍然没有完全接受量子力学，只是把论战的策略从利用思想实验的正面攻击改变为从逻辑论证量子力学是不完备的。这就构成了爱因斯坦与玻尔的第三场论战的重点。这场论战以爱因斯坦与玻多尔斯基、罗森合作于1935年《物理学评论》发表的《能认为量子力学对物理实在的描述是完备的吗?》为始端。这是一篇以经典实在论的假设为出发点质疑量子力学完备性的论文，通常称为EPR论证。在量子力学的发展史上，这是一篇具有划时代意义的论文。它虽然是从哲学假设出发进行的论证，却为1952年玻姆的定域隐变量理论的提出、1964年贝尔定理的提出以及后来实施的实验证明量子力学的合理性、明确揭示量子非定域性或量子纠缠现象提供了一个契机。这说明，抽象的哲学假设与对理论的基本问题的理解是何等的密不可分。

在这篇文章中，作者首先给出他们论证问题的两个前提：

其一，实在性判据："要是对于一个体系没有任何干扰，我们能够确定地预测（即概率等于1）一个物理量的值，那么对应于这一物理量，必定存在着一个物理实在的元素。"

其二，完备性判据：只有当"物理实在的每一元素都必须在这物理理论中有它的对应"时，这个物理理论才是完备的。

他们认为，前提1是一个物理量成为物理实在的充分条件，前提2是一个物理理论是否完备应满足的必要条件。这两个前提保证了物理实在于的要素不是根据先验的哲学思考来决定的，而必须由实验和测量的结果来得到。

接下来，他们综述了用波函数所作的量子力学描述，并考察了具有一个自由度的粒子行为的量子力学描述。分析后，他们指出，在两个由非对易算符表示的物理量中，对其中一个物理量的精确知识，必然会排除对另一个物理量的这样的精确知识。因为“任何一种在实验上测定后者的企图，都会改变体系的状态，使得前者的知识受到破坏”。对于这种情况有两种选择，要么，由波函数提供的关于实在的量子力学描述是不完备的；要么，当对应于两个物理量的算符不可对易时，这两个物理量就不可能是同时是实在的。这种非此即彼的选择方案是在下列两种意义上提出的：

其一，按照实在性判据标准，如果两个物理量同时都是实在的，那么，就应该都具有确定的值，这些值也应该进入完备的理论描述中，但事实并非如此。

其二，按照理论的完备性判据，如果认为波函数对实在能够提供出完备的描述，那么，它就应该含有这些数值，于是，两个不可对易的物理量是可预测的，但实际情况也非如此。

然后，他们讨论了两个体系或两个粒子在发生相互作用之后再分开的量子力学描述的情况，他们认为，对于体系 1 或粒子 1 的某一个物理量 A_1 进行测量，可以得到描述体系 2 或粒子 2 的一个波函数 ψ_k，若选取另一个物理量 B_1 来代替 A_1，则得到描述体系 2 或粒子 2 的另一个波函数 ψ_s。薛定谔把这一现象称为 EPR 悖论。接着他们假定，如果选取适当的形式，使得体系 2 或粒子 2 的两个波函数 ψ_k 和 ψ_s 是两个不可对易的算符 P 和 Q 的本征函数，那么，对于体系 1 或粒子 1 的测量 A 或 B 就可以确定地预知物理量 P 和 Q 都是实在的元素。最后，他们根据文章开始时提供的前提假设得出波函数提供的关于物理实在的量子力学描述是不完备的结论。

虽然后来发现，三人署名的这篇文章中所给出的两个前提条件并不能完全代表爱因斯坦本人的观点。因为爱因斯坦在 1936 年 6 月 19 日（EPR 论文刊出后的一个月）写给薛定谔的一封信中透露出，EPR 论文是经过三位合作者的讨论之后，由于语言问题，最后是由波多尔斯基执笔完成的。爱因斯坦本人对 EPR 文章没有表达出他自己的真实观点表现出明显的不满。对于爱因斯坦来说，还有比这两个基本前提更基本和更深刻的哲学假定（关于这个问题，本书在讨论非定域性与非分离性概念时，再做进一步的阐述）。法因（A. Fine）在 1981 年第一个强调了这封信的重要性。但是，尽管如此，EPR 论证至少可以看成是从经典实在论的前提出发理解量子力学的一个有力例证。

玻尔在这篇文章发表后的几个月内，就以与 EPR 论文同样的题目在同一本杂志上发表了他对 EPR 论证的反驳性文章。在这篇文章中，玻尔重申并升华了他的互补性观念。玻尔认为，EPR 文章提出的实在性判据中所讲的“不爱任何方式干扰系统”的说法包含着一种本质上的含混不清。玻尔在运用互补原理对量子测量的特性进行分析后指出，EPR 论证根本不会影响量子力学描述的可靠性，反而揭示了按照经典物理学中传统的自然哲学观点，在合理阐述现行量子力学中所涉及的那些物理现象时，存在本质上的不适用性。玻尔说：

> 在所有考虑的这些现象中，我们所处理的不是那种以任意挑选物理实在的各种不同要素而同时牺牲其他要素为其特征的一种不完备的描述，而是那种对于本质上不同的一些实验装置和实验步骤的合理区分；……事实上，在每一个实验装置中对于物理实在描述的这一个或那一个方面的放弃（这些方面的结合是经典物理学方法的特征，因而在此意义上它们可以被看做是彼此互补的），本质上取决于量子论领域中精确控制客体对测量仪器反作用的不可能性；这种反作用也就是指位置测量时的动量传递，以及动量测量时的位移。正是在这后一点上，量子力学和普通统计力学之间的任何对比都是在本质上不妥当的——不管这种对比对于理论的形式表示可能多么有用。事实上，在适于用来研究真正的量子现象的每一个实验装置中，我们不但必将涉及对于某些物理量的值的无知，而且还必将涉及无歧义地定义这些量的不可能性。①

在玻尔看来，曾经相互作用过的两个粒子虽然在空间上分离开来，但它们既然共处于同一个系统，就必须被看成是一个整体，而不是独立的两个部分。文章的最后，玻尔把量子现象具有的这种典型的整体性特征（即任何量子力学测量的结果只告诉我们量子客体所处的整体实验情态）与爱因斯坦的相对论所引出的观点进行比较，玻尔认为，在相对论中，标尺和时钟的一切读数对于参照系的依赖性，在量子力学中换成了选取不同的实验装置将会决定什么是可以测量的量，或者说，测量结果依赖于实验装置的选择。这种自然哲学的新特点“意味着我们对待物理实在的态度的一种根本修正”。通过将量子力学中的实验装置与相对论中惯性系的地位所进行的比较，玻尔从量子力学测量的整体性特征挽救了量子力学描述的完备性。

到此为止，爱因斯坦与玻尔之间的公开论战虽然暂时告一段落。但是，这并不等于说他们之间的争论已经有了明确的胜负，只能说如何量子力学的形式体系及其所蕴涵的观念之争，体现了哲学见解在辨析理论与概念的意义问题所起的决定性作用。为了进一步突出这一点，下面考察量子哲学家和物理学家围绕 EPR

---

① 玻尔．能够认为物理实在的量子力学描述是完备的吗？．《科学与哲学》研究资料，1985，第 3 辑：12

论证展开的争论。

二、EPR论证的哲学意义*

在量子物理学的发展史上，EPR论证极有代表性地反映了哲学观念在科学研究过程中所起的重要作用。这一案例说明，作为假设演绎体系的物理学理论必然蕴涵着一定的哲学思想，不同的物理学理论蕴涵着不同的物理假设和哲学假设；物理学研究与形而上学观念之间的整体依存关系，很难用某一种教条的理论发展模式所涵盖。同时，它充分揭示出，在科学研究遇到困难时，在科学争论涉及不同观念之间的分歧时，科学家的哲学素养与哲学境界所起的重要作用。

EPR论证的观点从发表之日起就在各国物理学界引起了强烈的反响，物理学家争先恐后地从各个不同的立场出发，进行了形形色色的评论和进一步的理论与实验研究。在20世纪60年代贝尔不等式产生之前，对EPR论证的研究和评论一般处在形而上学的观念争论阶段。贝尔不等式产生之后，对EPR论证的研究才走向了以事实为依据的科学研究阶段。

如果我们以贝尔不等式的提出为分界线，那么实验实施之前，除了玻尔试图通过修正传统观念来反驳EPR论证之外，对EPR诘难的解决方案大致可归纳为下列几种类型：

（1）具有工具主义哲学倾向的解决方案。这种方案认为，EPR论证的本质在于对物理学中的“实在”一词赋予什么意义，而这种工作与其说在进行物理学研究，不如说是在进行形而上学的哲学研究。所以，他们认为，EPR论证所讨论的问题与物理学家的工作是不相干的，物理学家大可不必顾及EPR论证的结论，物理学的研究只注重对经验的整理，根本不必受任何先验原则的限制。[①]

（2）以传统观念为基础解决EPR困难的尝试。例如，爱因斯坦在1936年发表的《物理学与实在》一文中明确了他自己关于量子力学的哲学见解。爱因斯坦认为，要消除EPR论证的困难，必须将波函数看做是对系综行为的描述，而不是像哥本哈根学派那样认为波函数是与微观个体相联系的。薛定谔从数学观点分析了EPR论证之后，以著名的“薛定谔猫”的理想实验为案例，提出一个不同于EPR论证但支持EPR论证观点的新论证方式。

（3）立足于经典物理学的研究传统，试图通过寻找各种“隐参量”来重建量子理论体系的解决方案。其中最为引人注目的一条研究思路是，玻姆—贝尔对

---

* 本部分内容是在成素梅《解构科学发展模式 重建哲学研究思路：EPR关联的哲学意蕴》（载《科学技术与辩证法》1997年第2期）一文的基础上改写而成

① 雅默．量子力学哲学．北京：商务印书馆，1989

EPR 论证的重新表述及其发现。1964 年，贝尔在玻姆工作的基础上，讨论了两个自旋为 1/2 的粒子所组成的自旋单态体系。由此得出了一个举世闻名的贝尔不等式。量子力学的计算不符合这一不等式。

在贝尔不等式提出之后的数十年间，为了尽快将贝尔不等式的设想付诸实验，维格纳（E. P. Wigner）等对贝尔不等式进行了进一步的推广，并在许多人的共同努力下，贝尔不等式的实验方案终于产生了。这样，20 世纪 60 年代后，物理学界对 EPR 论证的关注，转向了对贝尔不等式的实验检验及其物理学理论基础的深入探索。到 20 世纪末，这方面的实验可大致归纳为三种类型：

其一，设计利用原子级联辐射的相关粒子对作为研究源的贝尔不等式方案。在这一组实验中，以 1982 年阿斯佩克特（A. Aspect）等的实验最为著名。从实验结果所得出的倾向性结论是，实验结果有利于量子力学，而不满足贝尔不等式。

其二，通过计算自旋组合纯态相应的相关函数所进行的 EPR 实验。

其三，以回归 EPR 原始设想为目的，设计以连续谱变量为研究对象的贝尔不等式。这类实验是在 20 世纪 90 年代才开始的，目前仍在进行之中。

目前的实验结果大多数支持了量子力学的结论。这一案例在物理学的发展史上极其具有代表性。实验前的 EPR 争论是在形而上学观念支配下的物理学研究，实验后的发展则是在物理事实支持下的对形而上学观念的进一步修正。从物理学的发展来看，一切都已成为历史，但是，从科学哲学研究的视角来看，这段历史蕴涵着值得深思的许多问题。

在当代科学哲学的发展中，自逻辑实证主义衰落以来，历史主义学派试图为科学的发展寻找一般的发展模式，从波普尔的不断革命论的模式、库恩的范式论、拉卡托斯（I. Lakatos）的研究纲领，直到费耶阿本德（P. V. Feyeraband）的无政府主义方法论，都是围绕着过分强调形而上学的观念在科学研究中的地位而展开的。与逻辑经验主义拒斥形而上学的主张相比，过分强调与突出形而上学在科学研究中的地位的做法，则是由一个极端走向了另一个极端。

从 EPR 案例来看，物理学家在基于传统观念来理解新理论与概念的意义问题时所造成的哲学困境，在自身设定的哲学研究框架内是无法解决，但另一方面，简单地接受新理论的哲学教益，而走向工具主义、相对主义甚至不可知论，也是对科学研究工作的一种障碍的理解，是不可取的。

其实，EPR 论证不仅涉及深刻的物理学基础问题和哲学信仰问题，而且为澄清形而上学观念在科学研究中的地位提供了一个好的范例。

如果我们撇开 EPR 争论的正面交锋，深入物理学家为阐述和辩护各自观点的现实活动过程，我们可以看到，对于物理学家而言、实验前关于 EPR 论证的各种见解，实际上是把物理学问题镶嵌在经过内化的哲学信仰上。确立什么样的实在观，对物理实在的本性做出什么样的理解，是讨论问题的逻辑起点。特别是当研究领域延伸到远离人类的直观感觉经验层次的时候，对于物理学基础问题的研究，其实根本不可能游离于已有的理论和信念的框架之外。

物理学史上，在一定的历史时期，任何一个成熟的物理学理论毫无例外地都蕴涵着自身演绎体系所要求的物理学假设和哲学假设。在哲学假设中，既有本体论的假设，即涉及研究对象存在状态的假设；也有认识论的假设，即涉及研究者和研究对象关系的假设。

EPR 论证的两个判据正是经典物理学中的哲学假设的具体化。而量子力学的公理体系前所未有地设立了全新的哲学假设和物理学假设，因此也确立了对物理实在理解的新基点。EPR 论证的逻辑结论，所体现的不过是运用经典观念来理解微观物理实在时所存在的本质上的不协调。

物理学家所具有的哲学修养或哲学素质，是通过他们研究问题的行为方式和物理直觉体现出来的。当一个物理学的见解处在能够被付诸实验的前实验阶段时，关于物理学问题的争论，在很大程度上贯穿着形而上学信念的较量。但是，实验后的事实说明，这种较量绝对不是无意义的观念语言游戏，或难以定论的自由价值判断。争论本身不仅沉淀和伴随着物理思想的演进，而且孕育着新的实验领域或思路的开拓。

因此，逻辑经验主义者以“拒斥形而上学”为己任，试图把科学的发展限定在可确证性知识的范围内的努力是不可能成功的。这是因为，如果抛弃实验前 EPR 论证的同时，事实上，也就等于抛弃了对由逻辑论证所反映的物理学基本问题的研究，失去了开拓 EPR 实验领域的机会。

玻尔从量子测量的整体性出发，对量子力学的完备性问题进行辩护的观点，虽然在长达几十年之后才得到实验上的支持。但是，这却说明纯粹思维确实能够把握实在；物理学理论不只是整理经验的一种工具，而且是对物理实在的一种理解。这种理解往往会通过建立在经验基础上的一种形而上学的观念形式体现出来。

EPR 实验的倾向性结论，已经从根本上修正了物理学家对微观物理实在的理解方式，并确认了新的形而上学观念，从而使旧的形而上学观念受到了限制或改造。然而，这种由于经验的丰富所造成的对旧观念和旧理论的改造甚至放弃，绝不是对一种失败的认可，相反，历史事实恰恰反映出，它是当人类的认识上升到另一个新的综合时，对一种固有成见的扬弃。

物理学的研究总是以求真为目标的。求真并不等于是对客体终极属性或终极规定的追求，而只代表一定条件下的一种认识。EPR 论证所依据的基本前提，在经典物理学的研究范围内是毫无疑问的，而把它扩张到理解微观物理实在的时候，就失去了前提作用。随着物理学家对实验事实的确认，量子力学中的新的前提便会明确起来。

EPR 论证的案例还反映出，自近代物理学从自然哲学的思辨体系中分离出来之后，20 世纪的物理学的发展和当代科学哲学的发展已在深层次上交织在一起。有所区别的是，这种交织与古代思辨的整体性所不同，是经过了否定之否定的发展环节之后，在新的层次上回到了起点。

在物理学研究中，理论的形成由经典物理学中盛兴的归纳主义的过程论，转向了 20 世纪以来以假设-演绎为主的建构论；在当代科学哲学的研究中，分析哲学家由关注语言、命题的静态逻辑分析，转向了历史主义所关注的动态历史研究。假设-演绎的建构论使物理理论体系始终隐藏了形而上学的哲学信条，动态历史的哲学研究使科学哲学的成果越来越扎根于以科学事实为参考集的基础之上。

不仅物理学的研究离不开形而上学观念的支配，而且形而上学的观念又需要自然科学的长期发展来证明或修正。EPR 历史案例正体现了物理学与哲学研究这种并进的趋向。EPR 实验前的观念争论，和实验后以事实为依据的观念调整，把人的认识直接根植到了现实的实践活动之中。这说明，离开了实践，一切研究都将会成为无本之木，无源之水。

物理学研究与形而上学观念之间的这种须臾不可分的整体性关系，很难用某一种教条的理论发展模式所涵盖。这也正是当代科学哲学陷于构造模式而不能自救的原因所在。EPR 案例体现出，物理学家对物理实在的理解是以建构模式为起点，并且总是囿于某种概念的经验框架之内的；而哲学研究所倡导的形而上学观念却应该以解构模式为起点，从历史案例中寻找思维的突破点，以把握和预言科学发展的新趋势。

其实，恩格斯早就指出："不管自然科学家采取什么样的态度，他们还是得受哲学的支配。问题只在于：他们是愿意受某种坏的时髦哲学的支配，还是愿意受一种建立在通晓思维的历史和成就的基础上的理论思维的支配。"① EPR 案例无疑为恩格斯的上述断言提供了科学依据。

在此，我们有必要指出的是，不管以本体论为核心的古代哲学研究、以认识论为核心的近代哲学研究，还是偏重语言的现代哲学研究，都离不开自然科学所提供的现实依据。问题只在于，哲学家应该从哪个视角、哪个侧面来关注科学的

---

① 马克思，恩格斯．马克思恩格斯选集．第三卷．中共中央马克思恩格斯列宁斯大林著作编译局编译．北京：人民出版社，1972：533

发展，应该在何种层次上消化吸收科学成果，以把握好哲学研究的现实方向是非常值得思考的。从 EPR 案例的发展来看，哲学研究只有和现实的实践活动结合起来，才能体现出它的生命活力。从 EPR 论证发展的历史案例中，我们可以得出下列几个值得进一步深入讨论的结论。

（1）在物理学的发展史上，表面上看来是观念层次的争论，其实内在地孕育着对物理学基础问题的澄清和对基本哲学观念的革新，或者反过来说，关于物理学基础问题的研究在本质上必将受到哲学信仰的影响。实验前的 EPR 争论体现了这一论点。

（2）任何一个成熟的物理学理论都不是单纯通过经验归纳出来的，而是一种假说——演绎的公理体系。这种公理体系不仅提供了物理学家在现阶段所认可的、描述经验世界的语言概念框架，而且预设了他们理解物理实在的哲学前提。牛顿力学为宏观物理实在的理解提供了前提；量子力学为微观物理实在的理解提供了前提。随着科学的发展，附着在理论公设之内形而上学观念必然会变成一种成见。而如何消除或抛弃这种成见，并不是完全靠观念的争论所能解决的。实验事实始终是确立新观点的“仲裁者”。实验后对 EPR 的新理解和对新观念的最终认可说明了这一论点。

（3）纯粹的不涉及任何哲学思想的物理学理论是不存在的。物理学知识本身是对感性材料进行了思维加工、分析归纳、消化吸收之后上升到思维领域内的知识。当物理学家在阐述自己的观点和见解的同时，他们实际上已经不可避免地大量摘取了被物理学语言外衣所掩盖了的哲学思想。EPR 论证的立论依据所反映的就是这个论点。

（4）在当代科学哲学的发展中，任何一种只限于科学活动之内，试图通过建构形成理论的固定模式，把科学的发展限定在一个固定方向上的种种做法都是片面的。正是在这一方面，后现代哲学思潮倡导的以分离、解构、消除和非中心化为特征的哲学研究风范，表现出哲学研究的生命力。哲学研究与自然科学研究具有互动性。EPR 案例正是支持这一论点的一个现实论据。

（5）物理学作为研究自然界一般运动及其规律的一门学科，它只能以建构的方式。完善物理学家对自然界的根本观点；而哲学作为一种世界观和方法论，是一种特殊的思维形式，它的发展应该具有开放性。正是这种建构和解构的辩证统一，把物理学研究和哲学研究紧密联系在一起。在实验前 EPR 争论中，玻尔的高明之处正是能够及时摆脱了经典实在观的束缚，运用对实在的新的理解方式，从概念上把握了后来被实验结果所支持了的结论。因此，从第一代量子物理学家身上重新读出他们隐藏的高明的哲学见解对于理解当代而言是必要的。

三、非定域性概念的确立

到目前为止，不论是在物理学界，还是在哲学界，人们都不假思索地把非定域性理解是量子理论所特有的一种根本属性，是一种既成的物理事实，是量子系统区别于经典系统的基本特征之一。[1] 可是，问题在于，微观领域内的非定域性究竟意味着什么？应该对这种非定域性进行怎样的理解？学术界对此并没有形成一致性的共识。从起源意义上讲，尽管 EPR 论证的初衷主要是强调量子力学是否是完备的问题，而不是非定域性的问题。但是，明确非定域性概念的问题，通常使用 EPR 实验的术语来讨论。现在，物理学家普遍地把非定域性概念的基本涵义简单地理解为：在空间中彼此分离的两个系统之间存在着相互纠缠，即

区域A中的事件		区域B中的事件
同时依赖于	←——→	同时依赖于
区域B中的事件	远离的两个区域	区域A中的事件

显然，从在宏观领域内建立起来的物理学研究传统来看，物理学家一般认为，这样的非定域性概念是难以令人接受的。因此，他们试图根据原则上能够决定每一次测量结果的隐变量，来探索对非定域性行为的明确说明。正是这种执著的追求，导致了贝尔不等式的产生和实验检验的可能。1964 年，贝尔从 EPR-玻姆思想实验出发，撰写了在量子论的基础研究中非常有意义的两篇论文。这两篇论文之所以重要，不仅因为其论证方式清晰与简单；而且更重要的是，因为它们提出了一个有可能付诸实践的关键性实验的贝尔定理。

贝尔的第一篇论文，在详细地分析了冯・诺伊曼关于隐变量的不可能性的证明之基础上，研究了隐变量在量子论中的可能性问题。最后他得出的结论是，非定域性可能是所有的隐变量理论，即不只是德布罗意——玻姆理论，与量子论相一致的一个基本属性。贝尔完成的这篇论文的题目是“关于量子力学中的隐变量问题”。这篇论文于 1964 年 9 月呈交《现代物理学评论》杂志。但是，由于审稿人认为文章对测量过程讲得太少。因此，退回论文，要求就此问题做些补充。贝尔于 1965 年 1 月把修改稿再次寄给编辑。不幸的是，由于编辑的疏忽，中间几经周折，该论文直到 1966 年才得以刊出。[2] 在此期间，贝尔向《物理学》杂志提交了另一篇题为“关于 EPR 悖论”的文章。令人惊奇的是，贝尔的这篇论文

---

① Diederik Aerts, Jurkstaw Pykacz, eds. *Quantum Structures and the Nature of Reality*. Kluwer Academic Publishers , 1999

② 雅默．量子力学的哲学．秦克诚译．北京：商务印书馆，1989：354

是于 1964 年 11 月 4 日寄到编辑部的，竟然在 1964 年底前就被刊登出来。

在这一篇具有时代意义的论文中，贝尔为了在量子论中讨论非定域性问题，首先推广了 EPR-玻姆思想实验，采用不可能性证明的方式，以假设定域性来论证隐变量。然后，他推论出一个关于实验结果的数学条件，并证明量子论的预言不满足这个条件，从而回答了自己在未刊出的第一篇论文中所提出的问题。在导出贝尔定理的过程中，贝尔明确地假设，如果所进行的两个测量在空间上彼此相距甚远，那么，沿着一个磁场方向的测量，将不会影响到另一个测量结果。贝尔把这个假设称为“定域性假设”。从这个假设出发，贝尔指出，如果我们可以从第一个测量结果预言第二个测量结果，测量可以沿着任何一个坐标轴来进行，那么，测量的结果一定是已经预先确定了的。但是，由于波函数不对这种预先确定的量提供任何描述，所以，这种预定的结果一定是通过决定论的隐变量来获得的。

在这篇论文的结束语中，贝尔写道：“对于一个在量子力学上增添一些参数以确定单次测量的结果而又不改变其统计预言的理论，在这个理论中必须有某种机制，使得一个测量仪器的安置会影响另一仪器的读数，不论它们相距多么遥远。此外，所用的信号必须是瞬时传播的，因此这样的理论不可能是洛伦兹不变的。”[①]显然，贝尔所得出的这个结论至少包含了两个层次的意思：其一，如果在量子力学中增添隐变量来再现其统计预言，那么，这种隐变量一定是非定域的；其二，隐变量的非定域性意味着信号是超光速传播的。贝尔曾明确地指出，贝尔定理是“分析这样一种思想推论的产物，即在爱因斯坦、波多尔斯基与罗孙 1935 年集中注意的那些条件下，不应存在超距作用。这些条件导致由量子力学所预示的某种非常奇特的关联”。严格地说，无超距作用就是指“没有超光速传递的信号。不太严格地说，无超距作用只是意味着事物之间不存在隐联系”[②]。

20 年之后，贝尔又强调说，他在《关于 EPR 悖论》一文中所假设的是定域性，而不是决定论。决定论是一种推断，不是一种假设。贝尔指出，存在着一种被广泛接受的错误信念：认为爱因斯坦的决定论总是一种神圣不可侵犯的原理。然而，“我的关于这个题目的第一篇论文是总结从定域性到决定论的隐变量开始的。但是，许多评论者几乎普遍地转述为它开始于决定论的隐变量。”[③] 这说明，把贝尔定理理解成以决定论为前提是一种误解。应该理解为以定域性为前提。正是在这种意义上，贝尔认为，实验所检验的不是决定论与非决定论的问题，而是

---

① 雅默．量子力学的哲学．秦克诚译．北京：商务印书馆，1989：360

② 戴维斯，布朗．原子中的幽灵．易心洁译．洪定国校．长沙：湖南科学技术出版社，1992：41-42

③ Andrew Whitaker. *Einstein*, *Bohr and The Quantum Dilemma*. Cambridge University Press , 1996：259

关于无超距作用和一个完整的世界观的问题。

按照贝尔的这种观点，贝尔定理的主要目的是试图证实量子力学与定域性之间的不一致。它表明，在总体上，非定域的结构是试图准确地重新提出量子力学预言的任何一个理论所具有的特征。针对这样的实验结果，贝尔指出，

> 依我看，首先，人们必定说，这些结果是所预料到的。因为它们与量子力学预示相一致。量子力学毕竟是科学的一个极有成就的科学分支，很难相信它可能是错误的。尽管如此，人们还是认为，我也认为值得做这种非常具体的实验。这种实验把量子力学最奇特的一个特征分离了出来。原先，我们只是信赖于旁证。量子力学从没有错过。但现在我们知道了，即使在这些非常苛刻的条件下，它也不会错的。①

也许正是在这个意义上，加利福尼亚大学伯克利分校粒子物理学家斯塔普（Henry Stapp）把贝尔定理说成是“意义最深远的科学发现”。② 自从贝尔定理提出以后，物理学家的研究向着两个不同的方向延伸：一个是具体的实验方向，另一个是更深层次的理论方向。实验研究是试图明确地证明量子力学与定域的隐变量理论之间孰是孰非的问题，理论研究是试图进一步探索与检验贝尔定理的可靠性和普遍性问题。KS（Kochen-Specker）定理证明，在一般情况下，对于一组含有共轭变量的可观察量而言，单个量子系统不可能拥有确定的值。KS 定理是直接从现有的量子力学的形式体系中得出的，而不是仅仅求助于海森伯所阐述的不确定关系。1989 年，GHZ（Greenberger-Horne-Zeilinger）通过研究三个相互纠缠的粒子之间的关联，进一步支持了贝尔的结果；1990 年，牟民（David Mermin）超出贝尔定理的范围证明，经典关联和量子描述的关联之间的差别会随着处于纠缠态的粒子数的增加而指数地加大，或者说，量子力学违背贝尔不等式的程度随粒子数指数地增加。③我们可以把 20 世纪物理学家认识非定域性概念的历史过程归结为：

贝尔定理

EPR ———→ GHZ ———→ 牟民

KS定理

问题在于，如果接受贝尔的观点，那么，就会出现像牟民所评论的那样，不

① Andrew Whitaker. *Einstein, Bohr and The Quantum Dilemma*. Cambridge University Press, 1996: 42

② H. P. Stapp. Are superluminal connections necessary? *Nuovo Cimento*, 1977, 40B: 191-205

③ N. D. Mermin. Extreme Quantum Entanglement in a Superposition of Macroscopically Distinct States. *Physical Review Letters*, 1990, 65 (15)

被贝尔定理所迷惑的任何一个人，都不得不在自己的脑袋上压了一块沉重的石头。①其原因在于，虽然阿斯佩克特的实验结果似乎使 EPR 论证失去了对量子力学的挑战性，证实了非定域性是量子力学的一个基本属性。但是，按照贝尔的观点，非定域性将意味着超光速传播。而超光速传播与狭义相对论的基本假设相矛盾。这就涉及一个关于更深层次的物理学发展的基本问题：在 20 世纪物理学发展史上非常成功并且被誉为两大突破性进展的基础理论——量子力学与狭义相对论——之间竟然存在着内在的不一致性。这无疑会使物理学家感到非常困惑。为了有助于澄清问题，物理学家开始质疑，贝尔的非定域性与爱因斯坦的非定域性是否具有相同的内涵？是否像贝尔所认为的那样，量子领域内的非定域性将一定意味着微观信息的超光速传播？为了回答这些基本问题，近些年来，对贝尔定理前提假设的研究和对非定域性概念的意义与内涵的理解等问题，受到理论物理学界特别是量子力学哲学家的普遍关注。

法因认为，贝尔-定域性是指测量和观察；爱因斯坦-定域性是指“系统的一个真正的物理态”。② 这些态决定真正的物理量，而这些物理量不同于量子力学的变量。用不着为测量量子力学的变量时出现的非定域的行为而担忧。爱因斯坦——非定域性恰巧是爱因斯坦的下列观念的中心部分，即我们也可能找到一个比量子论更基本的理论，在这个理论中，没有任何实在会直接地受到超距作用的影响，而量子论将会成为该理论中的某种极限情况。可以确信，没有任何一个人假定，像贝尔定理那样的结果能够实际上拒绝爱因斯坦的这种观点。法因论证道，贝尔的隐变量方案其实正是爱因斯坦所拒绝的一种类型的观点，这种方案的失败在某种程度上支持了爱因斯坦的一个直觉：放弃把波函数理解成是描述单个体系的解释，采取对波函数的系综解释的观念。

塞勒瑞指出，爱因斯坦所追求的新理论，至少应该满足下列三个要求：其一，实在性要求。原子物理学中的基本实体是独立于人类和人的观察而实际地存在着的。其二，可理解性要求。原子客体的结构、演化和过程有可能根据与实在相对应的概念图像来理解。其三，因果性要求。人们在阐述物理学规律时，至少能够给出引起任何一个被观察到的效应的原因。塞勒瑞指出，因果性与决定论之间是有区别的。决定论意味着在现在与未来之间存在着一定的联系；而因果性则意味着现在与未来之间的关联是客观的，但是，也可能是概率的。对因果性的辩护是可能的，而对决定论的普遍有效性的辩护则是不可能的。塞勒瑞在运用对因果性的这种定义分析了贝尔定理之后，把贝尔所理解的定域性看成是概率的爱因

① N. D. Mermin. Is the Moon there when nobody looks? *Physics Today*, 1977, 38 (4): 38-47

② A. Fine. *The Shaky Game*: *Einstein*, *Realism and the Quantum Theory*. University of Chicago Press, 1975

斯坦定域性。[①]

塞勒瑞认为，爱因斯坦的非定域性不完全像我们通常认为的那样坏，为了检验贝尔不等式，物理学家对全部已完成的原子级联实验所进行的分析都借助了某些附加假设。对这些假设的逻辑反驳，要求在爱因斯坦的定域性和到目前为止已存在的经验证据的量子预言之间，恢复完全的一致性。目前，这种逻辑反驳是否可能，还是悬而未决的问题。相反的主张则揭示了通过意识形态所选择的旧观念的偏见。在塞勒瑞看来，任何一个科学理论都既包含一些客观的内容，也包含一些逻辑上任意的内容。客观的内容是几乎不可能在基本意义上改变的内容，它会在新理论中得以保留；而逻辑上任意的内容可能是由宗教偏见、文化传统或权力结构所决定的内容，它会在以后的理论中被抛弃。从这种观点出发，塞勒瑞把非定域性看成是逻辑上任意的内容，认为在未来的理论中，它可能被修改或者被抛弃。

还有一种观点认为，量子力学是在运动学的意义上是非定域的，而相对论（包括相对论的量子场论在内）要求的是动力学意义上的定域性。如何能够使这两个方面同时富有意义和协调一致起来？如何能够用运动学的非定域性概念来定义动力学意义上的定域性？这些都是需要进一步研究的更深层次的基本问题。在传统物理学的术语中，动力学的定域性意味着，只有在运动的光锥内，“这里”的态不可能影响到“那里”的态。然而，一个系统的量子态所表述的是在测量时各种属性所呈现的可能性。量子理论通过所谓的纯态来完成这样的表述。对于一个复合的量子系统而言，当复合系统处于纯态时，构成这个复合系统的子系统没有自己的纯态（或者说，$\Psi(AB)\neq\Psi(A)\ \Psi(B)$）。薛定谔为了强调量子力学的这一新特征，把这种量子态称为量子纠缠（quantum entangled）。

所以，一般的量子态“不是在这里或在那里”，它们是相互纠缠在一起的。它们不是空间中的延伸，换言之，量子态既在这里也在那里，它的变化是一种整体性的变化。动力学意义上是定域的量子理论可能需要拥有比现在的希尔伯特空间结构更丰富的内容。因此，在实在的更深层次上，量子非定域性的存在并不等于说是证明了信号的超光速传播。因为这种非定域的现象是即时关联，它与距离无关。正是在这种意义上，当前的许多文献中，普遍地把量子领域内的非定域性理解为一种非分离性（nonseparability）。在这里，非分离性是与爱因斯坦的分离性假设相对应的一个概念。这样，理解贝尔定理所揭示出的非定域性概念的意义，还有必要对爱因斯坦的分离性和定域性概念进行进一步的考察。

---

① F. Selleri. *Quantum Paradoxes and Physical Reality*. Kluwer，Dordrecht ，1990

四、爱因斯坦的分离性与定域性概念

从 EPR 论证提出之后，对分离性与定域性概念的意义辨析便受到了物理学界的普遍关注。1985 年，霍华德（Don Howard）对爱因斯坦自己的论证与 EPR 论证之间的关系进行了详细而独特的研究，并且在爱因斯坦自己的论证和关于隐变量理论与贝尔定理的争论之间的关系问题上，得出了不同于贝尔的结论。

现在，物理学界普遍承认，自 EPR 论文发表以来，关于量子力学的不完备性的论证有三种方式：第一种论证是用每一个粒子的一对物理量来说明问题。在这种方式中每一对物理量是不对易的。这是 EPR 论文中最初的论证方式；第二种论证来自玻姆对第一种论证方式的简化，它是在自旋关联语境中阐述每一个粒子的一个物理量；第三种论证是爱因斯坦本人在 1935 年之后的论证。爱因斯坦的不完备性论证尽管使用了与 EPR 论证相同的背景，但是，爱因斯坦对量子力学的缺陷的论证主要集中于两个方面：其一，量子理论的概率特征；其二，量子领域内的非定域性。在爱因斯坦看来，这是导致量子力学不完备的基本特征。在量子力学的数学形式中，波函数的非定域性特征来自波函数的无法分解性（nonfactorizability），它是波函数描述的统计特征的一个推论。爱因斯坦认为，对于单个系统而言，只有赋予波函数以统计系综解释，才能避免非定域性。

爱因斯坦在 1948 年撰写的《量子力学与实在》一文中，明确地阐述了他本人对量子论的不完备性的论证观点。在文章的一开头，爱因斯坦首先旗帜鲜明地声明，他认为，量子论的方法是根本不能令人满意的。但是，这并不等于说他“否认量子论是标志物理知识中的一个重大进步，在某种意义上甚至是决定性的进步。”他设想，量子论“很可能成为以后一种理论的一部分，就像几何光学现在合并在波动光学里面一样：相互关系仍然保持着，但其基础将被一个包罗得更广泛的基础所加深或代替。”[①]做了这样的声明之后，爱因斯坦在下面的正文中分三个部分系统地论证了量子力学描述的不完备性。

在这篇论文的第一部分，爱因斯坦以一个自由粒子为例，阐述了量子力学的玻尔解释的观点。在第二部分，他提供了关于物理观念世界的两个基本特征：其一，物理概念关系到一个实在的外在世界，它们要求被认为是同知觉主体无关的“实际存在”；其二，这些观点已经尽可能地同感觉材料巩固地联系着。“这些物理客体的进一层的特征是：它们被认为是分布在空间-时间连续区中的。物理学中的事物的这种分布的一个本质方面是：它们要求某一空间各自独立存在着，只要这些客体‘是处于空间的不同部分之中’。要是不做出这种假定，即不承认空

① 爱因斯坦．爱因斯坦文集．第一卷．许良英，范岱年编译．北京：商务印书馆，1976：446

间中彼此远离的客体存在（“自在”）的独立性——这种假定首先来源于日常思维——那么，惯常意义上的物理思维也就不可能了。要是不做出这种清楚的区分，也就很难看出有什么办法可以建立和检验物理定律。”在接下来的一段话中，爱因斯坦指出：“下述观念表征在空间中远离的两个客体（A 和 B）的相对独立性的表述：作用于 A 的外界影响对 B 并没有直接影响，这就是人所共知的‘邻接性原理’（principle of contiguity），这原理只有在场论中才得到贯彻使用。要是把这条公理完全取消，那么，（准）封闭体系的存在这一观念，从而那些在公认意义上可用经验来检验的定律的设立，都会成为不可能了。”① 以上述观念为基础，在文章的第三部分，爱因斯坦从第一部分介绍的量子力学基本原理出发，考察了一个物理体系 S_{12} 中对坐标与动量的描述。S_{12} 是由两个没有相互作用的子系统 S_1 和 S_2 组成的。这两个局部体系在早先一个时候可能曾处于物理的相互作用状态。现在是在这种相互作用早已结束的一个时候考察它们。经过一番分析之后，爱因斯坦认为，如果坚持在空间里分离开的两个部分中的实在事态的独立存在，那么，在第一部分阐述的量子力学的描述，“必须被认为对实在的一种不完备的和间接的描述，有朝一日终究要被一种更加完备和更加直接的描述所代替”②。

爱因斯坦在 1948 年 3 月 18 日写给玻恩的一封信中也明确地写道：“不论我们把什么样的东西看成是存在（实在），它总是以某种方式限定在时间和空间之中。也就是说，空间 A 部分中的实在（在理论上）总是独立‘存在’着，而同空间 B 中被看成是实在的东西无关。当一个物理体系扩展在空间 A 和 B 两个部分时，那么，在 B 中所存在的总该是同 A 中所存在的无关地独立存在着。于是在 B 中实际存在的，应当同空间 A 部分中所进行的无论哪一种量度都无关；它同空间 A 中究竟是否进行了任何量度也不相干。如果人们坚持这个纲领，那么就难以认为量子理论的描述是关于物理上实在的东西的一种完备的表示。如果人们不顾这一点，还要那样认为，那么就不得不假定，作为在 A 中的一次量度的结果，B 中物理上实在的东西要经受一次突然变化。我的物理学本能对这种观点忿忿不平。”

爱因斯坦在 1954 年 1 月 12 日写给玻恩的另一封信中，再一次强调并重申了自己的这种观点，他说：“我的断言是这样的：Ψ 函数不能认为是对体系的完备的描述，而只是一种不完备的描述。换句话说：单个体系有一些属性，它们的实在性谁也不怀疑，但是用 Ψ 函数所作的描述并没有把它们包括在内。”“要是用 Ψ

---

① 爱因斯坦．爱因斯坦文集．第一卷．许良英，范岱年编译．北京：商务印书馆，1976：449

② 爱因斯坦．爱因斯坦文集．第一卷．许良英，范岱年编译．北京：商务印书馆，1976：451

函数所作的描述被认为是关于单个体系的物理状态的一种完备描述，那么人们就该能够由 Ψ 函数，而且的确能够由属于一个具有宏观坐标的体系的任何 Ψ 函数，推导出'定域定理'来。"但是，事实并非如此，"因此，认为 Ψ 函数完备地描述单独一个体系的物理性状，这种概念是站不住脚的。""在我看来，'定域定理'迫使我们把 Ψ 函数一般地看做是关于一个'系综'的描述，而不是关于单独一个体系的完备的描述。在这种解释中，关于空间上分隔开来的体系各个部分之间的表观耦合这个悖论也就不存在了。而且它还有这样的好处：这样解释的描述是一种客观的描述，它的概念具有清晰的意义，而同观察和观察者无关。"①

1985 年，霍华德最早依据爱因斯坦本人对量子力学的不完备性的这些论证观点，区分出分离性与定域性两个不同概念。②霍华德认为，直到 1983 年杰瑞特（Jon Jarrett）证明了贝尔最初的"定域性条件"实际上是由两个在逻辑上相互独立的条件的联合时，学术界对微观态的理解才取得了一些进步。这两个逻辑上独立的条件分别是指"定域性条件"和"完备性条件"。"定域性条件"是指，粒子 B 的测量结果随机地独立于粒子 A 所测量的可观察量的选择；"完备性条件"是指，粒子 B 的测量结果不是随机地独立于粒子 A 所测量的可观察量的选择，而是独立于所获得的测量结果。1986 年，希芒尼建议，用更中性的术语，把"定域性条件"称为"参数的独立性"（parameter independence）；把"完备性条件"称为"结果的独立性"（outcome independence）。霍华德指出，杰瑞特的"完备性条件"与他的"分离性条件"是等价的。③

从理论的观点来看，这种区分是有价值的，它不仅蕴涵了对贝尔定理的更加广义的解释，而且也把讨论问题的深度大大地向前推进了一步。霍华德指出，实际上，在爱因斯坦的不完备性的论证方式中，包含着我们通常所理解的两个基本假设：即"分离性假设"和"定域作用假设"。所谓"分离性假设"是指，在空间上彼此分离开的两个系统，总是拥有各自独立的实在态；所谓"定域作用假设"是指，只有通过以一定的、小于光速的速度传播的物理效应，才能改变这种彼此分隔开的客体的实在态。或者说，只有通过定域的影响或相互作用才能改变系统的态。

在霍华德看来，分离性假设是爱因斯坦始终不愿意放弃的基本假定，因为爱

---

① 爱因斯坦．爱因斯坦文集．第一卷．许良英，范岱年编译．北京：商务印书馆，1976：443，610-611

② Don Howard. Einstein on Locality and Separability. *Studies in History of Philosophy of Science*，1985，16（3）：171-201

③ Don Howard. Holism，Separabilty，and the Metaphysical Implications of the Bell Experiments//James T. Cushing，Ernan McMullin，eds. *Philosophical Consequences of Quantum Theory*. University of Noter Dame Press，Noter Dame，Indiana，1989：244-255

因斯坦不仅把分离性假设看成是物理实在论的必要条件。而且他还认为，正是分离性假设确保了，在时空中被观察的客体总能够拥有它自己的属性，即使在具体进行观察时有可能会改变这些属性；相比之下，定域作用假设比分离性假设更基本，它是检验物理学理论的必要条件，是保证分离性假设成为可能的一个基本前提。从上面的引文中，不难看出，爱因斯坦认为，如果没有定域作用假设，我们就不能屏蔽来自远距离的影响，也就很难相信物理测量结果的可靠性。所以，比分离性假设更进一步，爱因斯坦把定域作用假设看成是将量子力学与相对论一致起来，所坚持的一项更基本的限制性原理。

霍华德的分析说明，从概念的定义来看，分离性假设与定域作用假设之间不一定必须存在着必然的内在联系。在空间中已经分离开的两个系统，不等同于两个系统之间没有相互作用；同样，两个系统之间存在着相互作用，也不是两个系统是非分离的标志。在爱因斯坦的观点中，分离性假设作为物理系统的个体性原理（a principle of individuation for physical system），在一个更基本的层次上起作用。物理系统的个体性原理决定，在一定条件下我们所拥有的究竟是一个系统，还是两个系统。如果两个系统是非分离的，那么，在这两个系统之间就不可能有相互作用，因为它们实际上根本不是两个系统。所以，正是以分离性假设为基础的个体性原理决定了在一定条件下，我们所拥有的系统是一个系统，还是两个系统。

霍华德从区分出分离性假设和定域作用假设出发，得到了理解贝尔定理的物理意义的一个新视角。他认为，定域性不是贝尔不等式成立的唯一前提条件，可以从两个独立的假设——分离性假设和定域作用假设——推论出贝尔不等式。他还证明，任何一个其预言满足贝尔不等式的隐变量理论都是可分离的理论，至少在贝尔实验语境中所隐藏的态是分离的。以这种观点为基础，霍华德得出了非定域性不等于超光速传播的结论。霍华德在 1985 年的那篇论文中指出，“如果我对贝尔不等式的推论是站得住脚的，那么，对贝尔实验结果的解释就变得很简单。我们必须或者放弃分离性，或者放弃定域性。这个选择分别对应于是接受非分离的量子力学，还是接受非定域的隐变量理论。但是，如果我们只能够做出一种选择，那么，大多数人很可能会站在狭义相对论的定域性约束的立场上，宁愿牺牲拯救分离性，而喜欢第一种选择。此外，还因为我们已经拥有了一个高度成功的非分离的量子力学，但却没有任何一个令人满意的非定域的隐变量理论。”

霍华德认为，一方面，由于物理学家缺乏对非分离的隐变量理论的认真思考，极大地影响了对贝尔不等式的起源问题的真正研究。事实上，贝尔不等式所揭示出的非定域性，指的是定域的非分离性，而不是指非定域的相互作用。在这个意义上，量子力学与相对论并不矛盾。另一方面，这种理解也与爱因斯坦本人的方法论原则相一致。在爱因斯坦的观点中，定域作用假设如同质——能守恒定理和热力学第二定律一样，具有较高层次的约束性，能够引导我们的理论发展；分离性假设同原子论假设一样，更像一种“构造的”原理，这类假设经常会成为科学进步的障碍。因此，正如狭义相对论的建立，是由于修改了运动学——即论述空间和时间规律的学说，广义相对论的建立，是由于放弃了欧几里得几何，使直线、平面等基本概念，在物理学中失去了它们的严格意义一样，量子力学的形式体系所反映出的非分离性，无疑已在一定意义上超越了许多传统的经典认识。因此，无条件地接受量子力学所提供的非分离特征，自然也是理解物理学发展的一种可能选择。

按照霍华德的这种理解方式，在量子系统的测量过程中，不论测量结果是违背分离性假设，还是违背定域作用假设，都将被视为非定域性。或者用逻辑的语言来说，定域性概念是分离性假设与定域作用假设的合取，只要其中一个假设不能得到满足，就会导致非定域现象的产生。这样，一个非定域的系统将可能以三种不同的方式来理解：非分离的、定域作用的系统；分离的、非定域作用的系统；非分离、非定域作用的系统。霍华德举例说，量子力学是定域的、非分离的理论；玻姆的量子论是分离的、非定域的理论；广义相对论是分离的、定域的理论。但是，他没有指出非分离、非定域的理论。目前，霍华德的这些观点还没有得到学术界的普遍认可。但是，尽管如此，应该承认，他的工作无疑在更深的层次上激发了人们研究贝尔定理和非定域性概念的热情。

弗伦奇（S. French）认为，霍华德的结论——EPR/贝尔的语境中不是隐含着非定域性，而是隐含着失去个体性的分离性——是不合理的，因为这种结论完全有可能强调微观粒子在经典意义上是独立的个体。[①]还有一种观点是从定义了参数的独立性和结果的独立性两个不同概念出发，认为需要对霍华德的观点加以适当的限制。因为玻姆的理论违背了参数的独立性，但是，却满足结果的独立性。所以，应该把玻姆的理论分类为非定域和非分离的理论，而不是分离的非定域的理论。[②]目前，这些争论虽然还在继续当中，远远没有达成共识。但是，一种总的发展趋势是，大多数物理学家总是喜欢把量子非定域性理解为量子的非分离性，认为量子论中的非定域性并不一定等于是证明了微观信息的超光速传播。这种观点在解释 A-B 效应的实验语境中表现得更加明显。[③]

---

① S. French. Individuality, Supervenience and Bell's Theorem. *Philosophical studies*, 1989, (55): 1-22

② Federico Laudisa. Einstein, Bell, and Nonseparable Realism. *British Journal for the Philosophy of Science*, 1995, (46): 309-329

③ 成素梅. 在宏观与微观之间：量子测量的解释语境与实在论. 广州：中山大学出版社，2006：168-174

结语 未完结的争论

无疑，物理学家之间的争论既体现了他们的内心世界和反映了他们的科学思想与哲学见解，又有助于推进澄清概念与理论的意义。值得关注的是，由爱因斯坦与玻尔引发的关于量子力学的基本概念的这场争论，并没有随着两位巨人的相继离世而终结，关于量子力学的解释问题仍在讨论之中。量子理论不仅是抽象的学术研究，为我们提供了理解微观世界的一种有趣方式，而且到目前为止一直与实验结合得非常好。在此基础上，近些年来，一些从事量子密码术和量子计算机研究的实验物理学家提出了量子力学提供的不是对实在的描述，而是关于实在的信息的观点。

他们认为，根据这种观点很容易理解薛定谔提出的“猫悖论”问题。薛定谔的“猫悖论”是这样的：1935 年 10 月，薛定谔为了支持 EPR 论证，质疑量子测量，在《量子力学中的当前局势》一文中，提出了个后来被称为“薛定谔猫”的思想实验，对量子测量的悖论结果进行了生动而形象的描述与说明①。

这个实验的基本思路是，薛定谔设想有一只猫被关在一个封闭的铁盒子里，如果盒子内放有少量的放射性元素，它的一个原子每小时发生衰变的概率为1/2，即在 1 小时内，只会有一个原子衰变或相等的可能性不发生衰变。如果发生衰变，就使安装在箱子内的一只盖革计数器发生触发放电，并且接通一个电路，使猫触电身亡。在实验中，使整个系统自行搁置一小时，如果整个系统用态函数 ψ_1 表示猫“活着”的态，用 ψ_2 表示猫“死了”的态。按照量子力学的基本假设，在一小时末了，系统的态函数（归一化的）ψ 就由其中“活着”的猫和“死了”的猫这两部分以相等的比例混合来描写，即

$$\psi = \frac{(\psi_1 + \psi_2)}{\sqrt{2}}$$

薛定谔的这个实验更加形象地揭示了传统解释把测量描述为在观察者实际观察时突然发生“投影”或“收缩”那一时刻的观点所存在的困惑。

如何理解定谔猫悖论也成为量子力学的其他替代解释必须解决的问题。最近十多年来，随着实验技术的提高，物理学家已经相继通过实验制备了微观和介观的薛定谔猫态，后来，还完成了“宏观薛定谔猫”的实验，甚至有人声称薛定谔猫变“胖”了。到目前为止，相关实验还在探索之中，但其结果与量子力学

---

① E. Schrödinger. The Present Situation in Quantum Mechanics//J. A. Wheeler, W. H. Zurek, eds. *Quantum Theory and Measurement*. Princeton University Press , 1983：152-167

的计算相符合。由于新近实验主要集中在量子密码术，更广义地说是量子通信方面，还有量子计算机方面，这些都是信息化的技术。因此，产生了主张从信息的角度理解量子力学的解释。他们认为，世界之所以表现为量子化，正是因为信息是量子化的。这个观点来看，在薛定谔猫的实验中，由于没有客观的方式来说明猫是死是活，所以，人们不能对现实下判断，只能对波函数提供的信息下判断。这个信息表明，猫处于生与死的两种结果具有同样的可能性，观察者对此无法区别，所以，只能用叠加态来描述这种情况。这种观点事实上是玻尔当年观点的变种，即人们不可能判断自然到底是什么，只能讨论如何来描述自然。

当然，对其他新近的量子力学解释展开更充分的讨论，并非是本书的应有之意，这里之所以提到量子力学的信息解释，只是表明，关于量子力学的基本问题的理解，已经不再是理论物理学和物理哲学家关注的事情，实验物理学家也喜欢参与讨论。我们相信，随着关于量子力学的实验与技术的开发，关于基本问题的讨论也会有新的进展。一言蔽之，关于量子力学的基本问题的讨论依然在进行。这也印证了这样一句话：经过充分的讨论还没有解决的问题也许比没有经过讨论就已经解决了的问题更深刻。

第四章　新形式的实在论

量子力学的发展表明，科学介于人与自然之间。量子理论描述的科学实在不是对自在实在的照相式复制，而是对对象性实在的动态的建构性复制。量子领域内的随机性，与日常生活中的随机性和宏观物理系统中的随机性不同，是没有任何原因的纯粹的随机，量子力学最本质的特征是非定域性。量子物理学家在接受量子力学的这些新特征之基础上形成的实在论，已经从不同方向在不同层面完全超越了经典实在论。因此，我们要做的工作不应该像 20 世纪前半叶的科学哲学家或物理学家那样仍然站在经典实在论的立场上来评价他们的观点，而是相反，应该在回顾与剖析量子物理学家阐述的各种新形式的实在论立场中，为揭示出一种基于当代科学思维方式的科学哲学框架提供认识论与方法论的启迪。

第一节　玻尔的整体实在论

在现有的文献中，玻尔的观点被贴上了相互矛盾的哲学标签。波普尔在 1963 年出版的《猜测与反驳》一书中把玻尔看成是一位"主观主义者"①；费耶阿本德把玻尔看成是一位"客观主义者"②；莫多克（D. Murdoch）在 1987 年出版的《尼耳斯·玻尔的物理学哲学》一书中认为玻尔是一位实在论者③；费伊（J. Faye）等在 1991 年出版的《尼耳斯·玻尔与当代哲学》一书中认为玻尔是一位反实在论者④。之所以如此混乱，一种可能的原因是，在爱因斯坦与玻尔的论战中，爱因斯坦被认为代表了实在论的立场，而玻尔被认为代表了实证主义的立场。这种评论由于是以经典实在论为参照得出的，因而并非一定可取。事实上，玻尔发表的被认为是实证主义的言论，反而是他在量子力学提供的新认识的基础

---

① K. Popper. Three Views Concerning Human Knowledge//K. Popper. *Conjectures and Refutations*. London: Roultedge, 1963: 97-119

② R. P. Feynman, R. B. Leighton, M. Sands. *The Feynman Lectures on Physics*. Reading, MA: Addison Wesley, 1969

③ D. Murdoch. *Niels Bohr's Philosophy of Physics*. Cambridge: Cambridge University Press, 1987

④ Jan Faye, Henry J. Folse, eds. *Niels Bohr and Contemporary Philosophy*. Dordrecht: Kluwer Academic Publishers, 1994

上形成的一种新形式的实在论，这里称为整体实在论。他的这种立场通过对量子测量问题的阐述反映出来。

一、量子观察的意义语境

玻尔对自己观点的阐述是从简单的观察开始的。观察主要由观察客体、观察仪器以及观察主体所组成。在经典物理学的观察语境中，观察客体与观察主体（包括测量仪器在内）之间有一个相对明确的区别，观察的过程就是客体特性呈现的过程，也是主体对测量信息的被动感知过程；接受数据的过程不会对这些数据本身产生影响。这种简单的常识性的测量概念，形成了如下图所示的宏观观察意义语境：

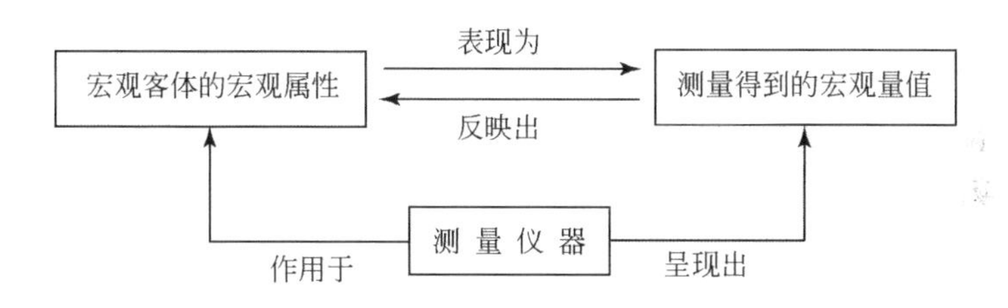

在宏观观察的意义语境中，测量仪器仅仅扮演着延伸认识主体的感知能力的一种角色。测量过程中存在的误差会随着仪器精确度的不断提高而趋于无限小。这说明，在根本意义上，宏观物体的固有属性与它在测量系统中的相对表现之间，并不存在着不可补偿的原则性差异。在经典物理学中，这样一种理想观察的意义语境，被看成是自然科学之所以能够揭示自然界的内在秘密的必要条件。就像普里戈金在《从混沌到有序：人与自然的新对话》一书中所讲的那样："牛顿定律并不假定观察者是一个'物理存在'。客观描述被精确定义成对其作者没有任何涉及。"① 正是这样理想的理论前提，成为上述观察的意义语境之所以可能的根本依据。在这里，被测量得到的值不仅被认为是客观的，而且被看成是直接地代表了客体所具有的某种内在属性。或者说，在经典观察的意义语境中，客观性概念具有本体论的意义。

然而，依照玻尔的观点，在量子测量的观察语境中，由于作用量子（即普朗克常数 h）的发现与存在，试图明确区分客体的自主行为与客体和测量仪器之间必然存在的相互作用，不再是一件可能的事情。观察行为将会对客体产生一种不可避免的实质性的干扰。这种干扰排除了在客体与仪器之间做出明确区分的可能

---

① 伊·普里戈金，伊·斯唐热．从混沌到有序：人与自然的新对话．曾庆宏，沈小峰译．上海：上海译文出版社，1987：276

性，或者说，它使希望在现象与观察之间做出明确区分这一理想彻底地破灭了。在测量仪器与客体之间的分界线变得模糊的地方，不仅使我们失去了得到客观世界的感觉经验的前提条件，而且也摧毁了以宏观世界为基础的概念框架，因为客体与测量仪器之间的边界，是我们有能力形成关于客体的明确概念的一种界线。

正如玻尔在1938年的《原子物理中的因果性问题》一文中所说的那样：

> 我们必须承认，所谓测量是指，被研究的客体的特性与作为测量仪器的其他系统相对应的特性进行明确的比较，因为按照客体在日常语言中或在经典物理学的术语中的定义，这种特性正好是可测定的。在经典物理学的范围内，这样一种比较能够在根本意义上不干扰客体行为的前提下获得。而在量子理论的领域内，情况并非如此，客体与测量仪器之间的相互作用，将会在根本意义上影响现象本身。首先，我们必须意识到，这种相互作用不可能被明确地从未受到干扰的客体行为中分离出来，因为把对特性的描述与对测量仪器的操作基于纯粹的经典观念的基础之上，意味着在这种描述中忽略了所有的量子效应，特别是与测不准关系相一致地放弃了客体对仪器的反作用的更精确地控制。①

这样，在量子测量中，观察的可能性问题成为一个突出的认识论问题。一方面，为了描述我们的思想活动（mental activity），需要把特定的客观内容置于与感觉主体相对立的位置；另一方面，由于感觉主体也属于我们的思想内容，所以，在客体与主体之间不再有确定的分界线。玻尔认为："感觉形式的失败与人们通常创造概念的能力的局限性之间存在着密切的联系。感觉形式的失败，是因为不可能把现象与观察手段严格分离开来；人们创造概念的能力的局限性，来源于我们在主体与客体之间的区别。实际上，这里产生了超出物理学本身范围的认识论与心理学问题。"②

玻尔的这种观点与康德的观点十分类似。康德认为，客观经验这一概念，预设了存在着主观经验的概念，即区分纯粹的主观经验与纯粹的客观经验的一种认识能力。在主观认识与客观认识不可能区别开来的地方，也就不可能形成对客体的认识。只有在主观经验的内容可能以连续的方式被组织与联系起来的意义上，才有可能不断地获得对客体的内在特性的认识。这种必不可少的连续性，通过感觉的形式——在连续多样的空间与时间内的因果联系的网络——来提供。康德的这些见解当然是建立在经典物理学的基础之上的。同样，玻尔认为，对日常经验

---

① Jan Faye, Henry J. Folse. *The Philosophical Writings of Niels Bohr. Volume IV: Causality and Complementarity*. Supplementary papers. Woodbridge, Connecticut: Ox Bow Press, 1998: 100

② Niels Bohr. *The Philosophical Writings of Niels Bohr. Volume I: Atomic Theory and the Description of Nature*. Woodbridge, Connecticut: Ox Bow Press, 1987: 96

的描述预设了，在时空中发生的现象过程具有无限的可分性，并且现象的所有阶段在不间断的因果链条中联系在一起。① 然而，在观察客体与观察仪器之间没有明确区别的地方，就不存在对可能提供感觉经验的客体做出明确的认识。

玻尔把在微观物理学中不可能保证在现象与观察之间做出明确区分的困难，与心理学的自我意识过程中所存在的困难进行了比较。他认为，在心理学中，感觉主体可能成为进行自我意识的一部分这一事实，限制了客观地进行自我认识的可能性。自我认识要求主体与客体之间的边界是可变的与相对的，而不是不变的和绝对的。在原子物理学中，量子观察的过程预设了一种观察仪器的存在，并且不能够把这种仪器当成是被观察的客体，也不能够用量子力学的术语来描述观察系统的行为与结果。所以，在客体与仪器之间的任意区分和作用量子的存在，将会制约观察的范围，或者说，限制观察的可能性。

如果我们把在主体与客体之间的确定的分界线，看成是有可能进行客观观察的前提条件，看成是有可能认识客观世界的前提条件：有可能客观地获得关于物理世界的感觉经验的前提条件，那么，在这个意义上，我们就不可能说一个微观实体的特性是独立于观察主体而存在的，或者说，不能够把量子测量的结果解释为对客体内在属性的反映。而是应该解释为，测量结果只是对依赖于测量语境的客体的一种相对特性的反映。因为客体与测量仪器之间的不可避免的相互作用，绝对地限制了谈论独立于观察手段的原子客体的行为的可能性。在根本意义上，明确地使用描述量子现象的概念，将依赖于观察条件。在这里，测量仪器成为有意义地运用物理概念的一个必要条件。

为此，玻尔在 1948 年撰写的《关于因果性与互补性概念》一文中明确指出："在这种陌生情境的描述中，为了避免逻辑上的不一致，格外地注意所有的术语问题和辩证法是十分必要的。因此，在物理学的文献中，经常发现像'观察干扰了现象'或者'测量创造了原子客体的物理特性'这样的短语表示，'现象'和'观察'还有'属性'与'测量'这些词语的用法，与日常用语和实际的定义几乎是不一致的，因此，容易引起混淆。作为一种更恰当的表达方式，人们可能更强烈地提倡限制使用'现象'一词，是指在特殊情况下所得到的相互排斥的观察，包括对整个实验的描述。在原子物理学中，包括这些术语在内的观察问题并没有任何特殊的复杂性。因为在实际的实验中，所有关于观察的证据都是在可重复的条件下获得的，并且通过原子的粒子到达摄影板上的点的记录，或者是通过

① Jan Faye, Henry J. Folse. *The Philosophical Writings of Niels Bohr. Volume IV: Causality and Complementarity*. Supplementary papers. Woodbridge, Connecticut: Ox Bow Press, 1998: 87

其他放大装置的记录表现出来。”①

玻尔的这一段话至少包括两层含义：一是要表明，尽管观察现象的产生依赖于观察条件，但是，在量子现象的获得并不明确地涉及某个具体的观察者的意义上，可以说，量子观察完全是客观的；二是明确地指出，实际上，在原子物理学的领域内，观察的客观性概念的含义已经发生了变化。在这里，客观性不再是指对客体在观察之前的内在特性的揭示，而是具有了“在主体间性的意义上是有效的”这一新的含义。正如罗森菲耳德所指出的：“客观性是简单地保证，能向所有的观察者传达说明现象的等量信息的可能性，它由人类可理解的陈述所组成。在量子理论中，这种客观性是由允许你任意地把一个观察者的观点，传达给另一个观察者这种变换来保证的。”②

这些论述说明，承认存在着主体间性，并不等于说是“测量创造了量子客体的物理特性”，事实上，在具体的实验中，如果说观察的过程创造了所观察到的特性，那么，仍然使用“观察”这一术语就是用词不当。或者说，如果认为被观察的位置是由观察者行为所创造的，那么，说“观察”或者“测量”客体的位置就是令人不可思议的奇怪事情。显然，按照这种理解方式，在量子测量的语境中，“观察”与“现象”这些术语的使用，已经失去了日常应用中所约定（或经典理解方式中）的基本含义，而是在新形式的语言环境中，发生了语义与语用的变化，形成了如下图所示的微观观察的意义语境：

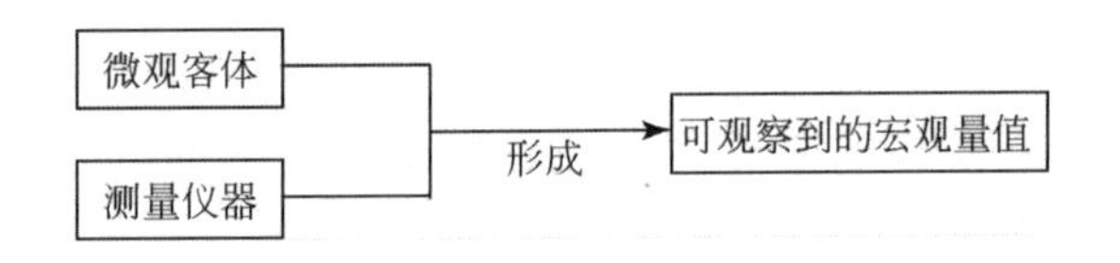

问题是，在这种微观观察的意义语境中，实验现象所表现出的可观察到的宏观量值，既不是主观的，也不代表客体的内在属性，那么，这种量值是在测量过程中产生出来的呢？还是在测量之前就存在着呢？如果认为是在测量过程中产生出来的，那么，如前所述，就不能再使用观察与测量这样的术语；如果认为是测量之前就存在着的，那么，它又为什么不代表客体的内在属性呢？要准确地理解玻尔对这一问题的回答，必须进一步对量子测量过程中的客体与仪器之间的关系语境做出分析。

---

① Jan Faye, Henry J. Folse. *The Philosophical Writings of Niels Bohr. Volume IV: Causality and Complementarity.* Supplementary papers. Woodbridge, Connecticut: Ox Bow Press, 1998: 146

② L. Rosenfeld. Foundations of Quantum Theory and Complementarity. *Nature*, 1961, (190): 388

二、微观客体与测量仪器之间的关系语境

玻尔对量子测量中的客观性概念的理解，是在他所设定的微观客体与测量仪器之间的关系语境中进行的。早在 1927 年意大利的科摩会议上，玻尔就曾对微观系统中的观察与测量做出过明确的阐述。他认为，所有的观察最终都依赖于两个相互独立事件在时空中的一致性，即观察客体与观察仪器之间的一致性，这种一致性通过客体与仪器的相互作用体现出来。所谓相互作用是指，在客体与仪器之间存在着一定的能量与动量的交换。在经典物理学中，这种测量的相互作用原则上可以任意的小，一般情况下，或者是被忽略，或者是可以被确定或被控制。通常它是可以被忽略的，因为在这种相互作用中，被观察客体的总的能量，将会远远大于相互作用中所交换的能量；退一步说，如果认为这种相互作用不能够被忽略，那么，它通常也是可确定的，即能够被准确地估计。

但是，在量子物理学中的情况却完全不同，一般说来，测量的相互作用是不可被忽略掉的。因为相对于微观客体的总能量而言，相互作用中所交换的能量是很大的，并且由于作用量子的存在，这种相互作用也不可能变得任意的小。最重要的事实是，在对坐标的测量中所包括的客体与仪器之间的相互作用是不可确定的。因为仪器与特定的宏观设备密切联系在一起：即在测量过程中，仪器的能量与动量的获取或损失，在设备周围不可挽救地消失了。一方面，如果我们观察一个客体，即决定它的时空定位，我们就干扰了它的运动状态；另一方面，如果我们确定它的运动状态，我们就不可能观察它的位置。同时测量一个微观客体的动量与位置的这种相互排斥性，满足海森伯的不确定性关系。

理论上，如果依据动量守恒定律，在客体与仪器发生相互作用之前和之后，客体与仪器之间的动量交换是不同的。所以，我们可以在仪器与客体相互作用之前和之后，分别测量仪器的动量，就能够在测量客体的位置时，确定相互作用中所包括的动量交换。但是，在具体的实践中，由于不确定关系的存在，对位置与动量这样的共轭变量的测量，将依赖于测量语境的设置。因此，如果仪器是用来准确地测量客体的位置，那么，就不可能得到对动量的测定。在这里，对微观客体的位置的准确测定，以牺牲对它的动量的准确测定为代价。或者说，在量子测量过程中，我们能够在一种实验设置中，测量客体的位置，或者在另一种实验设置中，测量客体的动量，但是，不可能在同一个实验设置中，同时测量客体的位置与动量。玻尔认为，同时地、精确地描述客体的位置和动量的观念，是无意义的。

玻尔认为，不能简单地把量子测量中的这种不确定性关系，归结为由缺乏对位置与动量值的认识导致，而应该看成是量子系统本身所固有的特性。在量子理

论中，如果不参照“实验的设置”，用来描述微观实体或微观状态（如“电子的位置”、“电子的动量”、“系统的态函数”）的术语将是无意义的。玻尔把测量客体的特性的表现对测量仪器的这种依赖性，称为量子测量中的整体性（wholeness）。玻尔正是利用这种整体论的观点，在1935年，对著名的EPR论文所提出的悖论做出了回答。他指出，“确实，在每一种实验设置中，区分物理系统的测量仪器与研究客体的必要性，成为在对物理现象的经典描述与量子力学的描述之间的原则性区别。”① 或者说，对于研究的量子现象本身来讲，在每一种实验设置的情况下，我们所容忍的不仅仅是缺乏对一定的物理量的值的认识，而是以一种明确的方式定义这些量是不可能的。

所以，在量子测量与观察的过程中，由于不连续的而且是不可确定的（即不可能计算的）相互作用的存在，将不可能把客体与仪器再看成是完全分离的两个实体，而应该看成是一个不可分离的整体。任何为了明确地测定客体与仪器之间的相互作用，希望把客体与仪器分离开来的企图，都将违反这种基本的整体性。正如作用量子本身具有的整体性特征一样，每一个量子测量过程中的量子客体都有一个基本的整体性，或不可分性。或者说，这种基本的整体性，正是通过客体与仪器的相互作用建立起来的。玻尔指出：“一种特有的量子现象的根本的整体性，确实能够在一定的形式中，找到对它的逻辑表示，任何一种进一步的分割，都要带来对它的实验设置的一种改变，而这种改变了的实验设置与现象本身的表现，是不相容的。”② 双缝衍射实验为玻尔的这一整体性的论点提供了一个很好的例证。

按照玻尔的这种整体论的观点，在量子测量的过程中，量子客体与测量仪器之间形成了如下图所示的整体论的关系语境：

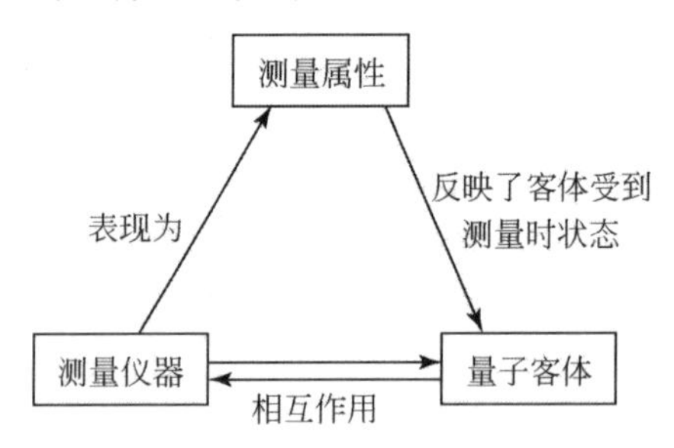

① Jan Faye, Henry J. Folse. *The Philosophical Writings of Niels Bohr. Volume IV: Causality and Complementarity*. Supplementary papers. Woodbridge, Connecticut: Ox Bow Press, 1998: 81

② Jan Faye, Henry J. Folse. *The Philosophical Writings of Niels Bohr. Volume II: Essays* 1932-1957 *on Atomic Physics and Human Knowledge*. Woodbridge, Connecticut: Ox Bow Press, 1987: 72

在这种整体论的关系语境中，现象总是一种被观察的现象，没有观察来谈论现象是无意义的。即观察仪器的选择成为观察现象产生的前提条件，在没有对量子客体做出精确而专门的实验设置的情况下，谈论量子客体的物理特性（例如，是粒子，还是波）是没有价值的。这说明，被观察的量子客体的行为，失去了经典意义上的被观察客体所具有的自主性特征，即在量子测量的过程中所观察到的客体的行为，不同于客体在没有受到观察时的行为。或者说，测量得到的关于客体的特性，不是客体在没有受到测量之前的特性。所以，在这种意义上，我们不可以再把测量得到的量子客体的某种特性，看成是量子客体本身所固有的特性；而应该看成是既属于量子客体，同时也属于实验设置。但是，这种行为并不是由测量仪器创造出来的，而是客体在测量仪器作用下的一种表现。改变特定仪器的作用，客体的表现也会随之发生改变。

微观客体与测量仪器之间的这种整体性，可以在两种不同的意义上来理解，一方面，在测量过程中，客体与仪器形成了一个动态的整体（dynamic whole），玻尔认为，在这个整体中，我们不可能分析客体与仪器之间的相互作用，所以，在测量的相互作用中，客体与仪器是不可分离的；另一方面，客体与仪器形成了一个语境整体（contextual whole），在这个意义上，客体所具有的特性将依赖于由实验设置所确定的参考框架。玻尔指出，在客体与仪器的相互作用中，人类的发明将会影响物理实在的结构，从而使被观察的量子客体拥有了仪器的特性。然而，这并不等于说，测量结果是由测量仪器创造出来的。测量仪器的存在只是客体行为得以表现的一个必要条件。

正如对玻尔的物理学哲学进行过系统研究的莫多克认为的那样，玻尔所讲的不能离开观察的条件来谈论客体的特性，是指客体的特性是相对于测量仪器而言的，而不是指客体与仪器之间的一种关系。“相对”（relative）与“相关”（relational）是两个不同的概念。比如，“高”（tall）是与绝对特性相区别的一个相对特性，而不是一个相关的特性，尽管在“比 X 高”这样的具体语境中，“高”是一个相关的特性，但是，这一事实不可能使“高”这一特性变成一个相关特性，而只能说“高”是相对特性，而不是绝对特性。那么，同样，客体特性的表现依赖于测量设置，并不等于说客体的特性是一种关系特性，而是一种相对特性，即它对应于绝对特性。①

因此，玻尔对微观测量过程中的客观性概念的理解，是与他对微观客体与测量仪器之间的整体论关系语境的论述分不开的。

---

① Dugald Murdoch. *Niels Bohr's Philosophy of Physics*. Cambridge：Cambridge University Press，1987：138-154

三、量子测量现象的描述语境

玻尔对观察的客观性问题与客体和仪器之间的整体性关系的理解和论述，涉及两个不同层次的世界（即微观世界与宏观世界）之间的联系与区别问题。一方面，量子理论的产生，揭示出了微观客体不同于宏观客体的根本特征，提出了一套与日常语言的描述明显不一致的新的符号体系与运算法则，如算符、投影和可观察量等。这些语言所表达的内容和逻辑结构与经典物理学语言所表达的内容与逻辑结构是完全不同的。另一方面，玻尔认为，我们需要运用日常语言来进行交流，特别是需要运用经典概念把量子理论的抽象符号与实验的具体数据联系起来，在这种联系中，经典术语成为描述微观现象的最好的表达方式。正是这种假设在非玻尔的语境（non-Bohrian context）中，带来了至今未能解决的严重的量子测量问题。然而，对于玻尔而言，这个问题是不存在的。

1954 年，玻尔在《知识的统一性》一文中提出，科学家经常会遇到对经验的客观描述的问题，当然，我们的基本工具是适用于实际生活和社会交往的日常语言。当经验超出了经典物理学理论的范围之外时，对实验设置和观察结果的记录，一定是通过在日常语言中适当地补充一些技术性的物理学术语来表达。这明显地是一种逻辑上的需要，因为“实验”一词不过是意味着，我们能够与自己的所作所为进行通信的一套程序。在这一套程序中，我们要用从经典物理学中提炼出的日常语言，对实验设置和实验结果进行描述。在最终描述的意义上，正是经典物理学的语言，使我们关于任何一类物理现象的陈述具有了明确的意义。①

另一方面，与具有直观性的经典物理学的形式体系和基本术语相比较，量子力学的形式体系却是表征了一个非直观的、纯粹抽象的符号系统，这种符号化的抽象形式，不仅不可能扩展我们的想象力，而且它只能对线性算符所得到的测量结果，给出某种概率的预言。所以，对测量结果的明确描述，需要借助于与我们的想象力的基础密切地联系在一起的经典物理学中的图像来理解。或者说，物理观察的本性就在于，所有的经验最终必须忽略作用量子的效应，用经典概念表达出来。

但是，经典物理学中的图像是在牛顿力学与经典电磁场理论的概念框架内提炼出来的，它具有下列几个重要的基本特征：其一，在经典物理学中，所有的物理客体在本体论意义上都是平权的，即它们都具有相同的本体论地位；其二，经典世界的图像是概念化的，即在经典物理学的概念框架内，物理客体的基本组成

---

① Jan Faye, Henry J. Folse. *The Philosophical Writings of Niels Bohr. Volume II: Essays* 1932-1957 *on Atomic Physics and Human Knowledge*. Woodbridge, Connecticut: Ox Bow Press, 1987: 39, 67

和它的物理特性都具有一定的时空定位，通过质量、速度、方向、形状、大小和位置等概念来描述粒子的运动，通过能量、场强、波长、频率等概念描述场的发射与传播；其三，不论是用来描述具有局域性的粒子运动的术语，还是用来描述具有弥散性的场传播的术语，都共同建立在连续性观念的基础之上，我们可以无歧义地同时使用这些经典概念，对宏观现象进行完备的描述；其四，粒子在时空中沿着一定的轨道进行运动；波虽然没有一定的时空轨道，但是，它按照确定的波动方程在时空中传播，表现出与粒子的轨道运动完全无关的干涉、衍射和偏振等现象，从而形成了两类不同的测量现象，并成为经典物理学中的二元论的本体论基础；其五，物理客体对客体的特性与仪器的描述所使用的是同一种语言——经典的概念与术语。这些基本特征构成了经典测量现象的下列描述语境：

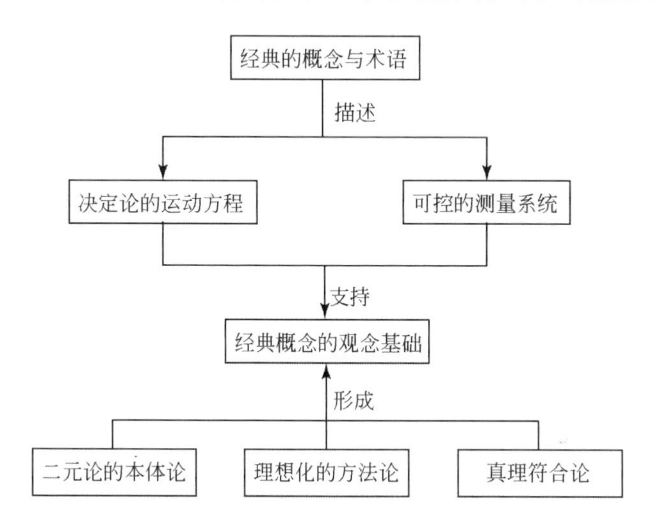

然而，在玻尔对量子测量现象的描述语境中，作用量子的发现带来了量子世界中不连续性观念的产生，并且提出了不可分性（indivisibility）的基本假设。不连续性观念的产生，在量子世界中带来了一系列的根本性问题。首先，从语言学的意义上来看，一旦我们所使用的每一个概念或每一个词，不再是以连续性的观念为基础，而是以不连续的观念为前提的条件下，它们就会成为意义不明确的概念或词；[①] 其次，这种观念意味着，不连续性必然使我们无歧义地使用经典概念的可能发生某种变化；最后，不可分性假设的确立，使得我们对量子测量现象的描述，总是与一定的实验语境联系在一起。现象的表现与实验语境之间的整体性，要求在量子测量过程中，把客体的“表象”看成是一个整体。问题是，如

① Andrew Whitaker. *Einstein*, *Bohr and The Quantum Dilemma*. Cambridge: Cambridge University Press, 1996: 169

果把“表象”看成是一个整体，那么，就有必要对量子测量所隐含的经典概念的意义与使用范围提出质疑，即需要对“现象”一词进行重新定义。

此外，在量子领域内，原先分别用来描述粒子运动的能量与动量和描述波的传播波长与频率这些互不相关的概念，现在通过作用量子内在地联系在一起。玻尔认为，微观客体既能体现出粒子性，又能体现出波动性，同时运用这两类概念来描述同一个微观客体时，其描述的精确性要受到一定的限制。在这种受到限制的范围内，允许人们在经典话语的领域内谈论量子测量现象，同时，它又对经典概念的精确使用和现象与客体之间的关系，建立了相互间的制约：即对于完备地反映一个微观物理实体的特性而言，描述现象所使用的两种经典语言是相互补充的，其使用的精确度受到了海森伯的不确定关系的限制。

在直观图像的意义上，玻尔运用互补性原理，“使我们有可能在不离开日常语言的前提下，创造一个框架对这些新的经验做出详尽的描述”①。从直观意义来看，玻尔的互补性原理是对量子力学发展过程中得出的。问题在于，如果强调用经典语言来描述量子测量现象，那么，在量子测量过程中，就必然存在着两种描述语言，一种是用来描述微观客体运动变化的量子力学的符号语言，另一种是用来描述测量仪器与测量结果的经典语言。那么，在具体的量子测量系统中，哪一部分需要用量子语言来描述，哪一部分需要用经典语言来描述呢？这种区分的结果是必须在客体与最终的测量仪器之间做出明确的区分。但是，由于作用量子的存在，这种区分是不可能的。

玻尔为了解决这个矛盾，即为了在这两种不同的语言之间找到一定的对应，就需要对最终的量子测量仪器做出进一步的假设。其一，测量仪器应该是相对大的宏观客体；否则，就不可能形成能够用经典语言所描述的测量结果。其二，宏观测量仪器应该确保有一定的结果可以被观察到；否则，仪器就失去了作为观察手段的基本功能。量子测量的这两个必要条件，不仅能够保证测量过程一定会产生出被观察到的测量结果，而且能够保证在用经典术语对量子测量仪器进行描述时，可以忽略掉仪器的量子力学特征。

这样，虽然在量子测量的过程中，微观客体与测量仪器之间的整体论的关系语境，使得客体与主体之间的分界线变得模糊起来，但是，通过大的宏观仪器的假定，可以保证，在能够忽略量子效应的区域内，使得用经典语言来描述仪器的目的，与用量子语言来描述测量仪器的目的保持一致。或者说，只有在对量子测量过程的量子力学的描述与经典语言的描述确实等价值的区域内，才能使在客体

---

① Catherine Chevalley. Niels Bohr's Words and The Atlantis of Kantianism//Jan Faye, Henry J. Folse, eds. *Niels Bohr and Contemporary Philosophy*. Dordrecht：Kluwer Academic Publishers，1994：39

与主体之间的自由分割成为可能。因此，按照玻尔的观点，在量子测量过程中，虽然对量子客体的演化行为的描述是由量子力学的符号系统来完成的，但是，对具体的量子测量现象的描述，则最终由既相互排斥又相互补充的经典概念来完成的，从而形成了如下图所示的关于量子测量现象的描述语境：

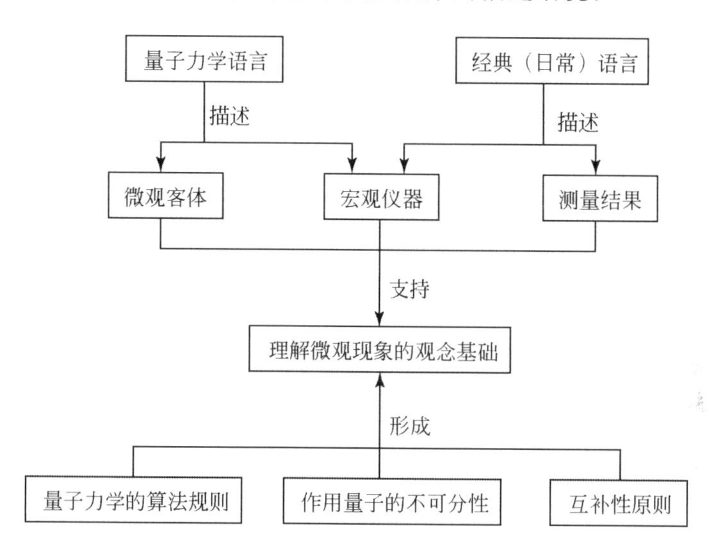

总之，尽管玻尔用互补原理解释复杂的量子测量过程的做法是量子力学的算法规则与经典语言的嫁接，这种嫁接是半经典与半量子的混合，但是，他对量子测量过程的整体性的理解，突出了对象性实在的地位与作用；他强调量子理论不是描述实在，而是提供我们关于实在的知识的观点，突出了理论的建构性特点。因此，他在阐述量子测量问题时折射出来的整体实在论思想是一种自在实在、对象性实在与科学实在相统一的实在论。

第二节　薛定谔的准实在论*

如前所述，在量子力学初期，薛定谔是一名波动实在论者，即认为波动是实在的，粒子是派生的。后来，在玻尔、海森伯等哥本哈根代表人物的强烈反对下，不得不放弃了自己的立场，并且，为了教学的需要，接受了量子力学的哥本哈根解释。但是，这并不等于说，薛定谔在放弃了波动实在观之后，完全接受了玻尔等的哲学立场。事实上，薛定谔的实在论立场的调整是他在逐步放弃经典实

---

* 这部分内容在成素梅、王雷荣《薛定谔实在观的演变》（载《自然辩证法研究》2003 年 12 期增刊）一文基础上修改而成

在论的过程中完成的。

一、波动实在观的放弃

从时间上看，薛定谔是最早关注量子力学解释问题的物理学家之一。他试图以波动为基础解释波函数，波函数是对场的描述，粒子是场的“量子化”。如前所述，薛定谔在当时并没有坚持自己的这一观点。当他在哥本哈根的玻尔研究所，经过与量子力学解释的哥本哈根学派的重要代表人物的激烈争论之后，放弃了自己的观点，采纳哥本哈根解释。但是，他用哥本哈根学派解释传播的量子论，完全是建立在自己理解的基础之上。这些理解也部分地改变了薛定谔自己曾经拥有的实在观。

二、实在观的调整

如果根据玻恩的看法，把薛定谔早期阐述的波动解释看成是以经典物理学的观念为基础的话，那么，自 1928 年以来，他的实在观开始发生改变。其中，最引人注目的是他对概率的因果性概念的理解。我们知道，经典物理学中的因果性是严格决定论的，相对论的产生虽然带来了时空观的革命，把时空与物质联系起来，但是，从根本意义看，并没有对决定论的因果性观点提出任何挑战，只是限定了其适用范围，即把因果性限定在光锥之内。量子力学的诞生，确立了统计因果性的观念，并且区分出具有因果关系的决定论与纯粹关联的决定论。这些基本概念的变化向许多传统的哲学见解提出了挑战。这也是为什么对量子力学解释的关注，成为物理哲学家和科学哲学家共同关注的主题的主要原因所在。

量子力学对传统哲学观念的冲击是多方面的。在量子力学产生的早期岁月里，对严格的决定论的因果性观念的冲突，是当时量子物理学家所要面对的最大困惑。其根源在于，抛弃决定论的因果性，应该如何理解物理理论的实在性和完备性等问题。玻尔抓住了量子测量的整体性，试图通过改变我们通常所理解的“测量”、“观察”这些日常术语的意义来解释量子力学的客观性。玻尔所理解的这种客观性，事实上，是一种主体间性。这种观点与 20 世纪末科学哲学领域内掀起的科学修辞学战略是一致的；海森伯则在某种程度上回到了毕达哥拉斯主义；玻恩则认为，在物理学中，概率是更基本的概念，后来，玻姆也持有同样的观点。

一般认为，薛定谔在 20 世纪 20 年代初持有经典因果性观念，自从他放弃了波动解释以来，他开始转向经验主义。他认为，对因果性问题的研究，应该从定律本身转向我们对定律的有偏见的认识。我们要问的相关问题只是对因果关系的偏爱，而不是因果关系本身，人们为什么普遍相信分子的行为是因果决定的，否则，就是难以理解的呢？很简单，是我们的习惯，是几千年承袭下来的因果性地思考问题的习惯，使得非决定论的事件和非决定论的关联的思想似乎是错误的或不合乎逻辑的，并且把微观领域内的统计因果性看成是一种信仰。基于这样的考虑，薛定谔认为，要回答这个问题，应该是由支持决定论的因果性的人来提供证据，而不是由质疑因果性问题的那些人提供证据。这种证据倒置，反而使得接受量子力学的统计因果性观念，成为顺理成章之事。

薛定谔的对因果性概念的这种理解，以及在此基础上形成的对理论的实在性的理解，与哥本哈根学派的主流观点的理解，在某种程度上，是一致的。1930年5月，薛定谔在《世界物理学概念的转化》一文中，透漏出他接受哥本哈根学派观点的某种倾向。他说，不论是人们所熟知的电磁波，还是新发现的所谓的物质波，人们都不认为这些不同形式是对本体的纯客观性的描述……波函数没有描述自然本身的特性，实际上这部分工作是由我们观察时利用在特定时间所掌握的知识完成的，这使我们可以预测未来观察的结果。结果并不是确定的、精确的，但是，那种不清晰性和可能性是在对客体进行观察、做出预测所允许的范围之内。现在大多数人认为，放弃对自然的纯粹客观的描述是必要的，这也是人们理解物理学概念上发生的深刻变化。在薛定谔看来，要求真实和明晰的权利实际上限制了人们的思维，与实在相联系的符号、公式、图景并不只依赖于被观察的客体，而是依赖于主体和客体之间的联系。

但是，应该注意的是，薛定谔对哥本哈根学派观点的接受是有选择性的。事实上，他的行为表明，他的这种选择性的接受是建立在批判之基础上的。1928～1934年，薛定谔一直没有放弃试图重新寻找新的本体论的计划。1933年，薛定谔在他获诺贝尔奖的讲演中指出，原则上，把严密科学的最终目标局限于可观察的描述范围之内，绝不是一个新的要求，问题恰恰在于，自此之后，我们是否放弃描述宇宙的真实结构的努力。现在，一种普遍的倾向是坚持放弃的观点，薛定谔认为，这种立场有点草率。薛定谔在放弃波动解释后，意识到不可能在旧的经典理论的废墟上建立新的理论。对于薛定谔来说，这段时期是一个困难时期，一方面，他不得不按照哥本哈根的解释从事教学，因为他不能提出更好的理解，另一方面，他在哲学上又不能完全接受哥本哈根的哲学立场。因此，在这段时期内，薛定谔在的许多哲学观念处于一种无归宿的犹豫、动荡时期。

直到1935年6月，当爱因斯坦等质疑量子力学的完备性的那篇著名论文（即EPR论证）发表之后，薛定谔似乎才重新明确了自己的哲学立场，看到了依据经典观念看待量子测量存在的悖论所在。他在给爱因斯坦的信中说："我非常高兴看到你在《物理评论》上发表的文章，它抓住了教条主义的辫子。”① 随后，就在同一年里，他在《自然》杂志发表题为“量子力学的当前状况”的一文，详细阐述了他对物理学理论的看法。他认为，物理学应该基于实验数据建立理想化的或简化的实体模型，以便进行数学分析。他在这篇文章中，设计了后来称为薛定谔“猫悖论”的思想实验，来支持 EPR 论证的观点。这时，薛定谔的哲学思想开始从动摇期逐步走向了成熟期。

三、准实在论的实在观

薛定谔曾经向泡利承认，玻尔的不懈努力几乎使他转变了观念，但是，后来，他还是放弃了对玻尔观念的依赖。对于薛定谔的哲学实在观的形成与发展而言，1935 年是他一生的一个转折点。在以后的年代里，他对量子力学哲学问题的兴趣越来越浓。在后来的几十年里，他所发表的与他的哲学观和世界观相关的文章与著作主要有：《概率论的基础》（1947）、《存在着量子跃迁吗?》（1952）、《波动力学的意义》（1953）、《基本粒子是什么》（1957）、《能量也许只是统计概念吗?》（1958）、《时空结构》（1950）、《科学与人道主义》（1951）、《自然界和希腊人》（1954）、《生命是什么？及其他短文》（1956）、《我的世界观》（1964）、《生命是什么？及心与物》（1967）等。从这些成果来看，薛定谔的哲学思想的发展与成熟，始终与他对量子力学的理解联系在一起。

在他晚年的实在观中，最值得关注的是与他的“猫悖论”的论文密切相关的主客体二元论的问题。因为在量子力学的发展中，至今仍在困惑着量子物理学家，特别是物理哲学家的难题之一，是量子测量问题。而量子测量问题之所以产生，正是与主客体的关系密切相关。这个问题起源于玻尔对量子测量现象的解释。玻尔除了坚持测量链条的个体性或整体性之外，至少在观念上，他要求在整个测量过程的某个地方，或者说，在经典领域与量子领域之间的某个地方进行某种分割。玻尔认为，在测量仪器和客体之间的基本区分，是分析量子现象的一个主要的新特征。因为这是测量仪器和测量现象只能用经典术语来描述的一个直接后果。

在冯·诺伊曼的量子测量理论中，在主体与客体之间做出分割的要求，更使得主体与客体之间的分界线的划分成为一个无法解释的问题。薛定谔阐述的猫悖论正是对这种困惑的最直观的揭示和最生动的描述。在薛定谔看来，这是一个典型的笛卡儿式的二元论问题。薛定谔后来对量子力学的哥本哈根解释的怀疑，正是建立在对主客体关系的深入理解之基础上的。薛定谔与玻尔、海森伯之间的重

---

① Michel Bitbol. *Schrödinger's philosophy of quantum mechanics*. Kluwer Academic Publishers, 1996: 15-16

要差异是，他重新主张物理研究客体的真实性。他接受了身与心、主体和客体之间的二重性观点。在薛定谔的这种二元论立场中，主体与客体是同时出现的，两者互相成为对方存在的前提，或者说，在不考虑对客体具有认知能力的主体的情况下，不再使用客体的概念。这种观点成为薛定谔晚年哲学思想的核心支柱。

薛定谔认为，主体和客体并非是两个预先给定的面对面的实体，也不是只有等到量子力学产生后才能统一起来的实体，他们从一开始就是一体的。科学的各个分支，包括量子力学在内，都是基于一种称之为客体主体化的程序形成的，其主要特点是从原始统一体中提炼出客体的成分，只有通过这种提炼，才有可能形成适当称为“客体”的一般结构。此外，在仪器和客体的相互作用的地方，谈论主客体的相互作用是不合理的，因为主体的感官不能说成是一种仪器，它并不是一个物理系统，也不能同物理系统进行相互作用，而且，我们最好保留感官器官的“主体地位”。

薛定谔试图用这种功能二元论的观点，取代笛卡儿式的身心二元论观点。他把“心灵”理解成纯粹的主体，认为心灵是无内容、无处所、无时间的，但是，却具有认知功能：心灵是相对于其物理事件而出现的。在量子力学的情况下，心灵也是为发生的事实而存在的，这样就避免了笛卡儿式的“唯我论”问题。因为在更抽象、更超验和更普遍的意义上，纯粹的“认知主体”并不与任何个人相关。这样，量子测量中的“分割”的位置问题也就不会提出来了。因为纯粹的认知主体不占有时空。

然而，薛定谔的这种功能二元论的思想虽然有利于促进对传统哲学问题的反思，但是，它并没有真正地解决“主体”与物理世界之间相互作用的哲学问题。反而，带有明显的神秘主义的色彩，是一种意向性的观点。这种观点与维特根斯坦晚期的语言游戏论有某种相似之处。在维特根斯坦的理论中，因果性链条在论述语境中联结成意向性；而在量子力学中，则是波函数随时间的演化联结成事实。那么，意向性的表述与因果性表述之间存在着什么样的联系呢？对诸如此类的问题的思考和作为一名物理学家所特有的实在论立场结合起来，把薛定谔的哲学眼光引领到了对生命本身的研究上来。

薛定谔关于量子力学解释的实在论观点，是同极端的形而上学的反实在论观点紧密相连的，这并不是说薛定谔徘徊于实在论和反实在论之间，也不是他采用某种中立的观点，这仅仅意味着，他的实在论的用词和态度深深植根于形而上学的反实在论基础之上，意味着他对波函数的“实在性”的捍卫，源自对日常生活中的物理实体的建构程序的深刻批判。比特保尔（Michel Bitbol）把薛定谔晚年的这种实在观称为“准实在论的实在观”。所谓准实在论者是指，“开始于反实在论的立场，却总是模仿实在论的思想和实践的人”。

总之，从当代科学哲学的视角来看，薛定谔基于功能二元论所阐述的准实在论的思想，有一定的新意。他既反对经典的教条主义和经典实在论者天真的表征主义的态度，同时，他也认为，反实在论者走向了另一个极端，在对观念的阐述中与实在论者一样教条。他认为，如果我们不认为实在是预先给定的，我们就不受表征和参照模型的限制，至少不会批驳实验活动的结果。这种基于反实在论的观点，把主体与客体联系起来思考问题的方法，为更合理地理解科学提供具有重要的借鉴价值。

第三节　玻恩的投影实在论

在物理哲学界和科学哲学界，人们通常也把玻恩看成是一位实证主义者的观点是失之偏颇的。比如，在玻恩的《我的一生和我的观点》一书的译者在“中译本序言”中说，玻恩是一位实证主义者，而且直到晚年，“他的哲学思想的基调始终没有变”①。这些看法是人们基于玻恩在阐述波函数的统计解释和反对传统物理学观念时的言论得出的。退一步讲，即使如此，也只能代表玻恩在量子力学早期的哲学见解，并不能代表他晚年所持的哲学立场。事实上，玻恩在1953年《哲学季刊》发表的《物理实在》② 一文中曾明确地对当时物理哲学界和科学哲学界普遍存在的以量子力学为根据得出实证主义特别是主观主义的哲学观点进行了批判，并在批判的基础上，基于他对“物理实在”概念的理解和相对论力学与量子力学的产生对传统观念带来的冲击与修改，阐述了一种新形式的实在论立场。与玻尔不同，玻恩在阐述自己的哲学观点时，所批判的对象不是物理学家的旧观念，而是当时有市场或很盛行的科学哲学家或物理学哲学家的所谓“新”观念——工具主义、操作主义与主观主义。玻恩确信，“理论物理学是真正的哲学”，因此，他“试图陈述从科学推导出来的哲学原理”③。这里，我们根据玻恩的论证，把他的哲学立场概括为“投影实在论”（projective realism）。

一、引言

玻恩是德国犹太裔理论物理学家。20世纪30年代，希特勒掌权后，他被迫于1933年离开德国，前往英国剑桥大学任教，两年后受聘为英国爱丁堡大学的泰特自然哲学教授，并在那里工作了17年，一直到1953年退休。退休一年后，

---

① 玻恩．我的一生和我的观点．李宝恒译．北京：商务印书馆，1979：ii

② Max Born. Physical Reality. *The Philosophical Quarterly*, 1953, 3 (11)

③ 玻恩．我的一生和我的观点．李宝恒译．北京：商务印书馆，1979：20

因提出了量子力学的统计解释而荣获 1954 年诺贝尔物理学奖。这说明，与实验的情况完全不同，一个抽象的理解最终得到最高权威的认可，是何等的不易。实验结果可以通过实验的验证而得到公认，而抽象的理解只能是间接地得到各方面的支持。

玻恩是一位高度重视哲学思维的科学家。他认为，每一位科学家，特别是理论物理学家，都应该深刻地意识到自己的工作是何等的与哲学思维交织在一起，如果对哲学文献没有充分的认识，他的工作就会是无效的。这是玻恩从自己的亲身实践中得出体会与总结。《物理实在》这篇文章是玻恩在爱丁堡大学完成的。在这一篇文章中，他站在非经典实在论的立场上，对当时物理学哲学界和科学哲学界非常盛行的各种反实在论观点进行了尖锐的批评。他的批评论证主要是围绕丁格尔（H. Dingle）的一篇文章展开。他在批判丁格尔的主观主义和工具主义的观点时，所阐述的实在论观点，在后来出版的《我的一生与我的观点》（1968）一书中明确讨论“符号与实在”的问题时得到了重申与加强。

丁格尔在爱丁堡举行的一次哲学会议上发表的讲演中表达了一种极其抽象的观点。丁格尔表达这一观点的文章于 1951 年发表在《自然》杂志上，标题为“物理学哲学：1850～1950 年”①。在这篇文章中，丁格尔首先对什么是物理学哲学进行了界定，然后，在这种界定的基础上，阐述了他赞成的一种物理学哲学体系。丁格尔认为，所谓物理学哲学就是对物理学的发现和概括做出解释，并赋予其意义，是与特定的物理学状态相符合的更宽泛的概念框架或直觉信念。有鉴于这种考虑，他根据当时文献的推断或暗示，而不是文献内容的直接陈述，把物理学哲学的发展划分为下列两个阶段：

第一阶段是 1851 年前占有统治地位的朴素实在论的哲学。朴素实在论者总是假定存在着一个与人的观察无关的外部世界；这个世界是由物质组成的；物理学理论与定律是对这个世界的客观描述；科学理论与定律是根据科学方法得出的，或者说，科学方法是了解外部世界的行为与结构的最好方式甚至是值得信赖的方式；最成功的科学方法是牛顿和伽利略所倡导的实验方法与数学方法。丁格尔认为，这是一种基于常识的哲学，一种基于理性推理得出的哲学，是试图通过严格的因果律而不是从物理学家的研究实践中得出的哲学，是先验的概念。这种物理学哲学是以物理学提供的世界图像作为出发点，然后，概括出全面的世界图像。

第二阶段是从分子运动论到相对论力学与量子力学所导致的工具主义、操作主义和实证主义的哲学。他认为，这是一种远离常识的基于物理学实践得出的哲

① H. Dingle. Philosophy of physics；1850-1950. *Nature*，1951，168（4276）：630-636

学。他以分子运动论、相对论力学和量子理论为例进行了论证。在分子运动论中，统计方法并不关注单个分子的轨道，只是为了表征“观察”计算平均值。比如，物质的温度、压强、黏性、热传导等特性应用于单分子是无意义的，只对成千上万分子组成的集合才有意义。因此，分子概念是概括现象之间联系的有用概念或“虚构”的假定，而不是实在的或真实存在的东西。同样，物理学家对原子、电子、光子等基本粒子，也是不明确的。量子理论只能计算它们在特定时间与地点出现的概率，没有关于个体的任何描述。相对论中的尺缩和时延效应也说明了这一点。因此，物理学理论根本就不是对外部世界的本质的描述，或者说，不是对引起现象的实在世界的客观性质的评价，只是在现象之间或观察之间建立某种联系。玻恩把这种观点称为一种极端主观主义的观点或“物理学的唯我论”（physical solipsism）。

丁格尔所阐述的这种物理学哲学在19世纪末和20世纪初确实很盛行。其中，比较典型的一个事例是玻尔兹曼与马赫以及奥斯特瓦尔德之间关于“原子”的实在性问题的争论。众所周知，在物理学的发展史上，首先对“完美”的牛顿力学大厦发起猛烈攻击的学科是热力学与电磁学。对热运动及电磁现象的理解迫使物理学家不得不对自认为早已完善的力学概念体系和已成“定论”的物理学传统观念进行认真的批判。正是这些批判、争论，潜移默化地冲洗着物理学家的习惯性思维，孕育和培育出一代具有批判精神的、能够推动物理学继续发展的开拓者。马赫的实证主义哲学正是这种背景下提出的，并在当时产生了很大的影响。而作为统计力学奠基者的玻尔兹曼却一反潮流以“原子假设”为基础阐述自己的观点。他的理论刚一提出就被学术界充斥为不能实证的“数学模型”或子虚乌有的假设，受到了以马赫为代表的实证主义者和以奥斯特瓦尔德为代表的唯能论者的强烈批评及指责。玻尔兹曼所建立的熵与概率之间的联系，由于不能还原为力学解释，遭到物理学前辈的责难。玻尔兹曼则认为：“敌视气体理论是科学中的大灾难，这与波动理论受牛顿的权威影响的例子相类似。”① 这样，关于原子的实在论与反实在论之争成为当时的哲学热点。量子力学的产生似乎在表面上强化了这种哲学趋势。

玻恩在《物理实在》一文中专门针对丁格尔所总结出的第二种物理学哲学的观点进行了批判。并在批判的同时，折射出他自己的实在论立场。玻恩在《物理实在》一文中虽然并没有分出小标题，只是长篇大论的论证，但从内容看，大致可分出分三个层面：首先，他澄清了关于“实在”概念的模糊理解；其次，根据无法在宏观领域与微观领域之间划出边界的观点，论证了微观实体的实在

① Charles C. Gillispie. *Dictionary of Scientific Biography*. Charles Seribner's Sons Publishers, 1976: 267

性；最后，从相对论力学与量子力学的新特征出发，论证了物理学理论中的变换不变性代表了实在的观点。

二、关于“实在”的理解

玻恩在文章的一开始就指出，20 世纪以来，物理学界对“实在”概念的运用与理解有点问题。玻恩认为，“实在”（reality）这个词属于常识语言，因此，像大多数日常词语一样，它的意义是模糊的。在反实在论的哲学中，只有精神世界是真实的，物质世界只是表象。农民或工匠、商人或银行家，政治家或军人的所说的“实在”肯定各不相同。对于这些人来说，最真实的东西是最重要的或最想要的东西，因此，“真实的”（real）这个词几乎与“重要的”成为同义词。我们通常还说，“这个人很实在”，这里的“实在”与“诚实”成为同义词。玻恩首先明确指出，在物理学哲学中所讨论的“实在”概念是指真实存在的意思。在真实存在的意义上，丁格尔认为，人们能够放弃使用“实在”这个词和概念，而不损害科学。玻恩反驳说，只有生活在远离经验、远离做与观察的象牙塔的那些人，才会放弃“实在”概念，这些人是专注于纯数学、形而上学或逻辑的人。因此，玻恩试图考察一下，科学是如何定义实在概念的。

玻恩同样以分子运动论为例来说明分子的存在性。他认为，玻意耳定律的动力学推导只是确立了原子说明的可能性，很难被称为证据。然而，在分子运动论中，计算平均能量的公式包含了分子的自由度数，源于玻意耳定律的动力学解释导致了对分子大小的估计，这已经被相当不同现象集合所确证，例如，热传导、黏滞性和扩散的不可逆性。第一次以理论的方式提出的许多概念，比如速度分布、自由路径等，已经得到了直接测量的确证。分子运动论预言的涨落可以用多种方式观察到，比如布朗运动等。玻恩认为，丁格尔把所有这些现象都看成一种“表象”，把分子看成一种计算工具或虚构的观点，所忽略的关键问题是，分子运动论定义了分子的特性：分子量、大小、形状（自由度）、相互作用等。因此，如果接受分子运动论，就应该认为分子是实在的。玻恩认为，丁格尔否定分子的实在性的根源是，他混淆了“实在”概念的用法与理解。丁格尔据分子运动论只能提供分子集合的特性，而不能提供单个分子的详细运动，得出分子只是计算工具或虚构的观点，实际上，把“实在”概念理解为提供关于对象的一切细节。或者说，只有知道每个分子的详细运动情况，才能认为分子不是一个抽象的概念虚构，而是真实存在的。

玻恩认为，这是一种误解。其实，在现实生活中也有类似于分子运动论的情况。比如说，如果你看见百米以外有一个人开了一枪，另一个人就倒下了，那么，你怎么能知道受伤的那个人身体里的子弹一定是从你看见的这个人的枪里打出的呢？除了科学家利用光学仪器拍下子弹的飞行轨迹之外，没有人看见过飞行的子弹，也没有人有可能看得见。玻恩认为，根据丁格尔的哲学，你只知道开枪和受伤的现象就足够了，两者之间的所有东西都是理论上的虚构。飞行的子弹是虚构的，只是为了根据力学定律来说明两种现象之间的联系，这显然不合常理。这种情况类似于，如果人们否定在云室里能够看见的径迹是原子存在的证据，那么，也应该否定用仪器拍摄下来的子弹的飞行轨迹，也不能成为看不见的飞行子弹存在的证据。在玻恩看来，丁格尔的论证所依靠的是逻辑推理，但是，通过这样的逻辑推理不可能拒绝分子的实在性。因为逻辑推理的一致性完全是一个否定标准，如果没有逻辑的一致性，任何一个体系都是无法接受的。反过来，也没有任何一个体系只是因为其逻辑合理性而被接受。

丁格尔否定电子、光子等微观实体的实在性根源，是把“真实的”这个概念解释为“知道所有的细节”。这与“实在”这个词的日常用法不相符。玻恩举例说：“有 5 亿中国人是真实的，尽管我们不知道每个人或也许是少数人的具体情况，连他们的行踪、活动、运动、反映的最微不足道的知识都没有。我们认为，恺撒时代的罗马或孔子时代的中国是真实的，尽管我们没有办法用丁格尔在分子的案例中所要求的方式证实这一点。难道当前或过去的罗马或中国只是历史学家为了使现象关联起来而发明的虚构吗？是那些现象呢？是在报纸、图书或古墓石中发现的词语吗？”①

玻恩认为，所有这些考虑都是相当表面的，并没有触及物理学遇到的和迫使我们修改基本概念的实际困难。就像不能因为不知道每一个中国人的实际情况，就否定孔子时代的中国人是真实存在的一样，也不能因为不知道每一个微观实体的具体情况，就否认微观实体的真实存在性。从这个意义看，丁格尔对“实在”概念的理解已经偏离了术语本身的通常用法。这种承认宏观世界的物体的实在性但否定微观世界的物体的实在性的做法所面临的另一个问题是，我们如何在宏观领域与微观领域之间做出明确的区分。

三、宏观与微观之间无边界

玻恩在阐述他自己的观点时，是从科学的立场出发考察哲学，而不是相反。他说，大多数物理学家“都是朴素实在论者，并不为哲学上的微妙问题去绞尽脑汁。他们只要能观察一个现象，测量它，并用他们的特殊行话去描述它就满足了。只要他们同仪器和实验工具打交道，他们都使用普通语言加上些适当的技术名词点缀，就像在任何一行工艺中做的那样。但是，一旦他们谈起理论，也说是

---

① Max Born. Physical Reality. *The Philosophical Quarterly*, 1953, 3 (11): 142-143

在解释他们的观察时，就使用另一种表达方式”[1]。玻恩这里所说的另一种表达方式是指利用概念和定律的方式表达的理论。

我们知道，在物理学的发展史上，自牛顿力学诞生以来，运用数学公式表示定量定律的方式越来越盛行。在相对论力学之前，数学公式的表示与运用普通语言对此做出的解释几乎是同步的，有时是先有语言解释，然后，才有公式提出。但是，量子力学中却出现了一个例外，量子物理学家是在还没有办法用普通语言做出解释之前，就成功地提出了数学的形式体系。随着量子力学的成功，物理学家不得不接受由数学语言描绘的世界。这不仅导致了关于量子力学的解释问题的争论，而且伴随着对日常概念的意义与用法的澄清或重新定义。玻尔通过重新定义“现象”、“测量”等术语，阐述了关于量子测量的一种整体实在论的观点。玻恩则是在接受玻尔互补原理的前提下，坚守“实在”概念的日常用法，通过对“实在”概念的分类比较、对物理哲学中的实证主义与工具主义观点的反驳、对抽象的符号与实在关系的讨论，阐述了自己的实在论立场。

玻恩认为，在物理学的研究中，存在着两类实在，一类是简单而明显的实在，比如，实验物理学家在实验室里经常使用的工具、仪器及其小零件等；另一类是模糊而抽象的概念实在，比如，由物理学理论提出的力和场、粒子和量子等令人费解的物理学概念。前者属于应用物理学的范围，后者属于理论物理学的范围。对比一下这两类实在，可以看出，在应用科学与理论科学之间，以及在从事应用研究的科学家与从事理论研究的科学家之间，已经出现了一条鸿沟。因此，物理学迫切需要由普通语言表达的一个统一的哲学（unifying philosophy）来架起作为实践思想的“实在”和作为理论思想的“实在”之间的桥梁。

玻恩与玻尔一样也认为，物理学家必须运用日常语言和朴素实在论的概念，来描述具体的实验，也只有承认这一点，他们对物理事实的交流才是可信的。为此，玻恩主张，我们有必要把观念、理论、公式与根据这些理论构想出的工具、仪器区别开来。没有人否认仪器是真实存在的。在这里，玻恩强调说，他是在朴素的意义上，即相信仪器是真实存在的简单信念的意义上，使用“真实的”这个概念的。玻恩推测，丁格尔代表的抽象学派不会否认这一点，尽管他并没有这么说。[2] 丁格尔的观点是，禁止把实在概念应用到用来解释实验现象的原子、电子、场等这些抽象概念上。在玻恩看来，丁格尔的观点并没有解决问题，而是回避了问题。事实上，在宏观领域与微观领域之间并没有明确的分界线，承认宏观客体的存在性，就意味着没有理由否认微观客体的存在性。

玻恩举例说，把一块晶体磨成粉末状，直到粉末的粒子很小，用肉眼看不见

---

① 玻恩．我的一生和我的观点．李宝恒译．北京：商务印书馆，1979：88

② Max Born. Physical Reality. *The Philosophical Quarterly*, 1953, 3 (11): 141

为止。但是，在显微镜下还是可以得看见的。那么，这些粒子就不太真实了吗？再小的粒子也会像一个没有结构的亮点一样在显微镜下发光。如果认为由微观实体组成的微观世界只是一种虚构，那么，需要回答的问题是，实验科学家使用的未加工的天然实在（crude reality）在哪里结束？由抽象概念描述的无法看得见的原子世界从哪里开始？玻恩认为，在这些粒子和单个分子或原子之间的转化是连续的。因此，你用电子显微镜能够看到大分子。如果我们认为，实在是包括实验仪器和材料在内的日常生活中的普通东西所具有的性质，那么，对于只有借助于仪器才能观察到的对象来说，也应该认为具有实在的性质。不过，把这些对象说成是真实的，是外部世界的一个组成部分，并不是致力于以任何方式提供一种明确的描述：一个东西可以是真实的，尽管它与我们所知道的其他东西完全不同。

科学哲学家麦克斯韦尔（G. Maxwell）① 的观点与玻恩的这种观点相类似。麦克斯韦尔在《理论实体的本体论地位》一文中认为，①在可观察的现象与不可观察的现象之间并没有明确的界线；②理论术语与观察术语的区分是不合理的；③理论与观察之间的区别是无关紧要的，不会影响到理论实体的本体论地位。因为人们的观察范围会随着仪器的不断更新而不断扩展，例如，人们可以通过肉眼、眼镜、望远镜、低功率显微镜、高功率显微镜、电子显微镜等进行观察。在宏观意义上的观察与一个抽象的理论描述之间不可能画出一条明确的、客观的分界线，因为包括观察术语在内的所有语言都蕴涵理论。②

因此，根据这种观点，承认宏观世界的存在性，而否认微观世界的存在性，是不合情理的。不仅因为宏观世界与微观世界之间没有边界，而且，在物理学中，所有伟大的实验发现都离开科学家的直觉，科学家通常是自由地运用模型对实验现象做出解释。这些模型并不是想象的产物，而是对真实事物的表征。如果实验者不使用由电子、原子核、光子、中微子、场和波等组成的模型，他就无法工作，也无法与同事和同行交流，难道这些概念能被谴责为毫不相关和无意义吗？在玻恩看来：

> 物理学中的公式体系不一定代表通常所熟悉的可理解的事物。它们是通过抽象从经验得出来，而且不断地受到实验的检验。另一方面，物理学家使用的仪器是由日常生活中所知道的材料做成的，而且能用日常语言和抽象概念来描述，用这些仪器所获得的结果，例如，曝光的照相底片、数字表或曲线等，也属于这一类可描述的东西。威尔逊云室中微

---

① 这里把 Grover Maxwell 翻译为“麦克斯韦尔”，而不是翻译为“麦克斯韦”，是为了与物理学家麦克斯韦区别开来

② Grover Maxwell. The Ontological Status of Theoretical Entities//Maitin Curd，J. A. Cover，eds. *Philosophy of Science*：*The Central Issues*. New York/ London：W. W. Norton Company，Inc.，1988：1052-1087

滴的径迹表示飞行中的一个粒子；照相版上黑度的间歇分布表示波的干涉。放弃这种解释就会使得直观瘫痪，而直观则是研究的源泉；放弃这种解释将使科学家之间的交往更加困难。①

因此，玻恩认为，物理学家需要在实验与理论之间或在应用科学与理论科学之间，在感觉的实在与理性的实在之间形成一种合理的平衡。日常生活中的东西与科学中的东西是连续的。

四、不变量与理性的实在观

丁格尔认为，通常情况下，所有物体都有大小、质量、速度等属性，但相对论力学的基本必要条件是，所有这些属性都是不完全明确的。比如，在相对论力学中，长度与质量不再是不变的，而是依赖于观察者的速度。相对运动中的不同观察者测量相同的距离可能得到的值介于最大和零之间，测量相同的质量可能得到的值介于最小与无穷大之间。因此，我们放弃把任何属性都归因于物质的试图，能够越来越多地了解现象之间的关系。玻恩认为，丁格尔从相对论中得出这样的结论是对相对论的误解。相对论绝对没有放弃把属性归因为物质的企图，而是为了与像迈克耳孙-莫雷实验那样的新实验相符合，提炼出这么做的方法。

在玻恩看来，丁格尔所举的相对论的事例很适合理解根本问题。这个问题的根源是，在物理学测量中，通常可测量的量并不是物质的属性，而是物质之间的关系的属性，但这并等于就可以否定引起这些量的物质的实在性。玻恩举例说，你用一张卡片剪出一个圆，在远处灯光的照射下，观察这个圆在墙上的影子。一般情况下，这个圆的影子像一个椭圆，然后，旋转你的圆形卡片，你能得到的椭圆形影子的中心线的长度介于大于零和一个最大值之间。这与在相对论中长度的表现很类似，在相对论中，不同的运动状态具有的值介于大于零和一个最大值之间。同样，质量介于一个最小值和无穷大之间。比如，把一个长的香肠切成具有不同斜面的椭圆形薄片，椭圆的一个中心线介于一个最小值和“实际的”无穷大之间。在圆卡片的例子中，同时观察几个不同平面上的影子，明确的一个事实是，最初的卡片形状是圆形的，并且，唯一地确定了它的半径。这个半径是，测量者所说的一个不变量，即圆的半径在平等投影变换下是不变的。同样，也有一个香肠的所有横截面的不变量。这个并不是所有的感官印象都是瞬息万变的。

玻恩根据这两个例子，得出的结论是，物理学中的大多数测量并不是直接与我们感兴趣的物质相关，而是与某种投影相关，也可以用分量或坐标表示。这个投影（即前面例子中的影子）与参照系（影子可以投射在上面的墙）相比是确

① 玻恩．我的一生和我的观点．李宝恒译．北京：商务印书馆，1979：99

定的。一般情况下，有许多等价的参照系。在每一个物理学理论中，都有把相对物体在不同参照系中投影联系起来的一个规则，称为变换律，所有这些变换都有形成一个群的属性，即连续两次变换的系列是一次同类变换。不变量是相对于任何参照系都有相同值的量，因此，不变量与变换无关。[①]

玻恩总结说，在物理学的概念结构中的主要进展在于发现，曾经认为是物质属性的某个量，事实上，只是一个投影的属性。他以引力理论的发展为例进行了说明。他说，用现代数学语言来说，牛顿之前的重力概念与一个变换群相联系，对这个变换群来说，垂直方向是绝对确定的，重力的大小与方向是一个不变量，这意味着，重量是物体固有属性。当牛顿发现重力是万有引力的一种特殊情况时，情况完全变了。变换群被延伸没有确定方向的各向同性的空间；重力只成为万有引力的一个分量。相对论理论延续了这种发展。经典力学中的变换通常称为伽利略变换，在这种变换中，空间与时间是分离的。相对论理论中使用的洛伦兹变换把空间与时间联系起来。这样，牛顿力学中认为是不变的量，像刚性系统中的距离、不同位置的时钟所显示的时间间隔、物体的质量在相对论中成为投影（projection），即不是直接可得到的不变量的分量。在前面圆形卡片的情况下，是通过决定这些分量，找到不变量。因此，这就证明了，最大长度和最小质量是相对论的不变量。这些不变量是物体的属性。把不变量重新命名为静止长度、固有时、静止质量，这样，使这些分量保持了旧的表达方式，尽管长度、质量和速度现在不是物体的属性，而是物体与参照系的关系属性。

因此，玻恩认为，在物理学中和有关世界的每个问题上，不变量的观念是获得理性的实在观的线索。变换群理论及其不变量是数学的一部分。1872 年，数学家克莱因在著名的“埃朗根纲领”（Erlanger Programm）中根据这种观点讨论了几何的分类，相对论把这个纲领延伸到四维的时空几何。对大质量的物体来说，根据这种观点，实在的问题就有一个清楚而简单的答案。

原子物理学的情况更加复杂些。在量子力学中，海森伯的不确定关系所表示的情况，并不能成为反对粒子的实在性和真实世界的客观性的论证。与实验证据相关的光子、电子、介子等粒子是指确定的不变量，即把许多观察结合起来能够明确地建构不变量。比如，普朗克的能量公式（$E=h\nu$）把集中于一个小粒子的能量与需要定义的一列波联系起来。物理学家不得不牺牲某些传统概念来解决这个悖论，即放弃了粒子遵守决定论的定律的观念，理论只能给出概率的预言。这只是提供了关于物理世界的新的描述方式，而不是否定物理世界的实在性。

玻恩认为，在量子测量中，观察与测量并不是指自然现象本身，而是一种投

① Max Born. Physical Reality. *The Philosophical Quarterly*, 1953, 3 (11): 144

影。比如，微观粒子在一种测量设置中表现出粒子性，在另一种测量设置中表现出波动性。玻尔用互补原理表示这样的事实：一个物理实体的最大限度的知识不可能从单个观察或单个实验中获得，而是从既相互排斥又相互补充的实验安排中获得。用玻恩的术语来说，最大限度的知识只能通过相同物理实体的足够多的独立投影来获得，就像在圆形卡片的例子一样，在这个例子中，通过几个不同平面的影子确定图形的形状和不变量（即半径）。对在两个相互垂直的平面上的不同影子的观察，也说明了互补原理的本质。互补实验的最终结果是一个不变量的集合，包括电荷、质量、自旋等，这些不变量是对物理实体的描述。

另一方面，量子物理学家已经远离了通过观察草地上的蝴蝶来洞察自然界秘密的旧式自然主义者的田园式的态度。观察原子现象需要的仪器非常灵敏，在测量时，仪器的反应必须得到说明，而且，这种反应与所观察的粒子一样，也遵守量子定律，测量受不确定关系的制约，不确定关系禁止做出决定性的预言。因此，在没有观察者介入的前提下，或者说，独立于观察者，来考虑测量情况是无意义的。但是，以观察者的介入为条件，并不意味着测量结果缺乏实在性。量子力学是为了最大限度地获得信息。信息是独立于观察者和测量仪器的，是适当设计的许多实验的不变特征。实验者及其仪器显然是真实世界的一部分，在主体的作用与客体的反作用之间的边界确实是模糊的。但这并没有禁止我们以合理的方式使用这些概念。液体及其蒸汽之间的边界也是不明显的，因为它们的原子永远不断地蒸发和冷凝。我们仍然能说液体和蒸汽。因此，玻恩总结说，在“真实的”这个术语的通常用法的意义上，我们有理由把微观粒子看成是真实的。

事实上，在物理学中，每一个物理定律诸如牛顿运动定律都是物理量之间的一种关系，物理定律满足各种不变性，每一种不变性都对应于一种守恒，或者说，与物理定律在某种变换下的不变性相联系，有一个守恒定律，守恒定律是不变性性质的一个推论：比如，哈密顿算符在空间平移的不变性对应于动量守恒；在空间转动下的不变性对应于动量矩守恒；在空间反演下的不变性对应于宇称守恒；在时间平移下的不变性对应于能量守恒；在电磁定律下的不变性对应于电荷守恒。对于具有球对称的物理系统，例如，太阳的牛顿引力场，物理定律在坐标系对于原点的旋转下是不变的，这一不变性对应于角动量守恒定律。这说明，在物理学史上，变换和不变性概念并不是新的概念，但是，据此来论证理论的实在性和微观实体的实在性则是一个新的视角。

玻恩接着还列举了日常生活中的例子来进一步论述他的观点。他说，我们一定记得，每一个人都有能力识别小时候的东西。因此，正常人的世界不是千变万化的感觉系列，而是可理解的连续变化的事件系列，在这个事件系列中，有些东西保持着同一性，尽管有些方面已经发生了变化。人的心理结构的最令人难忘的事实是，忽略感官印象的差异，只意识到不变特性。例如，你在遛狗时，你的狗看见一只兔子，追了过去，不一会儿，狗在你的视野中变成了一个小点，但是，你总是觉得能看见你的狗，而不是一系列不断变小的视觉印象。现代格式塔心理学已经认识到这种基本情况。玻恩在这里把“格式塔”这个词转化为“不变量”（invariant），而不是“形状”或“形式”，而且，把感知的“不变量”说成是心理世界的要素，他认为，生理学和解剖学与心理学观察的结果完全一致。

人的每个神经纤维，不管是运动神经，还是感觉神经，都会把触觉、视觉、听觉或热的信息，转化为一个有规则的脉冲集合，大脑只能接受到这样的脉冲系列。大脑有惊人的能力解密这些几乎是同时的信息码，在这种不断变化的混合信号中，确定不变的特征。因此，这些不变特征决定的不是一组模糊的印象，而是可辨别的东西。科学必须接受日常生活中的概念和普通语言的表达。科学通过运用放大器、望远镜、显微镜、电磁放大器等超越日常概念与语言。当普通经验失效时，就会遇到新的情况，而且，我们不知道如何解释所接受到的信号。假如你在显微镜下看过你的医生朋友向你展示的某些细胞或细菌：你只能看到一堆模糊的线条和颜色，而且，不得不接受他的用语，即感兴趣的目标是某个椭圆形的黄结构。类似的情况也发生在使用放大器的物理学分支中。我们失去无意识地解密所接受到的神经信息的能力，不得不运用有意识的思维技巧、数学和其他策略。于是，我们运用分析把现象流中永久的东西建构为不变量。不变量是科学概念，就像日常语言中所说的“东西”一样。

但是，玻恩也认为，不变量不是普通的东西。如果我们把电子称为我们所熟悉的粒子，但这个粒子不像沙子或花粉那样。如前所述，电子在特定的情况下，没有个体性，它们是全同的。例如，如果你把一个电子射向一个原子，然后，原子又飞出另一个电子，你并不知道飞出来的电子是曾经射向原子的那个电子，还是原子内部的电子。不过，玻恩认为，电子仍然具有与普通“粒子”共同的特性，这样就证明了电子的命名是合理的。其实，像在科学中一样，这种延伸命名在日常生活中也相当普遍。我们把水波说成是真的，尽管它们不是物质，只是水面的某种形状，其理由是，我们能用某些不变量，比如，波长和频率，来描述水波。对光波来说，也同样是成立的：即使量子力学中的波只代表一种概率分布，也不应该否认它的真实性。

总而言之，玻恩在“实在的”是指“真实的”这些术语的通常用法的意义上，把不变量看成是实在的特征，而这些不变量是在大量投影中发现的，是对物理实在的总体特征的把握。这是一种通过分析而获得的理性的实在观，可以称为“投影实在论”。在玻恩看来，这种物理实在论是从理论中推论出来的，而不是外加的。

第四节　玻姆的非定域实在论

在对待量子力学的问题上，玻姆始终持有实在论的立场，这是毫无疑问的。但值得重视的是，他的实在论立场也由早期的经典实在论转向了晚期的非定域实在论。玻姆 1952 年基于定域实在论阐述了一种隐变量量子论，1959 年与他的学生阿哈拉诺夫（Y. Aharonov）合作，先于任何实验证明，推论出一个可观察的物理效应，通常称为 A-B 效应。[①] 1960 年，钱伯斯（Chambers ）首先在实验中观察到这种效应，但直到 1986 年托诺莫让（Tonomura）完成的实验才被认为是最可靠的。这些实验进一步支持了量子多体系统中的非定域性。1975 年，玻姆与海利（B. J. Hiley）合作发表了“关于量子论蕴涵的非定域性的直觉理解”的文章[②]。初步形成了非定域实在论的思想。后来，这种思想成为他阐述量子论的本体论解释的主要内容。由于本书第三章部分章节已经介绍了玻姆与海利的本体论解释，因此，这一节只是阐述他们对量子非定域性的一种实在论的理解方式。

一、历史背景

20 世纪 30 年代，冯·诺伊曼在《量子力学的数学基础》一书中根据量子力学的概念体系提出了四个假设。以这些假设为前提，他证明了，通过设计任何隐变量的观念来把量子理论置于决定论体系之中的企图，都是注定要失败的。逻辑分析的结果表明，隐变量理论和他的第四个假设相矛盾。冯·诺伊曼的这种“证明”很快赢得了物理学家的信任，从而也为寻找隐变量量子论的任何试图判了死刑，相应地也使量子力学的哥本哈根解释拥有了正统解释的地位。

25 年之后，玻姆提出一种关于量子论的隐变量理论。玻姆在《现代物理学中的因果性与机遇》一书中谈到他提出量子论的隐变量解释的动机时提出：“首先应该记住，在这个理论提出之前，普遍存在这样一个印象：根本没有任何隐变量概念（哪怕是抽象的、假设的和“玄学的”隐变量概念）能够与量子理论相容……因此，为了表明只是因为隐变量甚至不能被想象就抛弃它们这样一个做法是错误的，只要提出任何一个逻辑上相容的、用隐变量来说明量子力学的理论就

---

① Y. Aharonov, D. Bohm. Significance of Electromagnetic Potentials in the Quantum Theory. *Physical Review*, 1959, 115：485-491. 关于 A-B 效应的详细讨论参见：成素梅．论 A-B 效应的语境依赖性．科学技术与辩证法，2006，(1)

② D. Bohm, B. J. Hiley. On the Intuitive Understanding of Nonlocality as Implied by Quantum Theory. *Foundations of Physics*, 1975, 5 (1)：93-109

够了，不论这种理论是多么抽象和‘玄学’。”① 玻姆的工作使人们对被普遍接受的冯·诺伊曼的“证明”产生了怀疑。同时，也唤起了人们深入细致地思考冯·诺伊曼关于隐变量的不可能性证明的热情。在量子力学的发展史上，探索量子力学的一个决定论方案的兴趣与审查冯·诺伊曼证明在逻辑上是否合理的努力，成了20世纪50年代讨论的主题之一。

大量的批评从冯·诺伊曼证明的第四个假设——可加性假设——找到了突破口。一种观点认为，冯·诺伊曼的证明是一种逻辑上的循环论证，即有待证明的结论包含在前提之中，他预先假定了量子力学的标准形式体系的唯一正确性；另一种观点认为，冯·诺伊曼的证明只是公理化量子力学的内部无矛盾性的一个证明，同具有不同逻辑结构的隐变量理论毫无关系；还有各种各样的、贬褒不一的见解，在此不能一一列举。但是，不管提出什么样的见解，这些争论与批评基本上是处于哲理思考和逻辑分析的层面上。后来，决定性的进展是由贝尔等取得的。

玻姆在1975年的文章中指出，根据贝尔提供的精确的数学标准，能够把相分离的量子系统间存在的“量子相互关联”（quantum interconnectedness）的实验结果与人们所预期的“经典类型”的定域隐变量理论区分开来。系统的定域性假定：每个系统具有的物理量与属性都与其相互关联的相分离的系统无关。检验贝尔不等式的物理学实验与贝尔所考虑的定域隐变量理论不相符，在这个意义上，实验相当有说服力地确证了量子相互关联的存在。贝尔的工作及其实验在有助于澄清量子相互关联的整个问题方面，是有价值的。然而，我们却面临着对理解空间、时间、物质、因果联系等概念本性的挑战。②

玻姆认为，如果我们满足于通常的量子力学解释，那么，我们就错过了这一挑战的意义。不论是把量子力学仅仅看成是一种计算工具，还是认可玻尔的互补性原理不对与一系列量子跃迁事件相联系的物理过程的基础做出描述或理解，或者，接受包含量子逻辑在内的某种理论，所有这些进路的一个共同的结论是：我们不能用直观想象的概念来理解量子力学。结果，我们就被限于只能用抽象的数学概念来处理已经确立的量子相互关联的事实。这就不可能把握这些概念的特殊意义，因为在这种数学抽象的层次上，“量子相互关联”似乎与“经典的定域性”没有很大的区别。

玻姆也深有感触地说，当实验确证不存在“定域”隐变量时，他们的第一反应是惊讶，甚至是震惊，因为在他们看来，定域性已经深入地扎根于物理学家

---

① 玻姆. 现代物理学中的因果性与机遇. 秦克诚，洪定国译. 北京：商务印书馆，1965：215

② D. Bohm, B. J. Hiley. On the Intuitive Understanding of Nonlocality as Implied by Quantum Theory. *Foundations of Physics*, 1975, 3 (1): 94

直觉概念中。然而，只要物理学家认同不能直观想象的数学程式，那么，似乎这些惊讶和震惊就会突然消失，因为他们退回到了借助于数学方程计算实验结果的熟悉而可靠的领域。问题是，当他们思考量子相互关联时，它的意义还和从前一样令人好奇与惊讶。这样，物理学家只能转移注意力，不再追求理解这一切究竟意味什么的问题。①

玻姆为了明确表明量子力学发展的新方向和空间、时间、物质等概念的基本性质，为了揭示量子相互关联的特性，试图从他提出的量子力学的因果性解释出发，提出一种可直观想象的理解方式。鉴于这种考虑，玻姆在 1975 年的文章中对他在 1952 年提出的隐变量理论进行了扩展。玻姆在 1952 年的文章中主要考虑的是单体量子系统的基本特征，提出通过量子势把波场概念附加到粒子概念上来理解问题。但是，当时，仍然坚持了包括空间、时间、决定论的因果性、物质的定域性概念在内的经典概念结构。在 1975 年的文章中，他认为，为了以同样的方式理解量子力学的多体系统，就需要提出一个全新的概念结构和直观方式，来说明量子多体系统为什么不能被分解为独立存在的部分来分析，为什么部分之间存在着确定的动态关系。更确切地说，把“部分”看成是以不可还原的方式依赖于整个系统的态。

为此，他提出了不可分割的整体性（unbroken wholeness）概念来否定把世界分解为分离的独立部分这一经典的分析性观念，并且形成了一种可直观想象的超越经典概念的思维方式：超系统、系统和亚系统的系统论的思维方式。玻姆认为，他提出的这种思维方式有可能既在直观意义又在数学意义对量子定律和经典定律的物理内容做出一致性的理解。后来，他与海利进一步基于这种思维方式共同完成了 1993 年出版的《不可分割的宇宙：量子论的一种本体论解释》② 一书。他们在该书中完整地阐述了一种非定域实在论的思想。

二、量子势与非定域性

玻姆既不像玻尔和玻恩那样，主张用量子力学语言描述理论计算，用经典语言描述量子测量现象，也不像冯·诺伊曼那样，主张用量子力学语言描述包括观察者在内的整个宇宙，而是提出一个新的概念框架和新的思维方式来平等地理解经典定律与量子定律。在玻姆看来，量子力学最基本的新特征是量子实体之间的相互关联。玻姆为了能够可直观想象地理解这一特性，在 1975 年的文章中，首

---

① D. Bohm, B. J. Hiley. On the Intuitive Understanding of Nonlocality as Implied by Quantum Theory. *Foundations of Physics*, 1975, 5 (1): 95

② D. Bohm, B. J. Hiley. *The Undivided Universe: An ontological interpretation of quantum theory*, London: Routledge and Kegan Paul, 1993

先把他在1952年提出的解释推广到量子多体系统。他认为，波函数和量子势产生了一种所谓的多体力（many-body force），即不可能还原为部分之和的一种相互作用，并且每对相互作用都依赖于其他粒子之间的相互作用。这种力不一定要超越经典物理学的概念框架。例如，范德瓦耳斯力原则上就是一种多体力，因为已知分子对之间的相互作用受到系统中所有其他分子的影响。

就量子势而言，玻姆指出应该注意两点:①

（1）通常情况下，量子势不会使两个粒子之间的相互作用突然消失。换言之，相分离的两个系统仍然有很强的直接相互关联。这一点与经典物理学正相反。在经典物理学中，当两个粒子分开的足够远时，它们的行为是互不相关的。这样的行为显然是把一个系统分解为各个独立的部分所要求的。在概念上，把部分组合起来再说明整体具有实际意义。

（2）量子势令人吃惊的新特征不能被表示为普遍决定的所有坐标的函数，而是依赖于波函数，因此，依赖于作为一个整体的系统的“量子态”。换言之，任何两个粒子之间的相互关系依赖于超越了单独用一个粒子描述的某种东西。更一般地说，这种相互关系依赖于更大系统的量子态，这个更大的系统包括了两个粒子的系统，最终可以接近作为一个整体的宇宙。

如果我们普遍认可部分依赖于整体这种相互关系，那么，我们如何理解在广泛的物理实验中世界能够成功地被分解成与整体无关的独立存在的部分加以分析的事实呢？玻姆为了回答这个问题，首先考虑波函数是可因式分解的特殊情况。例如，在一个两体系统中假定量子势能分解为两个部分之和。每个量子势只依赖于单个粒子的坐标，因此，每个粒子的行为都是独立的，就两个粒子系统的波函数而言，就回到了两个粒子的准独立性。但这是相互依赖性的一种特殊情况。玻姆在1952年的文章中详细地阐述了这种理论，为非相对论的量子概念结构提供了一种完备而一致的理解方式。

玻姆说：“通过因果解释来理解量子论意味着彻底改变把世界分解成独立存在的以及在不考虑整体的情况下能够相对孤立地加以研究的部分这个经典的分析性概念。与此相反，现在，所有‘元素’的基本量和相互关系似乎在这个理论中被看成是普遍依赖于整体。”② 当波函数近似地表示成是不同“元素”的坐标函数之积时，这些元素就能相对独立地起作用。但是，这种相对独立的函数只是相互依赖的一种特殊情况。这样，玻姆就把下列经典概念倒转过来：世界的“最

① D. Bohm, B. J. Hiley. On the Intuitive Understanding of Nonlocality as Implied by Quantum Theory. *Foundations of Physics*, 1975, 5 (1): 99

② D. Bohm, B. J. Hiley. On the Intuitive Understanding of Nonlocality as Implied by Quantum Theory. *Foundations of Physics*, 1975, 5 (1): 101

基础的部分”是基本的实在，各种不同的系统只是这些部分的特别可能的形式与安排。与此相反，现在，我们说，整个宇宙的不可分离的量子相互关联是基本的实在，而相对独立的起作用的部分只是这个整体中特殊的和可能的形式。也就是把非定域性作为基本实在，定域性成为非定域性的一种特殊情况。玻姆为更好地理解他的这种非定域实在论，提出了用“系统”这一术语来表达他的这一观点，从而确立了一种可以推广开来的系统论的思维方式。

三、系统论的思维方式

玻姆把每一个系统都看成是由亚系统组成的。亚系统组成系统，系统再组成超系统。这样，他提出在物理学中处理问题的一种标准方式是确立描述的三个层次：

亚系统
系统
超系统

亚系统中的量和相互关系独立于由它构成的系统和超系统，玻姆认为，在量子力学的意义上，虽然我们不能把量子系统分解成部分，因而不进行这种系统分层的分析，但是，区分出系统的三个层次仍然是有意义的和有用的。其作用不是为构成的部分提供一种分析，而是作为一种描述的基础。这种区分是一种方便的抽象，在每一种情况下，它都适用于物理事实的实际内容。但玻姆强调说，既没有最终的亚系统集合，也没有构成整个宇宙的最终的超系统。相反，每个亚系统只是一个相对固定的描述基础。比如，原子原来被看成是整个实在的绝对的和最终的构成部分，后来发现，它只是相对稳定的单元，是由分子、质子和原子核构成的。“基本粒子”也只是相对稳定的单元，可能是由像部分子（parton）那样更微小的元素构成的。玻姆的观点不是建议在这种可能事实的基础，相反，他是建议，从宇宙的不可分割的整体性出发，探索一种新的物理实在观。断言部分是独立存在的任何企图都否定了这种不可分割的整体性。

玻姆的这种划分并不是根据系统的空间大小来进行的，也就是说，他的这种分层描述并不一定意味着亚系统总在空间上小于作为一个整体的系统，相反，在有限的讨论语境中，所描述的亚系统只有相对稳定的和可能的依赖行为。例如，一块晶体能够被描述为一个相互作用的原子系统，但也能被描述为一个相互作用的自然振荡（声波）的系统。在后一种描述中，亚系统是自然振荡。在空间上，与作为一个整体的系统是共存的，但从函数上看，自然振荡具有相对稳定的运动和有可能独立的行为，允许它们被看成是作为一个整体的晶体的亚系统。

玻姆强调，对于超系统来说，也是如此。不能把系统的相互关系看成是独立于超系统的。量子测量过程便是一例，如果我们把粒子看成是“被观察的系统”，那么，我们就不能适当地理解粒子间的相互关系，只能在由实验仪器设置的包括被观察对象在内的整个实验语境中来理解，这种实验情境就是一个超系统。玻姆的这种观点与玻尔的观点相类似，玻尔也强调实验条件形式和实验结果的内容的整体性，但玻尔强调我们必须用经典语言与经典概念来描述实验，这与他的整体性思想是矛盾的。玻姆认为，运用超系统、系统、亚系统的方法为这种整体性提供了一种可直观想象的描述，从而放弃了不得不只用经典概念描述物理学实验的观念。这样，在宏观层次上无论观察到什么都只是一个相对稳定的系统，亚系统的相互关系可能依赖于作为一个整体的系统的态，从而在物理学的内容和描述形式方面都具有不可分割的整体性。

但是，在这种描述中，形式的整体性与内容的完备性是相容的，不仅因为亚系统被看成是由亚亚系统（subsubsystems）构成的，而且因为超系统最终也被看成是依赖于超超系统（supersupersystems）。这种描述形式在大尺度上是开放的。如果我们假定，存在着最终容易辨认的超系统，比如整个宇宙，那么，就会漏掉观察者，而打破这种整体性，意指把观察者和宇宙看成是两个独立存在的分离系统。因此，这两头的描述都是开放的，超系统和亚系统最终都会被合并到一个未知的整体性的宇宙中，每一个层次都为描述的内容做出了不可还原的贡献。玻姆举例说，我们在描述由氦原子构成的超流时，不能把这还原为氦原子，因为这些原子之间的相互作用是由整体系统的态决定的。同样，氦原子是由电子、质子和原子核组成的，但它们的行为又依赖于作为整体的氦原子。如果基本粒子有更微小（比如部分子）的结构，那么，更微小结构的行为又依赖于作为整体的基本粒子。因此，玻姆认为，理论内容的不完备性是形式上的整体性所要求的。一个形式上完整的一个理论好比是能以无数种方式生长的一粒种子，在语境中找到自己，生长出与其环境相协调的植物，最终形成了一个整体。显然，生长出什么样的植物并不是种子本身事先决定了的。同样，任何一个声称内容完备的理论一定不能被合并到未知的整体性中，因而产生了形式上的分裂。

显然，玻姆倡导的这种系统论的思维方式与本书最后一章将要阐述的语境论思想是一致的。这种思维方式也具有普遍性，可以超越物理学的范围应用到其他学科中，比如，在社会学中，个人可以被看成是构成一个社会群体的亚系统，社会群体依次是超系统（更大的社会组织）的一个部分，两个人之间的关系主要依赖于他们所在的社会群体。同样，人体内两个细胞之间的相互作用依赖于它们所附属的整个器官的状态，最终，依赖于作为一个整体的有机体的状态。玻姆认为，他提出的这种整体的思维方式，一方面，可以用来理解很广泛的直接经验，即不仅可以用来理解物理学定律，也可以用来理解生物、社会和心理学问题。因此，我们能通过普遍的思想秩序来理解整个世界，从而排除了分裂物理学与其他生命的来源；另一方面，还有可能延伸到相对论的语境中，运用量子势并不携带信号的假设，避免对非定域性的超光速解释。这部分相关内容在前面已经有所阐述。

结语　超越经典实在论

量子力学为我们提供了解读微观世界的形式体系与概念系统，但对这个体系和量子概念的理解却很难与日常现有的图像与语言系统一致起来。玻尔和玻恩等坚持认为，如果希望运用日常语言与图像传播量子力学和描述量子测量现象，就需要限制日常概念与图像的运用范围。玻尔发明了互补原理和对测量、观察、现象等概念的重新定义来解决问题；玻恩抓住物理学中的不变量，试图通过追求属性的不变性，来论证理论实体的存在性；玻姆则运用更宏观的系统论的观点来论证了一种非定域的实在论思想。这三种新形式的实在论，都已经超越了经典实在论的范围。

如前所述，经典实在论把科学理论当做是对客观存在的自然规律的终极揭示，把用来表达规律的语言、符号和推理规则看成是对客体的本质属性的绝对真理的终极描述。在整个科学研究与科学认识的过程中，物理学家始终只扮演着“发现者”的角色，他们的行为不仅不会从根本意义上对自在自为地存在着的研究对象的属性的相对表现带来实质性的干扰，而且能够保证客观地挖掘出这些基本属性的内在本质，正确地揭示出事物变化发展的终极原因。显然，这种实在论的观点旗帜鲜明地坚持了真理符合论的观点，但是，却把原本复杂的认识过程进行了异乎寻常的简单化处理，使认识论、方法论、语义学、价值论意义上的实在论，在很强的本体论意义上失去了应有的能动作用，被不恰当地本体论化了。这种本体论化的倾向，无意识地在科学认识的两极（即主体与客体）签发了一份无主体地位的“不平等条约”。这份条约不仅忽视了人的认识活动所引起的对对象性实在的内在属性的根本性干扰，而且忽视了科学理论所以成立的边界条件以及真理的相对性和历史性特征。

20 世纪初，爱因斯坦所创立的狭义相对论，废除了经典物理学中的绝对时空观，明确地揭示了时间、空间、质量及同时性的相对性；广义相对论进一步指出了惯性系的局限性，把时空与物质分布联系起来，把时空的几何结构和引力场联系起来；宇宙学的发展又使一切自然规律变成了历史的规律。所有这些成就和见解，都在一定程度上指出了终极理论存在的不可能性。尺缩、时延和质增效应，说明了科学认识主体本身是认识中介在认识过程中的作用。认识条件的不同，研究对象的固有属性与属性的相对表现也会有所差异。不同认识条件下所获得的对同一对象的描述，具有相对的意义，不一定与对象自身的规定完全相同。这些认识强调了科学研究与认识过程中研究主体所起的重要作用。

这些思想与看法，已经使物理学家真正意识到，经典物理学理论并不是对终极规定的终极断言，任何一个理论都存在着它的适用范围，无条件地超出相应领域的无限推广，必将得出失之偏颇的结论。例如，热之唯动说所抛弃的热质，相对论力学所否定的“以太”，均不是自然界中的真实存在，而是不恰当地扩张力学观念的结果。正如爱因斯坦所言，对于离开知觉主体而独立存在的外部世界而言，我们的感官知觉只能间接地提供关于这个外在世界或物理实在的信息，我们也只能用思辨的方法来把握它。所以，我们关于物理实在的观念决不会是最终的。为了用逻辑上最完善的方式正确地处理所知觉到的事实，我们必须经常准备改变这些观念，即准备改变物理学的公理基础。随着物理学公理基础的改变，物理学理论所描述的物理实在的图景也必然会随之发生改变。所以，科学实在不是对自在实在的终极描述。

这种观念上的改变表明，科学研究活动在内容上是客观的，但在形式上却是主观的。爱因斯坦认为，科学理论既不是定律与概念的汇编，也不是互不相关的论据的随意组合，它是用来自由地发明观念和概念的人类智力的创造物。正是创造活动的无限发展，给科学的进步带来了无限的契机和活力。新的科学观念和理论常常会在实在同现有的理论解释发生剧烈冲突的地方诞生。科学的目的在于建立起感觉印象同客观世界之间的桥梁。因此，经验事实与理论假设之间的关系不完全是单纯的归纳推理关系，更重要的是，包含更多的假设演绎成分。在归纳推理的方法中，形成理论所依赖的经验基础，既是提出理论假设的逻辑起点，也是确证理论假设的主要手段；在假设演绎的方法中，与理论相关的经验事实主要是一种辩护性因素，它既不是建构理论的唯一的逻辑基础，也不足以用与经验事实的一致性来判定理论为“真”。在理论的形成中起决定作用的是科学家的逻辑思维和非逻辑的直觉、灵感等因素。

然而，从相对论力学中得到的这些认识论教益，虽然对经典认识论中的许多本体论化的绝对观念提出了挑战，使物理学家深有体会地意识到，物理学理论所揭示的规律并不是终极真理，而是绝对真理与相对真理的统一。在一定条件下和一定范围内是真理的东西，在另外的条件下和范围内将会失去其真理性。真理与谬误是对立统一的关系。科学的发展总是使人们越来越从自己设置的“禁狱”中解放出来，从一些带有思辨性质的形而上学的预设中解脱出来。在新的领域内，使已有的旧理论成为新理论的一种极限情况而出现。但是，在根本意义上，这些认识论教益并没有对经典实在论的最根本的哲学基础——因果决定论——形成任何实质性的威胁。

正如玻尔所言："包含在相对论这一观念中的关于物理现象的描述依赖于观察者所在参照系的程度的认识，在这些方面并没有造成局势的本质改变。我们在这儿涉及的是一种最有成果的发展，它使我们能够表述对一切观察者都成立的物理定律，并把一直显得并无关系的一些现象联系起来。虽然在这种表述中用到四维非欧几里得度规之类的数学抽象，但是对于每一观察者来说，物理诠释却都是建筑在空间和时间的通常区分上，并且是保留了描述的决定论品格。另外，既然正如爱因斯坦所强调的那样，不同观察者所用的时间——空间标示永远不会意味着可以称为事件因果序列的那种东西的反向，相对论就不仅拓宽了决定论描述的范围，而且也加强了它的基础；而这种决定论描述正是被称为经典物理学那一雄伟大厦的特征。"①

除了决定论的特征之外，从前面我们关于定域性与非定域性问题讨论中可以看出，相对论力学与经典物理学的另外一个更加重要的共同之点是，它们都以可分离性假设为前提：两个物理系统不再发生相互作用时，对其中一个系统的测量不会使另一个系统发生任何变化。正是由于存在着这种共同的哲学基础，才使得物理学家面对相对论所带来的时空观和物质观的根本改变的情况下，没有就认识论问题产生过激烈的争论，也不足以从根本意义上动摇经典物理学解释中的实在论的观点。② 德国数学家莱布尼茨把这种决定论的因果关系形象地说成是："现在把未来抱在怀中。"

这样，相对论力学所蕴涵的决定论的因果性和定域性特征，使它能够仍然同经典物理学理论一样无歧义地保证自然规律的客观性。所以，物理学家没有因为相对论理论的诞生，在关于物理学基础问题的理解方式上产生原则性的分歧；也没有因为相对论革命的出现，对科学研究的价值与目的产生任何实质性的质疑。从这个意义上看，相对论的提出，只不过是弱化了经典物理学中的强本体论的实在论主张，使经典实在论的观点以更丰满的形式表现出来，使物理学家开始重视对科学认识过程和认识手段的研究，重视对过去简单地本体论化了的认识论、方法论与语义学问题的思索。但是，这种研究与思索除了使经典物理学解释中的实在论观点更加完善与更加精致之外，没有对它存在的基础带来实质性的冲击。然而，当物理学家的研究视野进入远离人类能够直接感知体验的微观世界时，量子理论所描述的量子世界的基本特征，不仅直接威胁到经典实在论的观点，而且致

---

① 尼耳斯·玻尔著；吕丁格尔，奥瑟若德主编．尼耳斯·玻尔集．第七卷．北京：科学出版社，1998：333

② 成素梅．论科学实在：从物理学的发展看自在实在向科学实在的转化．北京：新华出版社，1998：第三章

使物理学家开始对它的可靠性产生质疑。

然而，玻尔和玻恩等由于主张量子力学提供的关于自然界的知识，而不是对自然界本身的描述，被许多科学哲学家看成是实证主义者或主观主义者。相反，玻姆则由于倡导隐变量量子论，被他们看成是经典实在论的守护者。事实上，这些看法是失之偏颇的，仍然是站在经典实在论的立场上做出的评价。玻尔和玻恩等是基于他们的研究实践对经典实在论的反叛，玻姆则是从定域的经典实在论走向了一种非定域的量子实在论，也是对经典实在论的一种超越。事实上，量子物理学家中关于量子实在论与反实在论问题的争论，是在阐述如何更合理地理解量子理论和如何理解微观世界的问题。值得我们重视的是，他们在阐述自己的理解时所折射出的哲学见解，对 20 世纪科学哲学的产生与发展产生了实质性的影响。

第五章　量子理论对科学哲学的影响

20 世纪科学哲学的发展与 20 世纪的物理学革命有着千丝万缕的联系。如果说，以马赫和庞加莱为代表的科学哲学家对经典实在论教条的反叛，量子理论对经典物理学框架的超越，以及量子物理学家围绕如何理解量子概率、量子测量、非定域性等问题展开的争论与交锋，是对整个物理学界的一次洗脑，特别是向传统物理学哲学提出了原则性的挑战的话，那么，逻辑经验主义是面对这种挑战，第一个成长起来的最有影响的科学哲学理论。自 20 世纪下半叶以来，科学哲学家围绕由量子理论描述的电子、光子、中子等理论实体是否具有本体性问题的讨论成为科学实在论与反实在论争论的核心论题。这些发展表明，量子理论对科学哲学的影响是不容忽视的。问题是，就像量子物理学家对量子力学的理解是千差万别的一样，科学哲学家对量子理论带来的哲学挑战的应对也各有千秋：他们基于同样的量子理论的启发，却生发出观点各异的科学理论观与实体观。这种状况显然是值得深入研讨的。因此，澄清量子理论对科学哲学的影响，不仅有助于更好地理解科学，而且，有助于深化认识论问题的研究。

第一节　对逻辑经验主义的影响*

在科学哲学的发展史上，逻辑经验主义是第一个有影响的科学哲学学派，它不仅奠定了尔后科学哲学发展的论题域，而且成为后人批判与超越的直接对象。值得注意的是，这个学派的奠基性人物都具有物理学背景，并撰写过物理学哲学方面的著作或文章。因此，我们完全有理由认为，逻辑经验主义学派的诞生离不开 20 世纪的物理学革命，特别是，量子理论带来的关于实在论与认识论问题的深入理解。本节主要通过一般性概述以及对卡尔纳普（R. Carnap）的工具主义理论观和理论实体观的重点考察来印证这一点。

---

* 本节的部分内容是在成素梅《逻辑经验主义的理论观及其影响》（载《社会科学》2009 年第 1 期）一文基础上改写而成

一、逻辑经验主义与物理学革命

在哲学史上，经验主义有着悠久的传统，其基本口号是：“经验是我们知识的唯一来源。”17 世纪和 18 世纪的经验主义观点主要以休谟为代表。到 19 世纪，以马赫为代表的“现象论”的观点成为主流。20 世纪以来，逻辑实证主义成为经验主义的主要形式，也称“维也纳学派”。这种观点第一次受到学术界的广泛关注是在 1929 年。这一年，以卡尔纳普为代表的维也纳学派的主要成员，为了纪念该学派的学术领导人石里克（M. Schlick）的奠基性工作，在布拉格于 9 月15 ~17 日举行的关于精确科学的认识论会议上联合发表了一个有影响的哲学宣言，标志着维也纳学派的诞生。[①] 这个宣言的宗旨与当时德国的形而上学的世界观形成了明显的对比，着重强调哲学研究的科学取向。他们阐述的科学的世界观的主要理论元素是经验主义、实证主义和对语言的逻辑分析，同时，把这些分析应用于算术、物理学、几何、生物学、心理学和社会科学。其目的在于，废黜作为“科学王后”的传统思辨哲学体系，确立反形而上学的方法论和科学的世界观，并从各种立场上对经验科学的基本问题、证实与证伪以及归纳与演绎的方法论问题、逻辑与数学的基础问题，做出反思。

“实证主义”这个术语是由 19 世纪科学哲学家和社会学的创始人孔德提出的。“逻辑实证主义”是以数理逻辑为工具的语言分析与实证主义观点的结合。20 世纪 30 年代中期，卡尔纳普建议把他们掀起的这场哲学运动的名称从“逻辑实证主义”更名为“逻辑经验主义”。二战之后，大家更多地采用了逻辑经验主义这个名称，以强调更多的“经验主义”的因素。一种观点认为，第二次世界大战之前的“逻辑实证主义”与 50 年代之后的“逻辑经验主义”是有所区别的。早期的“逻辑实证主义”主要指在科学、社会生活、教育、建筑和设计等广泛范围内的一种进步的、现代的趋势，是一项社会启蒙的事业。二战之后复兴的“逻辑经验主义”的价值和目标范围是狭义的，主要作为一种统一科学的运动受到人们的关注。另一方面，还因为库恩在他的有影响的《科学革命的结构》一书中，把逻辑经验主义的兴趣阐述为，关注理论的逻辑结构和说明、确证之类的程序，认为逻辑经验主义是运用逻辑来理解科学的一种科学哲学。[②] 另一种观点认为，当前，哲学家、人文学者及科学家对“实证主义”这个术语有许多误解，所以，建议放弃这个术语，运用“逻辑经验主义”来表示 19 世纪成长起来、

---

① 1929 年夏天，石里克离开维也纳大学到美国斯坦福大学作访问教授

② George A. Feisch. From “the Life of the Present” to the “Icy Slopes of Logic”: Logical Empiricism, the Unity of Science Movement, and the Cold War//Alan Richardson, Thomas Uebel, eds. *The Cambridge Companion to Logical Empiricism*. Cambridge: Cambridge University Press, 2007: 58

扎根于 20 世纪初的哲学运动。[①] 另外，2007 年剑桥大学出版社出版的《逻辑经验主义的剑桥指南》一书分四个部分，收录了 14 篇文章，对逻辑经验主义的历史语境、中心问题、与特殊的学科哲学的关系以及对它的批评进行了系统的研究，在这些文章中，全部使用了逻辑经验主义这个名称。有鉴于此，我们在这里也统一采纳了逻辑经验主义的用法。

在逻辑经验主义的主要代表人物当中，有许多人在大学阶段是学习物理学的。例如，作为学派奠定人的石里克曾在德国海德堡大学学习物理学，1904 年在柏林大学马克斯·普朗克研究所完成《论光在非线性媒介中的反射》博士论文，1917 年出版了《当代物理学中的空间与时间：相对论与引力入门》一书，1922 年成为维也纳大学的归纳科学哲学的教授。赖欣巴赫曾在柏林、哥廷根和慕尼黑等大学学习数学、物理和哲学，后来，重点研究相对论力学的意义、量子力学的解释与概率等问题，至今仍然有影响的物理学哲学著作有《原子和宇宙：现代物理学的世界》（1933 年）、《从哥白尼到爱因斯坦》（1942 年）、《量子力学的哲学基础》（1944 年）等。卡尔纳普曾在柏林大学学习物理学，他的博士论文《空间与时间的公理化理论》是一篇被哲学家认为是纯物理学、被物理学家认为是哲学味太浓的论文。弗朗德（P. Frand）在维也纳大学学习物理学并成为职业物理学家，出版的物理学哲学著作主要有《物理学的基础》（1946 年）、《爱因斯坦：他的生活与时代》（1947 年）、《当代科学及其哲学》（1949 年）、《科学哲学：联结科学与哲学的纽带》（1957 年）等。费格尔（H. Feigl）曾跟随石里克学习物理学与数学，1927 年出版了他的第一本专著《物理学中的理论与实验》。亨佩尔（C. G. Hempel）曾在哥廷根大学、海德堡大学和柏林大学学习物理学、数学和哲学，1934 年在柏林大学完成了概率论方面的博士学位论文。

从时间顺序上来看，逻辑经验主义兴起的时代正是 20 世纪理论物理学中的两大革命性理论——相对论与量子力学——诞生的时代。当时，玻尔和海森伯等量子力学的创始人都曾发表过反经典实在论的言论。石里克曾用这些言论来反对他的老师普朗克的经典实在论中的形而上学（普朗克认为，好的科学理论普遍地派生了形而上学世界图像的真理的承诺，如果科学家只限于实证主义的层次，那么，他们几乎产生不出卓越的科学），他还引用量子力学对决定论的因果性概念的抛弃，进一步作为辩护逻辑经验主义信条的证据。弗朗德没有把玻尔的“互补原理”理解成是一种哲学解释，而是理解成关于有意义的陈述的语言预防剂，把量子力学的哥本哈根解释看成是与逻辑经验主义完全一致的，没有必要进行进一步的修正。赖欣巴赫试图用更一般的概率论来说明因果性概念。他认为，量子力

---

① Paolo Parrini, Wesley C. Salmon. Intredution//Paolo Parrini, Wesley C. Salmon, Merrilee H. Salmon, eds. *Logical Empiricism*: *Historical & Contemporary Perspectives*. Pittsburgh: University of Pittsburgh Press, 2003: 1

学在这方面已经提出了新的观念，这种新观念与传统的知识观和实在观完全相反。因此，需要对物理学的知识观与实在观做出新的哲学说明，这种说明不仅一定要“远离形而上学”，而且根据“经验主义的操作形式”，反对把量子力学关于原子世界的陈述看成是与普通的物理世界的陈述一样真实，因为我们不可能把量子“现象”理解成是“在严格的认识论意义上可观察的”。[①] 弗朗德把哲学的形而上学看成是“科学的鸦片”，认为“自然科学哲学”这个术语的意义应该与“学院哲学”明确地区分开来。麦克斯韦尔断言，量子力学的哥本哈根解释的观点，极大地影响了逻辑实证主义和逻辑经验主义的发展。[②]

从学派诞生所占有的无形资源来看，当时德国的几所重要大学（如慕尼黑大学等）是量子理论研究的国际中心，汇聚了一批智慧聪颖的国际顶尖人才，他们不断地传播着许多革命性的新思想与新理念。石里克作为逻辑经验主义的创始人，1917 年出版《当代物理学中的空间与时间》一书，这是关于相对论力学哲学的最早文献之一，也是最早试图把这个理论介绍给非物理学家的著作之一。1918 年，他又出版了研究认识论和一般科学理论问题的《广义知识论》一书。这本书中的许多观念后来成为逻辑经验主义的核心论点。1922 年，石里克在维也纳大学继任马赫和玻尔兹曼的席位，成为归纳科学哲学教授。之后，他不仅仍然坚持与当时一流的科学家特别是玻尔、爱因斯坦和希尔伯特（D. Hilbert）一直保持着联系，而且在他周围聚集了一群志趣相投的哲学家和科学家。这个小组定期地讨论他们相互感兴趣的话题。由于大多数人具有物理学背景，再加上当时的理论物理学的发展确实产生了许多非常革命性的理念。这种情形使得他们很快在一些反传统的观点上达成共识，主要包括以下几个方面：反形而上学的态度；坚定地相信激进的经验主义；高度地信任现代逻辑方法；深信哲学的未来在于其成为科学的逻辑。这个小组的成员把他们的观点看成是进一步延续与发展了马赫的实证主义传统和玻尔兹曼的哲学观念。同时，他们的观点也受到了罗素和维特根斯坦早期思想的深刻影响。他们试图从根本意义上只以经验的方式研究与基本科学概念相关的问题。

从认识论与方法论意义上来看，相对论力学与量子力学的产生，对在经典物理学的土壤中成长起来的经典实在观带来的颠覆性冲击，对理论物理学家关于物理学理论的基础问题的传统理解提出的致命性挑战，使得接受了物理学革命的人真正意识到，经典实在论所预设的许多形而上学的观点是不合理的。于是，他们

---

① Thomas Ryckman. Logical Empiricism and the Philosophy of Physics//Alan Richardson, Thomas Uebel, eds. *The Cambridge Companion to Logical Empiricism*. Cambridge: Cambridge University Press, 2007: 218-219

② Grover Maxwell. The Ontological Status of Theoretical Entities//Maitin Curd, J. A. Cover, eds. *Philosophy of Science: The Central Issues*. New York/ London: W. W. Norton Company, Inc., 1988: 1052

反对形而上学预设的情绪，以及他们从自己的科学研究实践中感悟到的关于物理学理论与测量过程的新理解，使得他们在传播新理论的过程中，成为经典实在论观念的叛逆者。一方面，不仅在爱因斯坦的狭义相对论的基础中能够发现物理学理论中固有的经验主义认识论和语义学假设，而且爱因斯坦对当代时空概念的第二次革命性论证在基本意义上与他的狭义相对论相平行，是建立在对以太理论的经验主义批判基础上的。[①] 另一方面，量子理论要求的统计因果性概念，量子测量过程中体现出的微观粒子之间的非定域性关联，更是强烈地映射出一种新的物理实在观。问题在于，这种新的物理实在观是什么呢？如前所述，对这个问题的回答在当时的量子物理学家中间是有很有争议的。然而，尽管他们对物理学理论的实在性问题的理解有所不同，但是，他们对测量现象与经验事实的客观性的理解，对不可观察的理论实体的本体性的理解，基本上是一致的。他们的最大分歧不在于是否承认理论实体的本体性，而在于理论符号与概念是否是对实体属性的真实描述。

在这种新旧理念正处于更替时期的物理学环境中成长起来的逻辑经验主义的这些主要代表人物，一方面，在不同程度上接受了物理学研究传统的教育，另一方面，又企图基于对新的革命性理论的理解，抛弃旧的传统。这就决定了，不管他们的哲学立场与观点有多么的新潮与革命，他们的成长环境与基本固定的思维方式，使得他们与当时的理论物理学家一样，都无意识地把他们研究问题的目光锁定在理论问题上，而把经验事实的无错性假设默认为他们的论证前提。这样，当逻辑经验主义者试图把他们的科学观与知识观建立在一般语言学理论的基础之上时，他们除了运用语言学的分析方法把科学命题区分为分析命题与综合命题之外，还有一个更重要的核心观念，就是提出了意义的证实理论。他们认为，分析命题的真假与世界无关，只根据命题的意义来做出判断，称为分析真理，分析真理在某种意义上是空洞的真理，没有任何事实性内容。综合命题的真假根据经验现象来判断，称为综合真理，综合真理具有经验内容。因此，意义的证实理论只适用于综合命题。知道一个命题的意义就是知道证实它的方法，或者说，如果一个命题没有办法得到证实，那么，就没有任何意义。在这里，“证实”意味着通过观察方法来证实。观察在广义上包括所有类型的感知经验。因此，感知经验成为判断命题意义的标准。

“证实主义”是一个强经验主义的原理，即经验既是意义的唯一来源，也是知识的唯一来源。在这个意义上，逻辑经验主义者对经验事实的理解实际上与经

---

① Lawrence Sklar. Foundational Physics and Empiricist Critique//Marc Lange, ed. *Philosophy of Science: An Anthology*. Malden/ Oxford/ Carlton: Blackwell Publishing, 2007: 143

典实在论者是一致的，都假定了经验事实是不可错的，是客观的。两者之间的最大区别在于，经典实在论者认为，根据这些观察现象提出的理论是对不可观察的理论实体的特征的描述，而逻辑经验主义者则反对进一步做出这种类型的形而上学的推论，而是只把语言与逻辑作为一种哲学武器，把科学看成是在日常生活中关于思想推理和解决问题的更加复杂而精致的版本。他们认为，科学的逻辑与科学史和科学心理学完全不同，既是价值无涉的，也是远离形而上学的，赖欣巴赫甚至明确地把“发现的语境”与“辩护的语境”分离开来，并把后者划归于心理学的范围。此外，他们还试图把科学理论发展为一般的语言、意义和知识的理论的一个组成部分，并理解成是对经验现象之间的不变关系的描述，把理论与实在之间的关系问题看成是无意义的形而上学问题排除在外。当逻辑经验主义把他们研究问题的目标重点放在科学理论的结构问题时，关于科学理论的结构模式的研究就变得重要起来。其中，卡尔纳普在阐述科学理论的层次结构模式时提供的工具主义的理论观和理论实体观是最具有代表性的。

二、工具主义的理论观

如前所述，在量子力学的哥本哈根解释的代表人基本上都认为，量子力学所提供的关于世界的知识，而不是对世界本身的描述。卡尔纳普受这种观点的影响，于1966年出版的《物理学的哲学基础：科学哲学导论》[①] 一书中，基于物理学史特别是量子理论的成果把科学中的定律划分为两种类型：经验定律与理论定律。经验定律是指能够被经验观察直接确证的定律，或者说，只包含有观察术语的关于“可观察量”的定律。卡尔纳普认为，“可观察量”这个术语通常用来指能够被直接观察到的任何一种现象。但是，哲学家与科学家对“可观察量”与“不可观察量”这两个术语的使用方式是相当不同的。对于哲学家来说，“可观察量”是狭义的，主要指像“蓝色的”、“硬的”、“热的”之类的能够被人的感官直接感知的特性；对于物理学家来说，这个术语是广义的，包括能够以相对简单而直接的方式进行测量的数量大小。在哲学家看来，80℃和93.5磅之类的量不是可观察量，因为它们是无法直接感知的，而在物理学家看来，两者都是可观察量，因为它们能够以极其简单的方式进行测量。物理学家认为，用尺子测量的长度、时钟计量的时间或分光计测量出的光波的频率等都叫做可观察量，而分子和电子的质量在某种程度上是不可观察的量，因为对这些量的测量程度是相当复杂的和间接的。

---

① Rudolf Carnap. *Philosophical Foundations of Physics: An Introduction to the Philosophy of Science.* Martin Gardner, ed. New York / London: Basic Books, Inc. Publishers, 1966: 225-246

因此，卡尔纳普指出，从感官的直接观察开始到用非常复杂的间接的观察方法进行的观察是连续的，在这个连续统中划不出明确的分界线，只是一个程度问题。卡尔纳普举例说，一位哲学家相信对面房间里传出来的他妻子的声音是可观察量。但是，假设他在电话里听到妻子的声音，那么，她的声音是否是可观察量呢？物理学家一定认为，当用普通的显微镜观察某物时，他是直接观察到了这个物体。那么，当他用电子显微镜观察时，也是如此吗？当他看到云室里的径迹时，他是观察到电子的轨道了吗？在这两种情况下，可观察量与不可观察量之间的分界线都是任意的。个别作者根据他们的观点在他们最方便的地方划出分界线，他们有理由拥有这种特权。在卡尔纳普的术语中，经验定律既包含了通过感官的直接观察，也包含了运用相对简单的技术进行的测量。这种定律有时被称为经验概括，不仅包括像"所有的乌鸦都是黑"这样的定性规律，而且包括像欧姆定律之类的从简单的测量中提出的定量定律。这些定律是科学家经过反复测量所发现的规律性，并以定律的形式表示出来。经验定律是用来说明观察事实和预言未来的观察事件。

理论定律是关于像分子、原子、电子、质子、电磁场等不能被简单地直接测量的实体的定律，或者说，是只包含有理论术语的关于"不可观察量"的定律。这些不可观察的量既可能是宏观概念，也可能是微观概念。在卡尔纳普看来，虽然"可观察量"与"不可观察量"是连续的，它们之间没有明确的分界线。但是，在实践中，它们之间的区别是非常明显的，不可能引起任何争论。所有的物理学家都一致认为，把气体的压强、体积和温度联系在一起的定律是经验定律，而关于单个分子的行为的定律是理论定律。理论定律比经验定律更普遍，是对经验定律的进一步推广。例如，物理学家观察到，铁棒加热后会膨胀，如果多次重复实验，结果相同，那么，他们就概括出一个经验定律，尽管这个定律的范围很窄且只能应用于特殊的铁棒。他们进一步用其他铁器进行实验，最后会得出更一般的定律：铁加热时会膨胀。同样，还能进一步推广到"所有金属……"，然后是"所有的固体……"。这些简单的概括都是经验定律。因为在每一种情况下，只涉及物体的可观察量。相反，与这个过程相关的理论定律是指铁棒中的分子的行为。我们用原子论使分子的行为与铁棒加热时会膨胀联系起来的。

卡尔纳普认为，理论定律与经验定律之间的联系方式，在某种程度上，类似于经验定律与单个事实之间的联系方式。一个经验定律有助于说明所观察的一个事实，也有助于预言新的观察事实。同样，理论定律有助于说明已经阐述的经验定律，也允许演绎出新的经验定律。就像把个别事实表现出的有序图样概括为经验定律一样，个别的经验定律适合于理论定律的有序图样。这提出了一个科学方法论的主要问题：经验知识如何能证明理论定律的断言是正确的呢？经验定律可以通过观察单个事实得到辩护，但是，理论定律的辩护不可能通过观察来进行，因为理论定律中所涉及的实体是不可观察量。理论定律不是通过归纳概括产生的，而是作为一种假设提出的。因此，在经验定律与理论定律之间需要一个“对应规则”联结在一起，理论定律中的不可观察量通过“对应规则”与经验定律中的可观察量联系起来。例如，在气体运动论中，通过气体的温度与其分子的平均动能成正比的规则，把不可观察的分子动能与可观察的气体温度联系起来。“对应规则”只一个术语问题，不是严格意义上的定义，它既包含有可观察量也包含有不可观察量。理论术语必须根据与可观察现象的术语相关联的对应规则来解释。这种解释必然是不完备的，总有可能增加新的对应规则，不断地修改对理论术语的解释。例如，物理学家对“电子”概念的解释就是如此。

卡尔纳普论证说，如果经验定律能够得到确证，那么，就间接地确证了理论定律。电磁波对麦克斯韦的理论模型的证实便是典型的例子。但是，卡尔纳普强调指出，对理论定律的间接确证，并等于说，理论是对“实在”的描述。理论仅仅是把实验的观察现象系统化为能有效地预言新的可观察量的某种模式，理论术语只是约定的符号。基本原理中之所以采用理论术语，是因为它们是有用的，而不是因为它们是“正确的”。谈论“真实的”电子或“真实的”电磁场是没有意义的。因为不可能直接观察到电子或电磁波的存在。这是一种“工具主义的”理论观。

这种理论观与实在论的理论观正相反，实在论者把电子、电磁场、引力波看成是真实的实体，并且认为，像苹果之类的可观察实体与像中子之类的不可观察实体之间没有明确的分界线。一个阿米巴用肉眼看不见，但是，通过光学显微镜可观察到，一个病菌通过光学显微镜观察不到，可是通过电子显微镜能够相当清楚地观察到它的结构。一个电子不可能被直接观察到，但是，在云室里可以间接地观察到它的径迹。如果允许说，阿米巴是“真实的”，那么，就没有理由不允许说，质子是同样真实的。关于电子、基因等实体结构的理论是可变的，但这并不意味着，在每一种可观察现象的背后，没有某种东西存在于“那里”，只是表明，科学家越来越多地了解了这些实体的结构。这种观点与前一章考察的玻恩的观点基本一致。

卡尔纳普认为，工具主义者与实在论者之间的这种矛盾分歧，在基本意义上是语言的问题，是在已知情形下，更喜欢哪一种说话方式的问题。说一个理论是可靠的工具（即它预言的观察事件得到了确证），在本质上，与说这个理论是真的，或者，说理论实体是存在的，并没有两样。但是，这不等于是支持了实在论的理论观，因为关于理论的实在性问题是一个没有意义的问题，理论描述的理论实体是不可观察的，因而是无法通过经验证实的。卡尔纳普为了进一步论证他的这种观点，进一步撰文就如何理解理论实体的存在性问题做了明确的阐述。

三、工具主义的理论实体观

卡尔纳普在《经验主义、语义学和本体论》[①]一文中，进一步把关于理论实体的实在性或存在性问题区分为两种类型：一种是在语言框架内质疑理论实体的存在性问题，称为内部问题；另一种是质疑作为一个整体的实体系统的存在性问题，称为外部问题。他认为，借助于新的表达形式能够阐述内部问题和对这些问题的可能回答。在日常语言中，最简单的实体类型是，在时空中有序的物质与事件系统。一旦我们根据物质系统的框架接受了物质的语言，我们就能提问和回答内部问题，例如，我的桌子上有一张白纸吗？真的有麒麟吗？这类问题通过经验调查来回答。在这些内部问题中，实在性概念是一个经验的、科学的、非形而上学的概念。承认某物是真的物质或事件，意味着成功地把它结合进一个特殊时空位置的物质系统，因此，它与其他承认是真实的物质结合在一起。

于是，卡尔纳普强调说，我们必须区分出关于物质世界本身的实在性的外部问题。与内部问题相比，外部问题既不是由老百姓提出的，也不是由科学家提出的，而是由哲学家提出的。实在论者提供了一个肯定的回答，主观唯心主义者提供了一个否定的回答，几个世纪以来，关于这个问题的争论一直得不到解决。它不可能得到解决，是因为关于外在世界的实在性问题本身是以错误的方式提出的。在科学意义上是真的，只意味着是这个系统的一个元素。因此，实在概念不可能被有意义地应用于这个系统本身。提出物质世界本身的实在性问题的那些人，也许并不打算作为一个理论问题来阐述，而是作为一个实践问题，似乎提出了一个关于我们的语言结构的实践决定问题。我们不得不做出选择，是否接受或运用我们所谈论的框架中的表达形式。如果某人决定接受物质语言，那么，说他接受了物质世界。但是，不一定把这解释为好像意味着他接受了物质世界具有实在性的信念。没有这样的信念或断言，因为这不是一个理论问题。接受物质世界意味着只是接受一定的语言形式，换句话说，接受了形成陈述的规则和检验、接受或拒绝它们的规则。基于已有的观察，接受物质语言也导致接受信念和某些陈述的断言。但是，物质世界的实在性的论题，不可能在这些断言之中，因为它需要用别的理论语言来阐述。

尽管接受物质语言的决定本身不是对自然界的认知，但是，通常会受到理论知识的影响，就好像谨慎地决定接受语言的或其他的规则那样。运用语言的目的

---

① Rudolf Carnap. Empiricism, Semantics, and Ontology//Edwaed A. MacKinnon, ed. *The Problem of Scientific Realism*. New York, Meredith Corporation, 1972: 103-122

是意向性的，例如，传达事实性知识的目的，将确定那些因素与这个决定相关，运用物质语言的有效性、富有成果性、简单性，可能在这些决定因素当中。关于这些性质的问题确实是一个理论的本性问题。但是，可能把这些问题混同于实在论的问题。它们不是“是与否”的问题，而是一个程度问题。对于绝大多数日常生活的目的来说，习惯的物质语言是非常有效的。这是一个基于我们的经验内容的事实问题。然而，下列说法是错误的：物质语言的有效性的事实，是确证了物质世界的实在性；而是我们应该说，这种事实使得接受物质语言成为合理的。因此，关于整个新实体系统的实在性或存在性的哲学问题，是一个外部问题。许多哲学家把这类问题看成是在提出一种新的语言形式之前必须提出和回答的一个本体论问题。他们认为，提出一种新的语言是合理的，唯一的条件是，通过一个本体论的洞察力提供对实在问题的肯定回答，能够证明这个问题是适当的。

卡尔纳普反对这种观点。他认为，提出新的交谈方式不需要任何理论的辩护，因为它没有蕴涵任何关于实在的判断。卡尔纳普仍然会说“接受新的实体”，只是因为这种说法方式是一种习惯；但是，必须记住，这个短语对他来说，只意味着是接受这个新的语言框架，即接受新的语言形式，并不一定必须被解释为“实体的实在性”的一个假设、一个信念或一个断言。根本没有这样的断言。关于一个实体系统的实在性的陈述，是一个伪陈述，没有认知内容。这个问题是一个实践问题，不是一个理论问题，即是否接受一种新的语言形式的问题。这种接受不可能用来判断真假，因为接受本身不是一个断言，只能被判断是否更方便，更有成效，更能达到目的。这种判断提出了决定是接受，还是拒绝这类实体的动机。

因此，在卡尔纳普看来，关于理论实体是否有本体性的问题是一个外在于语言框架的问题，应该作为无意义的问题排除掉。接受一个新的语言框架，相应于也就接受了由这个语言框架所假定的理论实体。但是，由于语言框架是作为一种工具来接受的，并不是作为真理来接受的，所以，理论实体也与语言框架一样，也是一个方便的工具。承认所接受的语言框架中的理论实体，并不等于承认，这个理论实体就是真实存在的。

以卡尔纳普为代表的逻辑经验主义者的这种工具主义的理论与理论实体观受到科学实在论者的批判。

第二节　量子论与科学实在论

科学实在论的最基本的版本是以经典实在论展开的。如果说，微观物理学理论对经典实在论信条的挑战，主要体现了理论变化所带来的本体论与认识论冲突的话；如果说，量子物理学家对经典实在论信条的反思与批判，在很大意义上，是出于为量子理论的合理性进行辩护的话；那么，从更普遍的意义上对科学做出系统的实在论辩护，则显然是科学哲学的事情。在科学哲学的发展史上，科学实在论复兴于20世纪60年代，发展于80年代之后。关于科学实在论的辩护主要有三种值得关注的论证：①科学映像的论证。代表人是塞拉斯（W. S. Sellars）；②“无奇迹”论证与“逼真”论证。代表人有斯马特（J. J. C. Smart）与普特南；③“操作”论证。主要代表人是哈金（I. Hacking）。[①] 科学实在论的目标主要是为量子力学所描述的电子、光子之类的理论实体提供一种本体论的理解。本节无意系统地追述科学实在论的所有论证方式，只是摘取与量子理论相关的某些片段，以映射量子论对科学实在论者的影响。

一、斯马特的无奇迹实在论

斯马特是苏格兰籍的澳大利亚哲学家，在牛津大学读研究生期间曾是英国日常语言哲学家吉尔伯特·赖尔（G. Ryle）的学生，其研究领域涉及形而上学、心灵哲学、宗教哲学和政治哲学等领域。斯马特反对把微观客体看成是一种“符号工具”的观点，认为微观客体与宏观物体一样，都是一种客观存在，既不能用其中的一个取代另一个，也不能将两者完全等同起来。斯马特在1963年出版的《哲学与科学实在论》一书的“物理对象与物理学理论”这一章阐述了这一观点。[②]

在这一章，斯马特通过对当时英美科学哲学界流行的两种类型的现象论的批判，分别论证了像桌子、石头、大树之类的宏观物体的实在性和像电子、光子、中子、质子、介子之类的物理理论提供的微观实体的实在性。斯马特指出，许多哲学家认为，微观实体根本不是世界的组成部分，而是预言宏观物体行为的有用的概念手段。根据这种观点，说电子是真的，只是说“电子”这个词在使我们能预言和控制宏观层次事件的物理学理论中起到了有用的作用。物理学家谈论的电子可能只是谈论像验电器和威尔逊云室之类的宏观对象的观察结果的一种简洁方式。在类似于墙壁是由砖块砌成的意义上，桌子并不是由质子、电子、中子等制成的。这种观点通过马赫传播开来，并延伸到量子力学的哥本哈根解释的代表人当中。这种观点在某些方面与现象论的哲学教条很相似。

在斯马特看来，现象论者的基本观点认为，物质是“一种感觉的固定不变的

① 关于这些论证的详细阐述参见：成素梅．理论与实在：一种语境论的视角．北京：科学出版社，2008

② J. J. C. Smart. *Philosophy and Scientific Realism.* London：First Published by Routledge & Kegan Paul Ltd，1963：16-49

可能性”，换言之，他们对经验的假设命题是，关于桌子和椅子的陈述大致来源于这样的形式：“如果有如此这般的感觉经验，那么，就会有如此那般的其他感觉经验。”斯马特说，他所要反对的关于理论实体的观点是，假设了像桌子、椅子、石头之类的宏观物体的实在性，而把像电子、光子之类的理论实体看成是观察宏观物体的“固定不变的可能性”。这种观点的代表人不管是否是关于宏观物体的实在论者，他们一定是关于微观客体的现象论者。斯马特区分了两种现象论：如果假设谈论电子只是谈论电流计、阴极射线管等观察结果的有用方式，也假设谈论电流计和阴极射线管只是谈论我们的感觉经验的一种方式，那么，这就把谈论电子本身恰好看成是谈论感觉经验的一种方式。因此，关于理论实体的现象论也支持了关于宏观物体的现象论。但是，两种现象论不一定总是相伴随的。如果你是一位关于电流计的现象论者，你一定也是关于电子的现象论者；但是，你还可能是关于电流计的实在论者和关于电子的现象论者。

斯马特首先对宏观物体的现象论进行了反驳。他认为，关于宏观物体的现象论观点所存在的困难是：其一，它很难对感觉经验的假设命题的本质做出精确的描述，因为也可能会出现幻觉或梦境之类的感觉经验；其二，它需要说明语句中的“我”这个词的含义，因为经验交流总是从“我”的个人体验开始的，对于感觉者而言，很难看到如何避免像黄疸病人把白纸看成是黄色的这样的感觉事实；其三，现象论者必须承认，对于宇宙中的所有生命体来说，他们的假设过去与将来都会是无矛盾的。这一点很难得到保证。特别是，当现象论者谈论一个无生命的宇宙时，不得不根据没有现实基础的可能性来进行，这是令人难以理解的。因为根据他们的观点，宇宙是由现实的和可能的感觉印象组成的。无生命的宇宙只能由可能的感觉印象所构成。然而，人们独立于所有现实性是无法谈论经验可能性的，或者说，可能性的判断只有在现实性的基础上才能做出。玻璃窗会被打碎的可能性是根据玻璃的分子和物理结构做出的判断，或者说，是基于过去同样的玻璃窗被打碎过的经验做出的判断。

在这里，斯马特论证说，实在论者很容易谈论“可能的”感觉印象。因为在某种程度上，实在论者把这种可能性看成是基于物质语言层次的某种现实的规律性所获得的，也容易明白，在常识的层次上，我们能够支持我们谈论获得某种感觉印象的可能性。然而，现象论者只能通过现实的感觉印象中的规律性来谈论可能性。虽然这种规律性在特定的人的感觉印象中确实是存在的，但是，它们是偶然的概括，依赖于人的感受与环境。例如，“这间屋里的所有的啤酒瓶都是空的”这个命题所提供的信息是，“如果这间屋里有啤酒瓶的话，那么，它们一定都是空的”。但是，它不允许我们做出关于未来的预言。因为我们在这间屋里看到了所有啤酒瓶，并发现它们都是空的。因此，“我”的感觉印象中的感觉印象将是依赖于我自己的环境的偶然事实，进一步的结论是，关于可能的感觉印象的概念是得不到任何支持的。

所以，我们应该使自己摆脱感觉证据的束缚，牢记我们是很积极地与物质世界相联系的。从生物学的意义上来看，我们获得知识的过程没有任何神秘性，我们的学习过程依赖于我们的感觉器官并通过光线、声波等获得信息。智能机具有的经验学习能力，是证明这种观点的一个简单事例。一旦你从生物学上思考人的感知，那么，你的思考就是根据动物的刺激反映能力进行的。这就很难把物体看成是需要分析的感觉证据。确实，事实恰好相反。物体不能根据感觉经验来理解，但是，感觉经验可以根据物体来理解。斯马特在这本书的第四章与第五章专门详细地论证了心灵状态为什么会与感觉状态相一致，或者说，感觉为什么会与大脑过程相统一的观点。然而，对宏观物体的现象论的反驳并不是斯马特的科学实在论的主要核心。他真正所要维护的是关于理论实体的实在论观点，并试图把物理学的基本粒子看成与桌子和电流计一样是在哲学上令人尊敬的实体，或者说，认为物理学理论所假定的微观层次的理论实体是“世界内容”的一个组成部分。斯马特对这种观点的论证是从其可能遭到的反驳开始的。

他认为，关于理论实体的本体论地位的最极端的反对观点是，把关于电子、质子等的语句翻译为关于电流计和云室等的语句。根据这种观点，电子和质子是来自宏观物体的逻辑构造，就像平均人高是来自所计数的人高的逻辑构造一样。[①] 然而，科学哲学家对逻辑经验主义的批判已经表明，不可能把理论语句明确地翻译为观察语句。首先，科学理论表达了比经验事实和概括更多的内容。退一步讲，即使科学理论没有“表达出更多的内容”，它也恰好等同于这些事实与概括。因为过去的事实和概括不可能在逻辑上蕴涵未来的事实和概括。其次，如果理论术语是观察术语的逻辑构造，那么，这将会意味着，我们不可能根据新的证据修改或扩展我们的理论，相反，总是不得不彻底地建构新的理论。再次，克雷格定理尽管对于逻辑学中的公理化理论来说是很重要的，但是，并不能证明它是反对科学中理论实体的哲学实在论的武器。最后，“电子”这个词是从它在物理理论中所起的作用获得其意义的，物理学理论排除了我们看到电子等微观粒子的可能性。因此，基本粒子是不可能被看到的。或者说，理论既维护了基本粒子的存在性，也说明了它们的不可观察性。

但是，斯马特也承认，基本粒子确实是非常奇怪的东西。如果当前的物理学

---

① 这里说的A是B的逻辑构造，是指包含有A的词语的句子能被翻译为不包含A这个词，只包含与B相关的词的句子。例如，我们说某个地区的年平均温度是20℃，是把一年四季的这个地区每天的温度相加再除以365天得出的数字

理论被放弃或被彻底地修改，我们也必须放弃关于这些粒子的存在性断言，这也是真的。特别是，关于微观实体的经典观念一定会得到彻底的修正，我们当前的观念一定会在未来经历很大的改变。事实上，当前的量子力学还不能令人满意，物理学家一定期待着发现新的更简单的理论。尽管如此，如果我们假设“电子”将会遭受到和“燃素”一样的命运，那将是毫无道理的。因为无论我们在旧语言中对电子给出什么样的描述，在新的语言中也必须提供对它的描述。例如，当德布罗意开始把电子说成是一个波包时，当时，“波包”仍然试图描述以前的“粒子”的行为。这种情形完全不同于海蛇怪的情形，古代和近代的航海者曾对海蛇怪有所描述或错误地描述过，现在的水手把它描述为海豚类。

斯马特强调指出，我们有许多理论上的理由支持不应该采纳现象论者的解释。首先，现象论既是不可证明的，也是难以令人置信的。从实践的视角来看，如果我们是现象论者，我们将会很危险地满足于当代的物理学现状。因为当代理论物理学的理论越来越远离经验与现象世界，变得越来越抽象。其次，物理学中的观察总是负载有理论的，并不只是一个获得指针读数的问题。物理学的语言向我们所提供的图像比日常语言提供的图像更准确。最后，如果认为关于理论实体的现象论解释是正确的，那么，关于电子等的陈述就只具有工具的价值：它们只能使我们预言云室层次的现象，根本不可能排除这些现象的令人吃惊的特征。无可否认，如果物理学家经过反思后发现，世界竟然包括这些稀奇古怪、在本体论意义上相分离的现象，他们会感到不可思议。如果我们以实在论的方式解释一个理论，那么，我们就不会对云室等揭示的现象感到惊奇。这是因为，如果确实有电子等存在，恰好是我们所期望的。许多令人不可思议的事实不再让人感到奇怪。但是，反过来，如果在没有电子存在的情况下，光电效应能继续发生效用；在没有光子存在的情况下，电视图像仍然能把光信号转换为电子信息，这绝对是一种奇迹。

总之，斯马特通过对关于理论实体的现象论观点的批判论证的观点是，只有根据科学实在论的观点才能合理地理解当代科学的成功。否则，这些成功就会成为一件不可思议的事情。

二、普特南的内在实在论

普特南是当代著名的美国哲学家，是心灵哲学、语言哲学和科学哲学界的重要人物。普特南的科学实在论立场曾发生过两次大的转变：第一次是在 20 世纪 70 年代末 80 年代初，由于受蒯因（W. V. O. Quine）思想的影响和对量子力学解释、量子逻辑及其数学哲学研究的不断深入，从“形而上学的实在论”转向了“内在实在论”；第二次是自 80 年代末以来，由于对科学主义和分析哲学越来越感到失望，在实用主义哲学的影响下，假设了心灵与世界之间的关系的“认知界面”模型，放弃了“内在实在论”转向“直接实在论”。[①] 因此，普特南的哲学研究重点也相应地可分为三个时期，早期主要是从实在论的特殊视角，阐述特殊的科学哲学问题，重点是数学哲学和量子力学哲学，他的这些文章收录于1975年出版的《数学、物质与方法》[②] 一书中，其中，与量子论相关的文章是“哲学家看量子力学”（1965）和“量子力学的逻辑”（1968），还有一篇是“物理学哲学”。中期研究主要基于他对量子力学的理解，通过对20世纪占有绝对优势的逻辑经验主义的意义证实理论和现象论观点的批判，对所存在的各种科学实在论立场的剖析，以及对真理、指称和意义概念的阐述，来论证“内在实在论”的观点。晚期则主要集中于心灵哲学和伦理学等更一般的哲学问题的研究。

普特南曾在20世纪50年代与赖欣巴赫一起工作过并自称是赖欣巴赫的学生。他在1965年发表的“哲学家看量子力学”的文章主要是尽可能通俗地说明量子力学的解释为什么是一个哲学问题。事隔40年之后的2005年，他又在《英国科学哲学杂志》发表了“哲学家再次看量子力学”的文章[③]。他在这篇文章的内容摘要中指出，在1965年的文章中，他还没有看到贝尔等的工作，也没有讨论量子力学的多世界解释。由于这些理由，他决定在40年之后，对量子力学的其他额外解释和有关非定域的知识做出阐述。但他也明确指出，这篇文章不讨论他自己在1968年提出的量子力学的逻辑解释，因为他在1994年的文章中论证了他提出的这个解释是不可行的。2005年的这篇文章是以内在实在论为前提，对量子力学的解释进行分类研究，而不是为某个特殊的解释作辩护。这表明，普特南不仅始终关注量子力学的最新发展，而且，他的内在实在论思想与他对量子力学哲学问题的关注是不可分的。他在1975年第一次发表、1981年再版的《量子力学与观察者》[④] 一文中的论述印证了这一点。

普特南在1968年的《量子力学的逻辑》一文中第一次基于量子测量过程的研究提出了对量子力学的一种逻辑解释。在1981年发表的《量子力学与观察者》一文中，以双缝干涉实验为例较详细地讨论了冯·诺伊曼的量子测量理论和薛定谔的猫悖论等测量问题之后，进一步重申了他的这种解释。在他看来，量子力学

---

① 直接实在论是心灵哲学中的一种观点，主要是指所有的感知都是对物体外表的直接感知。如果这个论点是真的，与感知联系的哲学问题就有可能得到解决

② Hilary Putnam. *Mathematics*, *Matter and Method*: *Philosophical Papers*. Vol. 1. Cambridge: Cambridge University Press, 1975

③ Hilary Putnam. A Philosopher Looks at Quantum Mechanics (Again). *British Journal for Philosophy of Science*, 2005, 56 (9): 615-634

④ Hilary Putnam. Quantum Mechanics and the Observer. *Erkenntnis*, 1975, 16 (2)

的惊人特征是“态的叠加”，量子力学的所有解释都是在阐述这一问题，但是，人们不应该以经典的方式进行思考，在物理学的思维方式中起作用的并不是从形式上证明不存在隐变量的量子理论，而是他们如果以经典方式思考问题，就会与可理解的物理学图像不相符。对物理学家来说，有用的思维方式是把叠加态也看成是一个新的态，即一种新的条件（condition）。普特南认为，这只是物理学家的传统智慧（conventional wisdom），然而，每一位量子力学哲学家都会从某个方面对这种传统智慧提出挑战。他本人便中是其中之一。

普特南认为，量子力学的解释问题是一个哲学问题，不是物理学问题，他希望通过提出一种能够使共轭变量同时存在的非经典逻辑，来解决测量问题。因为在他看来，量子测量问题不是通过提出新的技巧或者新的应用来解决，而是通过对量子态的重新定义和解释来解决，他把逻辑与量子力学的关系与几何与广义相对论的关系作了比较，认为两者之间的一致性可明确地表述为①

$$\frac{\text{几何}}{\text{广义相对论}}=\frac{\text{逻辑}}{\text{量子力学}}$$

这种关系意味着，如果说，广义相对论导致了一种新的几何观念，即非欧几何，那么，量子力学也应该被看成是导致了一种新的逻辑，即非经典的量子逻辑。其基本的观念是，如果 L 是经典逻辑，P′是用这种逻辑得出含有“悖论的”物理学概念。现在，引入一种新的非经典逻辑 L′来恢复经典实在论的“旧的”非悖论的物理学 P，从而使得下列等式成立。

$$L+P'=L'+P$$

这种借助于修正逻辑来消除量子悖论的解决方案主要包含两方面的内容：一是坚持了整体论的约定论思想，二是抛弃了过去坚持经典逻辑 L 而容忍悖论的物理学 P′的传统思维方式。提出以选择新的逻辑 L′为代价，来消除悖论的物理学。不把逻辑看成是主要关于有效结果的概念，也不把逻辑看成是在有效论证中，能够把真理从前提传递到结论的体系。这种看法使关于世界的真的命题与逻辑真之间的区别变得模糊起来，使逻辑像经验几何一样成为一门经验科学。到目前为止，这种为量子力学提供一种实在论解释的努力，还只是少数哲学家的努力，普特南本人在 1994 年的文章中承认他提出的逻辑解释是不可行的。

然而，普特南通过对量子测量问题的讨论，看到了经典实在论（即他所说的形而上学实在论）的局限性，并根据量子测量的相对性形成了以多元真理论为核心的内在实在论的观点，是值得注重的。他认为，关于微观客体的讨论只有在某

① Michael Redhead. *Incompleteness, Nonlocality, and Realism—A Prolegomenon to the Philosophy of Quantum Mechanics*. Oxford University Press, 1987

个理论或框架内提出才有意义。就像我们对量子测量现象的认识是相对于测量设置一样，我们关于世界的认识也只能在我们的语言（文化）框架内现实，真理是理想化的理性的可接受性，是信念的融贯，而不是与实在的相符。普特南的这种观点与卡尔纳普的观点基本上一致的。

普特南把实在论区分为“Realism”和“realism”两种形式。他认为，如果我们的所作所为是成为一名“实在论者”，那么，我们最好是小写 r 的实在论者。但是，“实在论”的形而上学版本超出了小写 r 实在论的范围，带有典型的哲学幻想的特征。[①] 这种大写 R 的“实在论”至少有两种不同的哲学态度：只认为“科学客体”是真实存在的哲学家自称为实在论者；但是，坚持桌子等宏观物体也是真实存在的哲学家，也是实在论者。根据现象学家胡塞尔的观点，第一种思路表达了“外在客体”的一种新方式——数学物理的方式。这是自伽利略革命以来出现的一种西方思维：运用数学公式来描述“外部世界”。这两种态度或关于世界的两种图像，带来了许多不同的哲学纲领。[②] 普特南在 1982 年发表在《哲学季刊》第 32 期的另一篇文章中，又把当代科学实在论划分为下列三种基本类型，并通过对每一种类型的实在论态度的阐述，来表明他自己的实在论立场。[③]

其一，作为唯物主义的科学实在论（scientific realism as materialism）。普特南认为，这种实在论把所有的特性都看成是物理特性，或者说，我们能够把“意向性的”或语义学的特性还原为物理特性，例如，大家熟悉的语义学的物理主义的主要观点是，X 指称 Y，当且仅当，通过一种适当类型的“因果”链条把 X 与 Y 联系起来。这种观点面临的一个众所周知的困难是，物理主义者如果不运用语义学的概念就无法阐述把什么算做是“适当类型”；另一个困难是，混淆了两种不同的“因果性”概念：第一种是数学物理学运用的因果性概念：“因果关系”是一个系统的“态”之间的精确关系，其中包括在决定论的意义上存在着从较早的态转变到后来的态的转换函数。第二种存在的因果性概念是作为一个事件的“产生者”。例如，老师对学生的论文的批评可能是导致学生情绪低落的原因。这种因果关系不可能根据物理学的概念来定义。在这种情形中，“背景条件”和“诱因”的区分是兴趣相关和理论相关的。普特南指出，如果“科学实在论”是这种科学的扩张主义，那么，在这种意义上，他申明自己就不是一位实在论者。

---

① Hilary Putnam. *Realism with a Human Face*//James Conant, ed. Cambridge: Harvard University Press, 1990: 26

② Hilary Putnam. *The Many Faces of Realism*: The Paul Carus Lectures. LaSalle: Open Court Publishing Commany, 1987: 4

③ Hilary Putnam. Three Kinds of Scientific Realism//James Conant, ed. *Words and Life*. Cambridge: Harvard University Press, 1994: 492-498

因为在他看来，真理、指称和辩护是新生的（emergent），不能被还原为特定语境中的陈述与术语。因此，物理特性与意向特性都是存在的。在这个意义上，他自称是一位二元论者，更确切地说，是一位多元论者。

其二，作为形而上学的科学实在论（scientific realism as metaphysics）。普特南认为，这种实在论是指接受菲尔德所说的“形而上学的实在论$_1$”——认为世界是由一个确定的独立于心灵的客体集合组成的；也接受“形而上学的实在论$_2$”——认为关于世界存在方式的描述是千真万确的和完备的；还接受“形而上学的实在论$_3$”——认为真理就是某种类型的符合。① 三者之间不是彼此独立的，而是相互依赖的。这种观点除了华而不实之外，没有明确的内容，或者说，它是作为一种有力的超验图像呈现出来，这是一种强硬的实在论立场，也是一种“上帝之眼”的观点。普特南曾在多篇文章中对这种观点进行了批评。他认为，这种观点实际上很容易会走向自己的反面，成为对相对主义观点的一种辩护。“逼真”论证或“科学的成功”论证都不可能证明这种真理概念是合理的。普特南试图使它的“内在实在论”成为介于这种经典实在论与反实在论之间的第三种方式。他指出：“我不是一位‘形而上学的实在论者’。在我的观点中，就我们现有的概念而言，真理不会超越正确断言（在正当条件下）的范围……真理是多元的、不明确的、无限的。”②

其三，作为逼真的科学实在论（scientific realism as convergence）。在普特南看来，当代逻辑实证主义的科学哲学是以“意义”理论为出发点的，因此，批判实证主义观点的任何一种形式的实在论都必须包括对相互竞争的理论的概述。“逼真实在论”正是在这种背景下产生的。其基本观点是，认为既存在着电子之类的理论实体，也存在着像桌子之类的宏观客体，或者说，把关于“线圈中有电流”的陈述看成与“这间屋里有把椅子”的陈述一样客观。普特南称自己是在这种意义上的“科学实在论者”。这种实在论的核心假设是：在成熟的科学理论中，后面的理论比前面的理论更好地描述了前面理论所涉及的实体，或者说，后面的理论对前面理论所指称的实体的描述更接近于真理。普特南认为，这种观点是正确的。只有这种假设，才能够说明科学成果的可交流性。这意味着，理论假定的相互关系不是精确的，而是具有一定程度的误差，只是一种近似正确的理论。比如说，我们不会预期今天的物理学理论没有变化地幸存下来；而是希望，明天的物理学理论与今天的理论具有概念上和经验上的不同。关键的问题是，在

---

① Hilary Putnam. *The Many Faces of Realism*: The Paul Carus Lectures. LaSalle: Open Court Publishing Commany, 1987: 30

② Hilary Putnam. Three Kinds of Scientific Realism//James Conant, ed. *Words and Life*. Cambridge: Harvard University Press, 1994: 495

什么样的意义上，我们才能认为明天的物理学对我们今天所说的电子给出了更好的描述呢？

普特南认为，拉卡托斯（I. Lakatos）在他的研究纲领中通过“硬核”假设，使后继理论中指称的实体等同于前面的理论中指称的实体。这种做法是无助的，除非“硬核”与“保护带”是站在后面理论的立场上得出的。如果是这样，“硬核”假设就不再可能得以维持。例如，狭义相对论中保持了牛顿物理学中的动量、动能、力、质量等概念。如果我们在“非相对论性”的低速和宏观的情况下，把“硬核”看成是近似正确的牛顿力学定律，那么，我们就能够把狭义相对论看成是保持了牛顿物理学的“硬核”。然而，这完全是根据牛顿的观点以任意的方式来定义“硬核”。当代的新实证主义者也没有放弃知识增长的观念。但是，他们基于观察语言来谈论知识增长的观点并没有合理的动机。因此，这种观点很容易遭到反对。现在，一些科学哲学家（如劳丹）认为，使相互矛盾的理论中的术语指称相同的实体是毫无意义的。100 年前的物理学家指称的实体没有一个能说现在是存在的（因为这些理论的“经验陈述”是错误的——例如，理论的预言被证明是错误的），而且，后面的理论是关于前面理论所支持的实体，也是没有价值的。理论是产生成功预言的“黑箱”，后继理论不可能更接近于对微观实体的正确描述。

普特南提出“宽容原理”（the principle of charity）来反驳这种观点。宽容原理的意思是说，为了避免我们解释中的许多错误信念或不合理的信念，我们应该经常把不同理论中的相同术语的指称看成是同一的。没有理由不接受这个原理。接受了这个原理，就等于是接受了一组理论的观点。这是因为，一旦一个术语不管是以直接引进事件的方式还是以间接向别人学习的方式被引进到某人的词汇当中，在这个人的用语中，这个词的指称就是固定的，一旦指称被固定下来，人们就能用这个词阐明关于这个指称的许多理论，甚至阐明这个指称的理论定义是否是正确的科学描述，这样就使一个科学术语成为跨越理论的术语。例如，如果“电子”这个术语跨越了从经典物理学到量子物理学的变化，仍然保持它的指称，那么，“线圈中有电流”就可能是正确的。因此，在一定程度上，我们能够做到把适合于一种语言的真理和指称的概念看成是跨越理论的概念。[①]

基于这种反驳，普特南从一个术语的“意义”出发来论证自己的实在论立场。首先，他认为，客体与存在概念并不是神圣不可侵犯的，客体的概念不能独立于概念框架而存在。因为除了概念选择之外，根本没有一个标准来判断逻辑概

① Hilary Putnam. Mind, Language and Reality: Philosophical Papers. Vol. 2. Cambridge: Cambridge University Press, 1975: 202

念的用法。或者说，如果没有阐明所使用的语言来谈论事实，只是一种空谈。因为在普特南看来，“意识到存在量词本身能够以不同的方式——与形式逻辑的规则相一致的方式——来使用，是很重要的。”①其次，他认为，一个术语的“意义”比一个语句的“意义”更重要。指称不仅是一种“因果联系”，它也是一个解释的问题。解释在基本意义上是整体论的问题，在这种前提下，事实与价值是相互渗透的，而不是彼此独立的。“意义”是一种“用法”，并不是对意义的定义。为此，普特南承认，他的“内在实在论”是一种实用主义的实在论（pragmatic realism），它提供了使实践和世界中的现象具有意义的一个图像，而不是寻找“上帝之眼”的观点。对世界的这种图像只有通过科学的成功才能证明是正当的，或者说，关于实在论的肯定论证是不使科学的成功成为一种奇迹的唯一哲学。

普特南在2005年的《哲学家再次看量子力学》一文中，正是以这种内在实在论为前提，对量子力学的各种解释进行了评价。他这一篇文章的开头，他首先重申了1965年的文章的部分观点，他认为，在20世纪30年代物理学家中间流行的操作主义是错误的，因为物理学家在讨论电荷、质量等概念时，他们是在讨论能够通过其形式特征、所遵守的定律系统及其效应区分出来的一个特定的量。在字面上把关于电荷、质量的陈述“翻译”为关于可观察量（如仪表的读数）的陈述是一种曲解。对于实在论者来说，与量子力学相关的所谓解释问题是如何用与实在论相一致的立场理解量子力学的问题。普特南讲了一个小故事说明物理学家对待量子力学的态度变化。他说，他在1962年与一位著名的物理学家讨论量子力学问题时，这位物理学家一开始对他说：“你们哲学家总是认为理解量子力学是有问题的，而我们物理学家自玻尔以来已经更好地理解了量子力学。”结果，他们坐在剑桥的长椅上讨论了一段时间之后，这位物理学家对普特南说：“你是对的，你使我相信确定这里是有问题的，不过，很抱歉，我不可能花几个月时间解决这个问题。”可是，当普特南在2005年的一次学术会议上再次听到这位物理学家关于夸克理论的报告时，他的观点已经发生了相当大的变化，他说，“根本就没有关于量子力学的哥本哈根解释，玻尔是对一代物理学家进行了洗脑。”②

普特南讲的这个小故事说明，与20世纪的第一代物理学家相比，当代物理学家已经完全接受了量子力学的语言系统，并且运用这一语言系统进行更深入的

---

① Hilary Putnam. *The Many Faces of Realism*: The Paul Carus Lectures. LaSalle: Open Court Publishing Commany, 1987: 35

② Hilary Putnam. A Philosopher Looks at Quantum Mechanics (Again). *British Journal for Philosophy of Science*, 2005, 56 (9): 619

研究。正是在这种意义上，普特南认为，用与实在论相容的方式理解量子力学的问题，首要前提是先明确量子力学在说什么。也就是说，从量子力学的形式体系出发，而不是从哲学假设出发，理解量子力学。他基于对量子力学的理解和逻辑经验主义的批判，抛弃了经典实在论，形成了内在实在论的观点。

三、哈金的实体实在论

哈金是加拿大科学哲学家，1956 年获得数学与物理学学士学位，1962 年在剑桥大学师从维特根斯坦的学生，获得哲学博士学位，长期从事科学哲学与科学史研究。主要从事数学史与数学哲学的研究。他在研究统计推理和概率问题时，涉及经典物理学家与量子物理学家的观点，但没有像普特南那样专门研究过有关量子力学的哲学问题。因此，量子力学对哈金影响是间接的。这种间接影响通过他的实体实在论立场体现出来。

哈金在 1983 年出版的《表征与干预》① 一书中基于物理学实验操作，论证了一种解构理论实在论倡导实体实在论的观点。他认为，试图从实验结果的实践中追溯产生现象的内在原因，以达到证明理论实体的本体性的论证方法，是站不住脚的。因为这种论证方式过分强调理论，忽视了实验在科学研究中的重要作用。另一方面，这些论证主要集中于成熟科学的最终成果，是以原始的有条理的教科书中的事例为依据的。但是，事实上，正如库恩早以指出的，在真正的科学研究过程中，科学家很少使用教科书中的理论。实验科学家所依靠的是实验成就的价值和重要性。② 为此，哈金呼吁，科学实在论者应该从最初试图对科学理论的实在性提供普遍说明的意义上撤退下来，把论证的视域聚集到科学家的实验操作和对实验现象的理解过程当中，把对科学的实在论解释，限定为只是对理论实体的实在性做出恰当的说明，而不承诺提出这些实体的理论一定是真的。或者说，只相信科学家在实验过程中实际“操作”过的理论实体的本体性，但是，不一定确信描述理论实体的理论是正确的。

哈金的《表征与干预》一书共分三大部分十六章内容。其中，第一部分是对现有的理论实在论和反实在论的基本观点的简要追溯。第二部分是对以表征为基础的理论实在论的批评。第三部分是基于大量的科学实验案例，通过对实验、观察和测量三个基本概念的剖析，达到两个主要目的：一是试图从实验哲学与哲学史的视角澄清关于观察与理论、现象与测量等基本概念之间的关系；二是通过

---

① Ian Hacking. *Representing and Intervening: Introductory Topics in the Philosophy of Natural Science*. Cambridge: Cambridge University Press, 1983/1987

② Robert Klee. *Introduction to the Philosophy of Science*. New York: Oxford University Press, 1997: 218

对过分夸大观察负载理论论点的批评，立足于“实验有自己的生命力”的基本论点，阐述了“实体实在论”的观点。

哈金指出，理论实在论认为，我们最好的科学理论是真的，近似于真的，或比前面的理论更接近于真理；关于理论的反实在论否认这一点，认为科学理论充其量是有根据的、适当的、好用的、可接受的，但是难以置信的。实体实在论则认为，一个好的理论实体确实是存在的；关于实体的反实在论否认这一点，认为理论实体是虚构的、是逻辑的建构、或者，是关于世界推理的某种智力工具。在这两类实在论当中，还能区分出其他不同的立场。比如，有些科学哲学家可能既是关于理论的实在论者，也是关于实体的实在者；有些则只是关于理论的实在论者；他自己则只是关于实体的实在论者。哈金为了论证“实体实在论”的基本立场，首先必须解构“理论实在论”。为此，哈金首先占用很大的篇幅运用类比的方式对关于理论的实在论与反实在论之争做出了详细的剖析。

哈金把哲学史上现存的科学实在论与反实在论之间的战争，分为三种类型。

其一，殖民战争（colonial war）。科学实在论者说，电子、介子和 μ 介子像“我们的”猴子和肉丸子一样，都是真实存在的。我们知道关于每一类事物的某些真理，也能发现更多的真理。反实在论不同意这一点。在从孔德到范·弗拉森的实证主义传统中，猴子和肉丸子的现象学行为是众所周知的，但是，当谈到 μ 介子时，认为它至多是用来预言和控制的智力建构。关于 μ 介子的反实在论者，可能是关于肉丸子的实在论者。哈金之所以把这场战争称为殖民战争，是因为一方试图开拓新的领域，并把这些领域称为实在，而另一方则反对这样富于幻想的领土扩张主义。

其二，内部战争（civil war）。这主要是指近代哲学史上的争论。比如，在洛克和贝克莱之间的争论，就属于内战的形式。实在论者（洛克）说，许多熟悉的实体是独立于心理变化而存在的：即使没有人类思想，猴子也是存在的。唯心主义者（贝克莱）说，任何事物都是精神的。哈金之所以把这种战争称为内部战争，是因为这场战争是以日常经验为基础的。

其三，全面战争（total war）。这场战争主要是当代的产物。可能开始于康德。康德不承认有内部战争的假设。认为物质事件与精神事件一样是确定的，两者之间确定是有区别的。物质事件是在时空是发生的，是“外在的”，精神事件的发生只有时间但不占有空间，是“内在的”。波义德认为，在当代科学哲学中，普特南改变了科学实在论与反实在论之间的战争形式。他开始是以殖民战争的形式论证科学实在论，主要关注指称的问题。后来，他改变了论证的立场，像康德那样进入了全面战争，转向关注真理问题，并像许多近代哲学家一样，围绕真理观阐述他的哲学。

哈金重点对普特南的“内在实在论”进行了评析并与康德的观点作了对比之后总结说，一方面，他不同意普特南把“客体”理解为依赖于概念框架而存在的观点；另一方面，按照这种科学实在论的观点，根本不存在对世界的正确的终极表征，这种观点有可能把科学实在论的论证推向其反面。哈金认为，无论如何，不论是科学实在论，还是反实在论，就像17世纪的认识论一样，只关注作为表征自然界的知识。如果理论与观察之间有明显的区分，我们也许还能把观察到的东西看成是真的，把用来表征的理论看成是观念。但是，当科学哲学家教导我们说“观察负载理论”时，我们还完全把目光锁定在表征方面，就会导致各种版本的反实在论。从这个意义上来说，当前的科学哲学家在某种程度上都是知识论的专家。但是，问题不是由作为表征世界的知识观引起的，而是源于以牺牲介入（intervention）、行动和实验为代价，专注于表征、思考和理论，或者说，当前关于理论的实在论与反实在论之争来源于只重视对理论与世界关系的反思。这些哲学家喜欢的不是无趣的观察和认知科学中的数学建模，而是对真理的先验幻想，对表征与实在之间的对应关系的单纯追问。

哈金认为，从哲学人类学的角度来看，“表征与实在”这两个概念是密切联系在一起的。“实在只是人类学事实的副产品，更谨慎地说，实在概念是关于人类的事实的副产品”[①]。“表征”是外在的和公共的，它们是最简单的墙上的一个草图，或者，延伸到关于电磁力、强相互作用力、弱相互作用力和万有引力的精致理论。科学哲学中的“表征”概念是指一个理论，而不是指单个语句，表征是与图像联系在一起的。图像论最早是由物理学家赫兹于1894年出版的《力学原理》一书中提出的。通常认为，维特根斯坦1918年在《逻辑哲学导论》中阐述的意义的图像理论来源于赫兹。实际上是对赫兹图像论的误解。塞拉斯和范·弗拉森也都提到了图像论。赫兹阐述了关于力学的三种图像：即对运动物体的知识的三种不同表征方式或三种不同表征系统。当有了不同的方式或理论表征同样的事实或实在时，问题就出现了。因为当我们需要在不同表征理论之间做出选择时，选择标准的确定成为关键性因素。科学本身不得不产生出判断什么是好的表征的选择标准。到1983年为止，这些价值包括有可预言性、说明性、简单性、富有成效性等。尽管物理学家从不怀疑关于实在的正确表征。问题在于，什么是对世界的正确表征呢？根据已有的价值标准很难做出唯一的选择。

在这个问题上，哈金引用一句格言说，当事情有一个终极真理时，那么，我们所说的是简明扼要的，它要么是真的，要么是假的。这不是一个表征的问题。

---

① Ian Hacking. *Representing and Intervening*: *Introductory Topics in the Philosophy of Natural Science*. Cambridge: Cambridge University Press, 1983/1987: 131

像物理学那样，当我们提供了关于世界的表征时，事情就没有一个终极真理。实在论与反实在论都急于通过努力理解表征的本性来击败对方。实际上，双方没有任何差别。按照哈金的观点，近代自然科学从一开始就有两个目标：理论与实验。理论是试图说出世界的真相；实验和技术则是改变世界。这样，我们既在表征又在介入。我们进行表征的目的是为了介入，并且，我们是根据表征来介入的。当前，关于科学实在论的大多数争论都只是集中在理论、表征和真理方面。这些讨论是有启发的，但不是决定性的，因为它们在某种程度上与难以处理的形而上学纠缠在一起。因此，关于赞成或反对实在论的论证，在表征的层次上，是不会有结果的，或者说，是没有意义的，这些论证是建立在追踪人类文明进程，即“表征”实在的知识图像的基础之上的。

哈金强调说，当我们从理论、表征和真理的层面转向介入、实验和实体时，就会很少给反实在论留下把柄。哲学中的仲裁者不是我们如何思考，而是我们做了什么。这也是他为什么从表征转向介入的原因所在。经过这样的分析，哈金最终解构了关于理论的实在论与反实在论之争，转而立足于实验过程来论证关于实体的实在论立场。他认为，关于“实在”的观念也许有两种相当不同的神秘起源。一种是表征的实在；另一种是对我们产生相互影响的那些东西的观念。哈金把能够用来介入世界产生影响的东西算做是真的。哈金认为，直到近代科学的兴起，作为表征的实在与作为介入的实在才开始融合在一起的。17 世纪以来，自然科学一直是把表征与介入结合起来的一项事业。然而，科学哲学却总是讨论实在的理论与表征，很少关注实验、技术或用来改变世界的知识。现在到了哲学追溯我们自己过去的三个世纪的时候了。

哈金认为，在当代科学哲学中，自然科学史几乎总是被写成了理论史，科学哲学家在很大程度上变成了理论哲学家，摒弃了理论之前存在的观察和实验。这是不正常的。实验有自己的生命力。从已有的物理学实验与化学实验来看，关于实验与理论之间的关系，有两种强弱不同的两种版本：弱的观点只认为，在你实施一个实验之前，你一定拥有关于自然界和仪器的某些想法，完全无意识地介入自然界是一无所获的，或者说，没有想法的实验根本不是实验；强的观点是认为，只有当你检验关于所关注的现象的理论时，你的实验才有意义。哈金怀疑前一种观点，强烈反对后一种观点。在他看来，不仅在理论与实验之间有许多不同层次与不同类型的关系，很难用一种陈述做出概括，而且，用理论与实验的术语提出的问题是一种误导，因为这种提法把理论看成是相当统一的一类问题，实验是另一类问题。实际上，理论与实验都是多样的，还有一个与它们相关的重要范畴是发明。热力学的发展史就是一部由实践发明导向理论分析的历史。

接着，哈金讨论了观察与理论之间的关系问题。他认为，在哲学史上，关于观察、观察陈述和可观察性的讨论是实证主义的遗产，在实证主义之前，观察并不是核心问题。“观察”这个术语是由培根引入的，培根所讲的观察通常与仪器的使用联系在一起。实证主义与现象学使“看”这个概念发生了转变。在科学哲学中，关于一般的观察事实在哲学界有两种误解：一是蒯因所说的语义上升（semantic ascent），二是理论支配实验。前者并不是谈论事物或不是讨论观察，而是讨论我们谈论事物的方式或讨论观察陈述——用来报告观察的语言表达；后者是说，任何一个观察陈述都是负载有理论的——根本没有任何观察是先于理论的。按照哈金的观点，观察作为证据的第一来源，总是自然科学的一个组成部分，对于一个精致的实验来说，观察更加重要。但是，观察是一种技巧，能够通过训练与实践得以改进。在科学史上，存在着没有理论假设的观察。观察是“看”，不是“说”。有经验的实验者知道实验数据的意义所在。把实验理解为事实性陈述、观察报告和实验结果，会忽略实验科学中发生的事情，实验并不是观察陈述或报告，而是动手操作。实验科学哲学不可能允许理论统治的哲学使得观察概念成为不可信的。

哈金认为，实验工作为科学实在论提供了最有力的证据。这不是因为我们检验了关于实体的假设，而是因为实验者经常操作原则上不可能被“观察到”的实体来产生新的现象和研究自然界的其他方面。在这里，这些实体是操作的工具，而不是思考的工具。哈金以电子为例阐明了理论实体如何会成为实验的实体，或者说，实验者的实体。哈金指出，当我们刚发现一个实体时，通常觉得我们可能首先是检验这个实体存在的假设，这并不是固定的程序。当 J. J. 汤姆逊 1897 年意识到他认为的“粒子”是从热阴极放射出来时，他做的第一件事是测量这些带负电的粒子的质量。他对电子的电荷进行了大概的估计，并测量了荷质比。他也获得了大约正确的质量。密立根（R. A. Millikan）按照 J. J. 汤姆逊的某些思路于 1908 年确定了电子的电荷。从一开始，物理学家并没有检验电子的存在性，而是与电子进行相互作用。我们对电子的因果性效力越理解，就越能制造出很好地理解自然界的其他效应的仪器。当我们能以一种系统化的方式用电子来操作自然界的其他方面时，电子不再是某种假设的实体，或者说，不再是被推断出来的实体，而是从理论实体变成了实验的实体。

绝大多数实验物理学家都是关于他们使用的理论实体的实在论者，然而，他们不是必须如此。当密立根测量电子的电荷时，很少怀疑电子的实在性，但是，在他发现电子之前，他对自己将要发现的电子一直持有怀疑的态度，甚至他一直不相信电荷有最小单元。关于一个实体的实验不会使你相信它是存在的。只有当为了做其他方面的实验来操作一个实体时，你才需要相信它是存在的。这不是说，因为你用电子做实验，使你不可能怀疑电子的存在，而是说，你通过理解电子的某些因果性关系，努力建造一个更精致的仪器，能够使你把电子与你想要的方式联系起来，看到将会发生的其他现象。一旦你有了一个正确的实验观念，你就会进一步大概知道，如何努力建造一个仪器，因为你知道，所获得的电子能表现出如此的行为。这样，电子不再是组织我们的思想或拯救我们所观察到的现象的一种方式，而是在自然界的另外一个领域创造了现象。电子成为了工具。

因此，哈金认为，在关于实体的实在论与关于理论的实在论之间有一个重要的实验上的对比。假设我们说，理论实在论相信，科学的目的在于获得真的理论。很少有实验者会否认这一点，只有哲学家会对此产生怀疑。然后，获得真理性的理论指向具有不确定性的未来。获得一束电子是运用当前的电子。如果关于理论的实在论是关于科学目标的学说，那么，这种学说是负载有某种价值的。如果关于实体的实在论是瞄准了操作时使用的电子，那么，这种学说在价值之间更加中立。对于实验者来说，关于实体的科学实在论者与关于理论的实在论者是完全不同的。这表明，当我们从理想的理论转向当前的理论时，可以确定属于电子的各种特性，但是，实验者对表达这些特性的不同理论或模型可能是无知的。甚至是同一个研究小组的成员，当他们分别从事于同一个庞大实验的不同部分的工作时，他们可能对电子给出不同的和相互不一致的说明。这是因为不同部分的实验使电子具有了不同的用途。一个模型有利于电子的计算，却不利于其他方面。有时，一个实验小组会选择一位拥有相当不同理论视角的成员加入，只是为了得到一位能解决实验问题的成员。

所以，哈金再一次强调说，存在着包括了电子的许多理论、模型、近似值、图像、形式、方法等，但是，没有理由假设，它们之间的交叉部分是一个完整的理论，也没有理由认为，最有说服力的理论是包含了小组成员所相信的所有理论的交叉部分。即使有许多共享的信念，也没有理由假设，这些信念所形成的东西值得称为一个理论。在同一个研究所，具有相似目标的人组成一个研究梯队，因此，在他们的工作中确实有某些共同的理论基础，这是很自然的。但是，这是一种社会学的事实，不是科学实在论的基础。许多关于理论的科学实在论的学说是关于我们可能达到的理想目标的学说。这样的实在论需要接受某些信念和希望。关于实体的实在论不需要有这样的前提，它来自我们当前所做的事情。所以，对实在论的这种实验论证，不是从我们的科学成功推断出电子的实在性，也不是因为我们制造仪器，然后，检验了电子存在的假设，这种时间顺序是错误的，而是因为我们利用电子设计出新的仪器，产生了我们希望研究的其他现象。

哈金进一步指出，如果认为，我们相信电子，是因为我们预言了仪器是如何运行的，这也是一种误导。比如，我们有许多关于如何制备极化电子的一般想法。我们花了大量的时间建造了一个模型，却不能运行。我们排除了无数的程序缺陷。通常，我们不得不尝试其他方法。调试不是从理论上说明或预言错在哪里的问题，它是在某种程度上从仪器中排除“噪声”的问题。尽管这也是有意义的，但是，“噪声”通常意味着，不是所有的事件都能用理论来理解。仪器必须能够从物理上分离出我们希望使用的实体的特性，然后，以这种方式获得其他效应。当我们充分地理解了电子的因果特性，并且，根据这种理解经常能够设置和建造出新的仪器时，我们完全相信电子的实在性。

在本书的最后，哈金总结道，我们从哲学史上得到教训是思考实践，而不是思考理论。确实存在着人类未知的无数实体和过程。也许，有许多实体和过程我们原则上根本不可能认识。实在大于我们。对假定的实在或推断出的实在来说，最好的证据类型是我们能够开始测量它，或相反，理解它的因果效力。依次，我们有这种理解的最好证据是，我们从一开始就能够利用各种因果关系建造相当可靠的仪器。因此，工程，而不是理论化，是关于实体的科学实在论的最好证明。哈金明确地指出，他对科学的反实在论的攻击，类似于马克思对同时代的唯心主义的攻击。他们都认为，关键的问题不是理解世界，而是改造世界。哈金强调说，他正是因为在斯坦福大学的实验室里亲眼看到了电子和正电子的发射实验之后，才产生了前面提出的两种实在论的想法。

第三节　量子论与非实在论、反实在论

量子理论不仅对科学实在论的发展产生了直接或间接的影响，而且成为各种非实在论者和反实在论者用来论证自己观点的立论依据。所谓非实在论是希望持一种中性理解理论的立场，即既不是实在论，也不是反实在论的中间立场，主要以法因的“自然本体论态度”为代表。这种立场是试图剥取赋予理论的一切解释因素，让理论自身来体现其意义。如果说，非实在论只是少数科学哲学家的态度，那么，反实在论则是形式多样的。一切相对主义者、后现代主义者等都是反实在论者。本节只讨论与量子理论相关的范·弗拉森的“经验建构论”。范·弗拉森同普特南一样，也对量子力学解释有很系统的研究，并且提出了成为一家之言的量子力学模态解释。

一、法因的自然本体论态度

法因是美国科学哲学家与物理哲学家，1987～1989 年担任美国科学学会主席，1997～1998 年担任美国哲学学会主席，是《物理学基础》、《科学哲学》、《现代物理学史与哲学研究》等杂志的编委会成员。法因对量子力学哲学、爱因斯坦的哲学思想和科学哲学有很深入的研究，至今仍然活跃在美国华盛顿大学的

科研与教学的第一线，承担着量子力学哲学的教学任务。当然，系统地研究法因的量子力学哲学或科学哲学思想并非本节的应有之意，这里只是简要地概述法因在阐述爱因斯坦的哲学思想与量子论问题时，针对20世纪80年代以来科学实在论与反实在论之争，所提出的一种中性地对待科学的哲学态度。①

法因在1986年出版的《不可靠的游戏：爱因斯坦、实在论与量子论》一书中指出，不论是实在论者，还是反实在论者都承认科学研究的结果是“真的”。法因把科学哲学家所接受的科学真理称为“核心立场”（core position）。所不同的是，反实在论者把对真理概念的一种特殊分析加进这种核心立场之中，比如，实用主义的真理观、工具主义的真理观和约定主义的真理观，等等；或者把对概念的某种专门分析加进这种核心立场，如唯心论的分析、建构论的分析、现象学的分析和各种经验论的分析。而实在论者把理论与世界之间的符合加进这种核心立场，从而延伸了日常真理与科学真理之间的内在联系。在法因看来，这两种做法都是不能令人接受的。核心立场既不是实在论的，也不是反实在论的，而是介于两者中间的一种选择。法因称这种核心立场为“自然的本体论态度”（NOA）。

从这种态度来看，实在论与反实在论都把科学看成是一种需要解释的实践，并且都认为自己恰好提供了正确的解释。在根本意义上，实在论给NOA增加了一个外在的方向：即外部世界和近似真理的对应关系；反实在论给NOA增加了一个内在的方向：即真理、概念或解释向着人性方向的还原。NOA认为这两种外加的方向都是不合理的，也是根本不需要的或者说是多余的。NOA坚决拒绝通过提供某种理论或分析（或者甚至是某种形而上学的图像）来放大真理概念的任何做法。而是认为，事实上，科学史和科学实践已经构成了一个丰富而有意义的集合。在这个集合中，科学的目标会自然地形成，不需要给科学外加任何人为的目标。

法因举例说，假如可以把科学研究看成是一场大型表演或者一场戏剧，科学实在论者与反实在论者都认为需要对这场演出进行解释，他们之间的争论是要表明谁对这一场戏的解读是“最好的”。而NOA认为，如果科学是一场表演，那么，解释本身也是这场表演的一个组成部分。即使对表演的意图或者意义有某种猜测，那么，随着剧情的发展也会有机会得到解答。而且，这个剧本决不会结束，过去的对话也不可能确定未来的行动。这样一场演出不容许在任何一种普遍意义上加以阅读或解释，它自身已经选择了对自己的解释。

问题是，NOA主张让科学用自己的术语对自身做出解释，不要把某些东西

---

① Arthur Fine. *The Shaky Game: Einstein, Realism and the Quantum Theory*. London: The University of Chicago Press, Ltd., 1986: 112-150

塞进对科学的理解当中，或者说，拒绝对真理进行任何理论的、分析的和图像式的解释的观点，把真理概念变成了一种基本的语义学概念。在语义学的意义上，科学的成功并不意味着真理就是正确的，因为承认接受科学的成功结果没有说明科学理论是正确的，而不是错误的。这样，这种承认就成为非理性的。另外，NOA 试图立足于本体论的立场，让科学对自己做出解释的做法，在实际的科学研究过程中，缺乏可操作性。它忽视了科学术语是如何形成的，科学陈述是怎样表达出来的，这样一些与主体的认知方式有关的重要问题。美国科学哲学家莱普林（J. Leplin）在《科学实在论的新辩护》一书中，通过对 NOA 观点的细致剖析后认为，从本质上看，NOA 自身的论证更像逻辑上有缺陷的实在论。① 甚至还有人认为，"NOA 是一种彻底的实在论的观点：在 NOA 的航船上，实在论者能够愉快地在充满各种批评的海洋里航行。"②

可见，尽管试图运用中性的研究方法，来超越实在论与反实在论之争，在原则上是可能的。但事实上却不存在超越于实在论与反实在论之外的中性的观点或立场。量子物理学家对量子实体的理解以及对量子力学的解释反映了这一点。从本书阐述的概念前提来看，NOA 坚持让科学对自身做出解释的观点，其实，在某种程度上，更像是弱的实在论。因为它并没有明确否认科学理论描述的实在是世界的某种反映这一基本的实在论观点。

二、范·弗拉森的经验建构论

范·弗拉森是当代美国杰出的科学哲学家，也是新经验主义的主要代表性人物。他 20 世纪 70 年代开始关注量子逻辑问题，1972 年发表了《量子逻辑的迷宫》一文③，之后，相继发表《量子逻辑的语义分析》（1973）、《玻尔的量子力学哲学的语义分析》（1975）、《隐变量理论与量子力学的模态解释》（1979）、《量子逻辑的假设与解释》（1981）、《论物理学中的说明》（1989）、《量子力学中的测量问题》（1991）、《重复测量的模态解释》（1997）、《如何考虑不可观察量》（2008）、《物理学对自然界的表征》（2009），并出版了《量子力学：一种经验的观点》一书（1991）。范·弗拉森的学术研究始终沿着两条主线进行：一条是关注物理学哲学，特别是量子力学哲学；另一条是关注一般哲学问题。他在这种双重研究的基础上，形成了理解科学理论的独特视角，并在 1980 年出版的

---

① J. Leplin. *A Novel Defense of Scientific realism*. Oxford：Oxford University Press，1997

② Alan Musgrave. NOA's ARK-Fine for realism//David Papineau，ed. The Philosophy of Science. Oxford University Press，1996：45-60

③ Bas C. van Fraassen. The Labyrinth of Quantum Logics. *Boston Studies in Philosophy of Science*，1972，(13)：224-254

《科学的映像》一书中，创造了“建构经验主义”这个术语，来概括他的哲学立场。[①]

范·弗拉森认为，我们应该如何理解科学理论和什么是真正的科学活动，这两个问题必须由科学哲学来回答。一种朴素的科学实在论的立场认为，科学向我们提供的关于世界的图像是真的，在细节上是可信的，科学所假定的实体确实是存在的。科学的发展是发现，而不是发明。这种断言是不成熟的。因为科学会随时不停地做出自校正，或者，更糟糕的情况是，很早就会发生大规模的争论。不过，这种朴素的主张回答了两个主要问题：其一，它把科学理论描述成是关于自在实在的故事；其二，它把科学活动描述成是一种与发明完全相反的发现的事业。范·弗拉森把科学实在论的这种立场概括为：“科学的目的是在它的理论中向我们提供一个关于世界像什么的字面上真的故事；接受一个科学理论包括相信它是真的。”[②]

范·弗拉森对科学实在论立场的这种概括重点突出两个方面：一是有意地加了“字面上”这个词来进一步限定他所批判的科学实在论的类型；二是涉及关于认识论的问题。但是，范·弗拉森认为，这并不意味着，任何一个人在形成实在论的信念时，都是有合理依据的。这样就必然给认识论的立场留出空间，当前引起广泛争论的一个问题是，一位理性的人绝对不会亲自把概率 1 赋予任何一个除同义反复之外的命题。为了理解什么是合格的可接受性，我们必须首先简单地理解什么是可接受性。如果一个理论的可接受性包括相信它是真的，那么，试探性的可接受性包括试探性地接受它是真的的信念。如果有各种不同程度的信念，那么，也会有各种不同程度的可接受性，于是，我们可能会说，一个理论的可接受度包括它是真的的某种可信度。这当然一定不同于相信这个理论是近似真的，它似乎意味着，相信以该理论为中心的某一部分是真的。在这个方面可能运用了实在论的阐述，没有考虑人们的认识论的说服力。

据此，反实在论的立场是，如果科学提供的并不是这种字面上真的故事，也能很好地达到它的目标，一个理论的可接受性所包括的东西，达不到相信它是真的的程度。根据这种不同的立场，当科学家提出一个理论时，科学家不是维护它，而只是把它呈现出来，对它的优势做出陈述。这些优势可能不包括真理：也许是经验的适当性、可理解性、各种目标的可接受性。这是必须加以阐述清楚的，因为这些优势的细节不是通过否定实在论来确定的。范·弗拉森为了阐述理论的可接受性问题，首先需要澄清的一个关键概念是：“字面上真的”说明的观点包括两个方面，其一，从字面意义上解释语言；其二，经过这样的解释之后，

---

① Bas C. van Fraassen. *The Scientific Image*. Oxford：Clarendon Press，1980：5

② Bas C. van Fraassen. *The Scientific Image*. Oxford：Clarendon Press，1980：8

这种说明是真的。这种观点把反实在论者划分为两种类型：一是认为，经过确切地解释（而不是字面意义上的解释），科学的目标在于求真；二是认为，应该对科学语言做出字面意义上的解释，科学理论不需要是真的，而是好的。范·弗拉森所辩护的是第二种类型的反实在论。

范·弗拉森明确地指出，“字面解释”是什么意思，是很难表达的。这种观念也许来自神学，在神学中，基础主义者从字面上解释圣经，而自由主义者则持有各种寓言的、隐喻的和类比的解释，这种解释是“去神话的”。阐述“字面解释”的问题属于语言哲学的范围。范·弗拉森重点强调的观点是：“字面上的”并不意味着是“真值”，对于一般的哲学用法来说，这个术语已经得到了很好的理解，但是，如果我们试图详细地解释它，我们发现自己会为自然语言提供一个适当的说明而困扰。把对科学的调查与解决真值问题的承诺联系起来是一个有害的策略。排除科学语言的字面解释的决定，排除了著名的实证主义和工具主义的反实在论形式。首先，根据字面解释，明显的科学陈述实际上是可能有真假的陈述；其次，尽管字面解释可能是详细的阐述，但是，它不可能改变逻辑关系。根据实证主义者对科学的解释，理论术语只有与可观察量联系起来时才有意义。因此，他们认为，两个理论，尽管形式上是相互矛盾的，但可能实际上说的都一样。这样的两个理论只有在不是字面解释的前提下，才能“实际上”说的一样。更具体地说，如果一个理论说，存在着某种东西，那么，一个字面解释就可以阐述这种东西是什么，不会取消存在的含义。

范·弗拉森认为，坚持科学语言的字面解释，是为了排除对理论作为隐喻或明喻的解释，或者说，排除不保持逻辑形式的其他类型的“翻译”。如果理论的陈述包含有“存在着电子”，那么，这个理论就说明了存在着电子。如果还包含“电子不是行星”，那么，在某种程度上，这个理论就说明了存在的实体不是行星。但是，并不是坚持科学语言的字面解释的每一种科学哲学立场都是实在论的立场。因为这种坚持与我们对待理论的认识态度无关，我们追求的目标不是建构理论，而只是正确地理解一个理论表达了什么。在确定了必须从字面上理解科学语言之后，我们仍然能够说，没有必要相信，好的理论就是真的，也没有必要简单地相信，理论假定的实体是真的。范·弗拉森把他所拥护的这种反实在论立场总结为：“科学的目标在于向我们提供经验上适当的理论；一个理论的可接受性包括只相信它是经验上适当的。”①他为自己的这种特殊的经验主义立场取名为“建构经验主义”。

范·弗拉森对这个名称的解释是，一方面，运用“建构的”这个形容词来

---

① Bas C. van Fraassen. *The Scientific Image*. Oxford：Clarendon Press，1980：12

表明，科学活动是一种建构，而不是发现；模型的建构一定能解释现象，可是，发现不了关于不可观察量的真理。另一方面，这种特殊的新经验主义与逻辑经验主义完全不同。逻辑经验主义者从语言的方向为经验主义增加了语言和意义的理论。这种哲学立场在某些情况下对各种哲学困惑的思考是正确的，在本体论与认识论问题上的误解，确实是关于语言的问题。科学语言，作为自然语言的一个适当的组成部分，显然是逻辑哲学和语言哲学的主题。但是，这只意味着，当我们研究科学哲学时，能够解决某些问题，并不意味着，必须从语言意义上阐述所有的哲学概念。逻辑经验主义者及其继承人试图把哲学问题转变为关于语言的问题，这种做法太过分了。在某些情况下，他们的语言方向为科学哲学带来了灾难性的后果。可是，科学实在论的追求又犯了与排除形而上学恰好相反的错误。"建构经验主义"的观点认为，经验主义是正确的，但是，不可能蕴藏在实证主义者提供的语言形式中。范·弗拉森指出，这种哲学立场的洗礼，并不意味着渴望形成一种思想流派，而只是对科学实在论者为他们自己盗用的最有说明力的概念名称做出反思。

范·弗拉森认为，建构经验主义的阐述与上面的科学实在论的阐述一样，也是合格的评论。建构经验主义最关键的要点是"经验的适当性"。如果一个理论表达了可观察的事物和事件，即"拯救了现象"，那么，它就是经验适当的，一个经验上适当的理论也可以描述隐藏的实在结构。更加明确地说，这种理论至少有一个模型把所有当前的现象都包括在内。"经验的适当性"这个概念与我们关于科学理论结构的概念密切相关。一方面，当一个理论经得起许多检验，成为很好地确立的理论时，对待该理论的正确态度是，在一种特殊的意义上"接受"它，接受一个理论就是：①相信它是经验上适当的；②当思考进一步的问题和试图扩展、提炼理论时，运用它所提供的概念。另一方面，建构经验主义强调的经验适当性的断言比实在论者喜欢的真理的断言弱了许多，而且，可接受性的约束把我们从形而上学中拯救出来。

此外，在范·弗拉森看来，在可接受性的意义上对实在论与反实在论的这种区分，只涉及包括多少信念的问题。理论的可接受性是一种科学活动现象，显然包括许多信念。因为我们从来不会遇到一个在每一个细节上都很完备的理论。因此，接受这一个理论而不是那一个理论，也包括了对一种研究纲领的承诺，包括了在这种理论提供的概念框架之内继续与自然界进行对话。建构经验主义的观点认为，即使两个理论在经验上是相互等价的，它们的纲领也是完全不同的，在可接受性方面也有很大的差别。因此，可接受性不仅包括信念，也包括某种承诺。如果可接受性过强，那么，在一个人命令式地回答问题的意愿中，就体现了对说明者作用的人为假设。实际上，这一切与意识形态的承诺相类似。一种承诺当然既不是真的，也不是假的：只是有信心认为，这种承诺最终将会得到辩护。这是对理论的可接受性的实用维度的简要概述。实用的维度与认识的维度不同，不会在实在论与反实在论的分歧之间做出明显的判断。反过来说，实在论者与反实在论者在理论可接受性的实用方面没有必要不一致。除了经验证据之外，实用的功效不会向我们提供认为一个理论是真的的任何理由，只能提供经验适当性的理由。

范·弗拉森不同意麦克斯韦尔反对区分可观察与不可观察的观点。他认为，“可观察的”这个术语与人类行为的分类相关：例如，独立的感觉行为是一种观察，在已知的力场中，对偏离轨道的粒子的质量的计算不是对质量的观察。在这里，重要的是，千万不要把观察到一个实体、事件或过程与观察出事物的实情相混淆。假定的观察行为的连续序列并不直接对应于假定的可观察的现象的连续。通过望远镜能观察到木星的卫星，天文学家相信，如果你靠近它，不用望远镜，也能看到。然而，在云室中观察微观粒子，则是不同的情况。在这里观察到的不是微观粒子，而是一种效应或一种现象。因此，范·弗拉森认为，借于仪器有可能不断延伸人的感觉器官的说法，是一种骗局。可观察与不可观察的区分是内在于科学的区分，是以人类为中心的区分，这种区分应该根据我们人来划分，这是一个我们关于理论的态度问题。

范·弗拉森还对塞拉斯和斯马特等运用最佳说明推理来论证科学实在论的立场的做法进行了批评。范·弗拉森举例说，我听到墙壁里有抓搔声，半夜里听到轻轻的脚步声，我的奶酪不见啦——我推断，我的屋里有老鼠。不仅这些是有老鼠的标志，不仅所有的观察现象显示好像有一只老鼠，而且确实有一只老鼠。范·弗拉森认为，这种推理模式不可能使我们相信不可观察的实体是存在的。他的反对意见包括下列两个方面。

（1）我们说遵照推理规则的一种意义是，谨慎而一致地“应用”这个规则，就像学生做逻辑学的练习题一样。第二种意义是，我们在某种意义上遵守规则不要求进行认真的考虑。这是很难严格执行的，因为每一个逻辑规则都是一种允许的规则。这种意义是很不严格的；在某种意义上，我们总是按照从前提推论出任何一个结论的规则行事。因此，遵守规则在一定的情况下是关于我们愿意做什么和不愿意做什么的一种心理学的假设。这是一种经验假设，可以接受证据的检验，也有相竞争的假设。范·弗拉森提出的一个相竞争的假设是：我们总是愿意相信最好地说明证据的理论是经验上适当的，即所有的观察现象正如该理论所说的那样。在这方面，建构经验主义的观点能够肯定地说明，科学家是基于理论或假设的说明的成功来接受它们的。科学理论的可接受性相当于它是经验上适当的。这样，范·弗拉森提出了关于科学推理实例的两个相竞争的假设，一个与实在论的说明相符合；另一个与反实在论的说明相符合。

（2）即使我们同意最佳说明推理的规则是正确的或有价值的，实在论者还需要为他们的论证提供进一步的前提。因为这种规则只是表明在一组给定的竞争假设中做出选择。换言之，我们需要在应用规则之前对相信的一系列假设之一做出承诺。于是，在顺利的情况下，这会告诉我们在一定范围内选择哪一个假设。实在论者要求我们在某些方面说明了规律性的不同假设之间做出选择；但是，反实在论者也愿意在经验适当的假设之间做出选择。因此，在这种规则使我们成为实在论者之前，实在论将需要有特殊的额外的前提：自然界中每一个普遍的规律性都需要一种说明。正是这种前提把实在论者与他的对立面区分开来。规则只有在两种可能性之间不保持中立时才起作用。因此，范・弗拉森认为，从常识到不可观察的论证根本不像斯马特和普特南论证得那么简单。只根据科学中普通的推理，根本不会使我们明显而自动地成为实在论者。

此外，范・弗拉森对实在论者把理论的说明力作为理论选择的标准的论证进行了考察。他认为，这确实是他不可否认的一个标准。但是，支持实在论的那些论证只有当所要求的说明是最终的说明时，才会成功。范・弗拉森反对这种对说明的无限制的要求。因为这种无限制的要求，最后会导致关于隐变量的要求，这种要求至少与20世纪的量子力学的发展相对立。因此，在范・弗拉森看来，实在论的向往是在传统形而上学的错误理想中诞生的。如果说，理论是经验上适当的，那么，这只是提供了一种言辞上的说明。在反实在论者看来，与理论相符合的观察现象呈现的这些规律性，只是残酷的事实，既可以根据“现象背后”不可观察的事实来说明，也可以不这样做，这确实与理论的好坏无关，也与我们对世界的理解无关。范・弗拉森认为，科学说明实际上是一个语境概念，并没有提供新的经验内容，不可能作为理论选择的标准来使用。科学理论的说明的成功不是一种奇迹，因为任何一个科学理论都是在激烈的竞争中获得生命的，只有成功的理论才能幸存下来，这种事实也体现了自然界中的规律性。

从建构经验主义的观点来看，理论的建构不可能是最后的科学活动，因为理论除了回答科学家重点关注的关于可观察现象的规律性的事实问题之外，还有许多问题需要解答。只有当把理论化的其他方面理解成是有助于追求经验的说服力和适当性，或者，有助于达到科学事业的其他目标时，这一点才是可理解的。为了进一步明确地阐述这种特殊的经验主义观点，范・弗拉森在《科学的映像》一书的第四章重点讨论了下列四个问题：①拒绝实在论所预设的或推论出的认识论将会违背自己的初衷走向怀疑主义吗？②除了科学的实在论解释之外，还能对科学方法论和实验设计做出其他理解吗？③根据经验主义的科学观，科学的统一理想乃至把不同的科学理论联合在一起的实践，是可理解的吗？④我们能够在什么意义上利用不可还原为经验的适当性或说服力的理论优势（如简单性、一致性、说明力）？范·弗拉森试图通过对这些问题的进一步解答，来提供建构经验主义有可能替代实在论的具体理由。

从认识论的意义来看，建构经验主义的观点认为，科学实在论者基于证实它的证据，把理论或假设接受为真的某些论证，是超越证据支持的论证。因为当理论蕴涵了无法观察到的实体时，证据不会确保理论是真的这种推论，或者说，证据从来不会为超越证据的推论提供依据。不接受超越证据的结论，阻止了非理性的诡辩的哲学理论。在现有证据的前提下，理论选择的一个主要标准是理论的说明力。当我们决定在一系列假设或两个理论之间做出选择时，我们会评价每一个假设或理论对证据的说明有多好。这种评价虽然并不总是能做出选择，但是，它可能是决定性的。在这种情况下，我们选择接受做出最佳说明的理论。做出接受最佳说明的理论的决定，就是做出了接受经验适当性的决定，而不是做出了理论是真的的决定。这是不同于科学实在论的一种新的信念，这种信念不认为理论是真的，也不认为理论提供了关于自在世界的真图像，而是认为，该理论是经验上适当的。当假设或理论只是与观察到的现象有关时，两种程序是一样的。这时，经验的适当性与真理相符合，这种真理只是指对可观察的现象做出了真的描述。

然而，当这种程序使我们明显地断定观察到的现象像什么时，这已经超越了可供利用的证据范围。任何可供利用的证据只与所发生的情况相关，而经验适当性的断言也与未来相关。因此，在这个方面，像作为经验的事件和作为感知证据的实体，当它们不能在通常承认的观察现象的框架之内得以理解时，它们就是理论实体，而且是心理学意义上的理论实体，甚至不可能是科学的断言。因此，这些理论实体只是解释经验的一种假设，没有本体论的存在性。范·弗拉森明确承认，他自己是关于理论实体的怀疑论者。在范·弗拉森看来，一个完备的认识论必须对接受超越证据的结论的理性条件做出认真地研究，而不是在理性的意义上强迫人们接受这些认识决定。从这个意义上来看，建构经验主义比实在论会使得科学和科学活动更有意义，同时，也避免了夸张的形而上学。另一方面，建构经验主义与实在论一样都运用了最佳说明推理的推定规则，不会在认识论问题上受到怀疑论的威胁。

在理论与实验设计关系的问题上，范·弗拉森认为，对于职业科学家来说，真正重要的理论是成为实验设计的一个因素的理论。这与传统的科学哲学所描绘的图像恰好完全相反。在传统的图像中，一切都服从于认知世界结构的目标。因此，核心的活动是建构描述这种结构的理论，实验的设计只是为了检验理论，为了明白这些理论是否准许成为真理的承担者，是否对世界的图像有所贡献。在这种图像中，关键的真理与库恩的“常规科学”甚至是科学革命的活动形成了明显的对比。科学家的目标在于发现关于世界的事实，即世界的可观察部分的规律性。为了发现这些规律性，人们需要与推理和反思截然相反的实验。由于这些规律性是非常微秒而复杂的，因此，设计实验是非常困难的，这就需要建构理论和求助于已建构的理论来指导实验探索。正如杜安所强调的那样，对新的更深层次的经验规则的探索是用理论语言表达的。范·弗拉森以测量基本电荷的实验为例说明，理论以两种方式进入实验：一是实验者所提供的回答采取了理论陈述的形式：填补了理论的空白。二是已接受的理论在仪器的设计中发挥了作用。

范·弗拉森重点强调理论的第二种作用。他认为，科学家在回答“什么是基本电荷”这个问题之前，必须先对“我们如何能够在实验意义上确定基本电荷”的问题做出回答。如果这是正确的，那么，从建构经验主义的观点来看，理论与实验一开始就是纠缠在一起的。对于理论的建构而言，实验有双重意义：①检验了当前理论在经验上是适当的；②填补了理论的空白，也就是说，继续建构或完善理论。同样，理论在实验中也起到了双重作用：①以系统而简明的方式回答所阐述的问题；②在为回答这些问题所设计的实验中，作为一种引导性因素。这样，我们能够肯定地坚持，实验的目标是获得断言一个理论是否是经验适当的所传达的经验信息。例如，原子物理学正在缓慢地发展成为一个理论，在每一个阶段都有需要填补的理论空白，人们不是先通过作为假设的推测性答案来填补这样的空白，然后，再检验这个假设，而是通过实验来表明，假如该理论是经验上适当的，应该如何填补这个空白。当这个空白被填补之后，该理论的建构就向前迈进了一步，不久，出现需要检验的新结果和需要填补的新空白。这就是实验引导理论建构的方式，同时，建构起来的理论部分引导着实验的设计，这个实验将引导继续建构理论。实验是理论建构的特殊手段的继续，实验手段的适合性来源于下列事实：科学的目标是追求经验的适当性。

因此，范·弗拉森认为，理论与实验之间的相互作用有两个特征：一方面，理论是实验设计中的一个因素；另一方面，实验是理论建构中的一个因素。逻辑经验主义者把理论的经验输入定义为通过区分理论语言和观察语言来实现。这种划分是哲学上的划分，即是从外到内。然而，在建构经验主义的观点中，理论的经验输入被定义为借助于科学自身做出的什么是可观察的和什么是不可观察的区分，是在科学内部完成的。在理论的经验适当性中，只能用科学语言来陈述理论的经验输入做出的认识承诺。在这种意义上，沉浸在理论世界的图像中，并不排除与其本体论的意义相提并论。毕竟，真正的世界是同一个世界，而我们关于世界的概念框架却是不断变化的，这种变化之间的关联是意向性。所以，只有在智力实践活动中解释科学和描述科学的作用，才能否认概念的相对主义。科学哲学不是形而上学，确实能够更接受于事实。

针对第三个问题，范·弗拉森认为，关于统一科学理想的论证，有些似乎是老生常谈，有些是传播物理学的扩张主义，有些是关注这种观念拥有的经验传播。无论哪一种回答都有很大的争议。科学家通常同时运用不同现象领域内提出的理论，如化学与力学、力学与光学、物理学与天文学、化学与生理学。有时，用特殊的名称把这些领域联合在一起，如物理化学、分子生物学。理论的这种关联似乎是最明显的，在实践中是无可争议的。但是，实在论者（范·弗拉森主要指普特南）强行令人接受的异议是，反实在论的观点无法理解这种实践。为此，范·弗拉森试图运用建构经验主义的观点对这种实践做出一种可替代的解释，来说明实在论者让人接受的反对意见是不合理的。范·弗拉森把实在论的反对意见描述为，如果一个人相信理论T和T′都是真的，那么，他当然相信两者的联合也是真的。这种观点是推定的说明，相对论力学与量子力学至今都不可能联合在一起，而是需要进一步的修正。因此，如果T和T′是经验适当的，那么，它们的联合就没有必要是真的，甚至可能是不一致的。因为对不可观察的过程提供了不一致说明的两个相互竞争的理论，原则上，可能都是经验上适当的。科学的统一主要是做出某种修正，而不是联合。

针对第四个问题，范·弗拉森认为，当一个理论得到辩护时，除了经验的适当性与说服力之外，还有许多有用的特征，如数学美、简单、更大的应用范围、在某些方面更加完备、能用来对不同现象做出惊人的统一说明，特别是说明力。相对于表达我们的认识评价来说，简单性和说明力的判断是直觉而自然的表达。在特殊情况下，我们的兴趣与爱好会使某些理论比另一些理论更有价值或更吸引我们。不管我们认为一个理论是否是真的，这类价值提供了运用或考虑该理论的理由，但是，不可能引导我们做出理性的认识和决定。因此，在分析科学理论的评价时，忽略被语境因素歪曲的评价是错误的。这些因素是由科学家从他自身个人的、社会的和文化的情形所导致的。把科学理论的评价看成是纯客观的或与个人因素无关的，这种认识是错误的。理论的接受有实用的维度。就这些维度超越了一致性、经验的适当性和经验的说服力而言，它们并不关注理论与世界之间关系；它们提供的喜欢该理论的理由，与语境因素有关，与真理问题无关。因此，说明力的追求是达到科学的核心目标的最佳手段。

为了进一步解释科学说明的问题，范·弗拉森把理论的特性与关系区分为三个方面：其一，纯粹内部的或逻辑的特性与关系，如公理化、一致性和各类完备性。简单性是一个有启发的情形，也显然是理论选择的一个标准，或至少是理论评价的一个因素。但是，放在这个层次会带来异议。它只是一个补充的优点。其二，语义学的特性与关系，即关注理论与世界之间的关系。这里的两个主要特性是真理和经验的适当性。因此，这是实在论与建构经验主义确定科学的核心目标的一个区域。其三，语用学的特性与关系，即理论评价的语言，更明确地说，“说明”这个术语在根本上是依赖于语境的；理论用来说明现象的语言在根本上也是依赖于语境的。语境因素引导着术语的运用与允许的推理。在这里，与逻辑经验主义主要强调科学语言与术语的逻辑特性与关系不同，也与普特南主要强调科学理论与术语的语义特性与关系不同，范·弗拉森强调了科学语言与术语的语形、语义与语用的统一，特别是，重点突出了科学语言与术语的运用的语境因素。

范·弗拉森认为，在科学的目标中，说明处于核心的地位，或者说，探索说明在科学中是最重要的，因为在很大程度上，说明存在于更简单、更统一和更有可能是经验上适当的理论探索中。这不是因为说明力是一个独特的、不同的性质，能神秘地使其他性质更有可能，而是因为一个好的说明更有可能存在于具有其他性质的理论中。首先，最低限度的可接受性的最基本的标准是一致性：内在的一致性以及与事实的一致性。如果一个理论与所接受的证据相矛盾，我们一定会要么修改这个理论，要么否认这些证据是正确的。说明并不是这类最基本的最低限度的优势。如果所要求的对事实的说明以这种方式与事实相一致，那么，每一个理论都能说明其领域内的事实。其次，只有当我们接受了能做出说明的一个理论时，才能说我们拥有了一种说明。最后，说明是最卓越的优势。这意味着，如果有几个理论在经验上是等价的，那么，必须接受最有说明力的那个理论。例如，在量子力学与隐变量理论之间，现有的实验大多数支持了量子力学，反对其竞争者，量子力学缺乏对粒子的非定域性关联的说明，并不影响它的经验内容。因此，理论的形而上学的延伸只是哲学游戏。

范·弗拉森认为，一种科学说明的观点被概括为这样一种论证：科学的目标是找到不同的说明，说明需要有真的前提，或者说，科学只有是真的，才能提供一种说明。这样，科学的目标是关于世界看来起来像什么的真的理论。因此，科学实在论是正确的。如果我们注意到“说明”这个术语还有另外一种用法，那么，我们就会发现，这种论证是不明确的。在这里，首先有必要在下列两种习惯性的表达之间做出区分：一个是“我们拥有一种说明”，另一个是“这个理论做出了说明”。前者能够被解释为“我们拥有一个做出了说明的理论”，但另一方面，“拥有”需要以一种特殊的方式来理解。在这种情况下，它并不意味着“有记载”或“已经得到了阐述”，而是带有约定的含义：默认了该理论是可接受的。也就是说，只有当你保证断言“我拥有一个理论，该理论是可接受的，也做出了说明”时，你才能合理地说：“我拥有一种说明。”这里的要点是，只陈述“理论 T 说明了事实 E”携带有下列任何一种含义：该理论是真的；该理论是经验上适当的；该理论是可接受的。

从实际上用法上来看，有许多事例表明，真理不是通过断言一个理论说明了某种事实来预设的。燃素假设就是典型一例。实际上，说一个理论说明了某些事实，是断言该理论与事实之间的相互关系，与理论是否符合于作为整体的真实世界的问题无关。基于这种考虑，范·弗拉森对科学实在论的论证做出了下列修改：科学是试图把我们置于这样一种立场：我们拥有说明，而且，我们保证说我们确实如此。但是，为了做出这样的保证，我们必须首先根据同样的保证断言，在我们的说明中，我们用来作为前提的理论是真的。因此，科学把我们置于我们拥有理论，这些理论有资格被认为是真的这样一种立场。

在这里，如果“有资格”的意思是说，以这种信念为基础，人们不可能被证明是非理性的，那么，这种结论当然是无害的。这与下列观点相一致：我们确保相信一个理论，只是因为我们确保相信它是经验上适当的。但是，即使以这种无害的方式来解释这种结论，也会怀疑第二个前提，因为它推出只做出经验适当性来接受理论的人，并没有站在说明的立场上。在第二个前提中，这种信心也许被表达为，拥有一种说明不等于是拥有一种做出说明的可接受的理论，而是拥有一种做出说明的真的理论。这种信心是与科学史的案例相冲突的。事实上，拥有一种说明并不需要一个真的理论。相信一个理论是真的与从经验适当的意义上接受一个理论是有区别的。但是，有资格相信一个理论和有资格接受一个理论之间没有真正的区别。范·弗拉森认为，实在论所说的如果理论说明了事实，那么，就有额外的好的理由相信它是真的，这是完全不可能的。因为除了证据之外，说明不是一个特殊的补充特征，能够为你提供好的理由相信，该理论与可观察现象相符合。此外，更重要的是，说明完全是实用的，与涉及该理论的使用者相关，不是理论与事实之间的新的对应。

为此，范·弗拉森总结说，①断言理论 T 做出了说明，或者，为事实 E 提供了一种说明，没有假定或蕴涵 T 是真的乃至经验上适当的；②断言我们拥有一种说明，最简单地被解释为，意味着我们“记载”了一个做出说明的可接受的理论。范·弗拉森接受的是后一种解释。他认为，说明是一个依赖于语境的概念，说明的基本关系支持了与理论相关的事实之间的关系，与该理论是真的，还是假的，是可信的、可接受的，还是完全拒绝，没有任何关系。说明与描述不同，理论的描述几乎是准确的、提供了信息的：在最起码的意义上，事实一定会得到理论的认可；在最大程度上，理论实际上蕴涵了所研究的事实。但是，说明是理论、事实和语境三个术语之间的关系。成为一种说明在根本上是相对的，因为说明是一种回答，是与为什么的问题联系在一起的。所以，对说明的评价是相对于问题的。背景理论再加上相对于被评价的问题的证据是依赖于语境的。一种说明作为对一个问题的回答是由语境因素决定的。

因此，范·弗拉森认为，科学说明不是纯科学的，而是科学的应用。它是运用科学来满足我们的某些愿望。这些愿望在特殊的语境中是相当特殊的。这些愿望的内容和多么好地满足评价是随语境的变化而变化的。科学理论说明的成功，既不是由于人类的思想秩序适应于自然界的秩序，更不是由于它准确地表征了实在的本质特征，而是理论在经验上的适当性。科学理论是经过许多严格的评价标准的筛选而幸存下来的。没有被各种评价标准所排除的理论是成功的理论，而不符合科学家的要求和兴趣的那些理论会很快被抛弃。这些评价标准同时提供了建构理论和选择理论的一套程序，科学家在不断地进行尝试和排除错误的过程中，只有有效的那些程序才能被保留下来。所以，科学研究过程确保了科学的成功不可能成为奇迹。但是，成功的科学理论却不一定就是真理性的理论，因为寻找说明、追求说明的目标只能表明科学家的兴趣与需求，不可能有助于理解或增加关于独立存在的自然界的任何新知识，不存在脱离语境和不依赖于科学家兴趣与目标的说明。

同样，测量仪器所得到的一致性的测量结果，也是由仪器的设计过程决定的。当科学家在建造各种类型的测量仪器时，他们不仅运用理论来指导设计，而且学会了如何矫正各种人为因素（如矫正颜色畸变），突出他们认为是真实的那些特征，缩小被看成人为干扰的范围。所以，不能把测量仪器显示出的一致性测量结果，看成是它揭示被测量对象的本质特征的有说明力的证据，因为这种一致性的测量结果，是科学家在设计测量仪器的过程中事先蕴涵的。当科学家在“沉浸于”理论图像中时，好像理论所描述的不可观察的实体的图像是正确的，但是，当他们具体执行某种操作时，他们的所作所为却仅仅是表达了理论或“模型”的形成过程，而不涉及有关不可观察实体的任何信息。实际上，支持科学理论的证据其实只是要求理论在经验上是适当的，经验的适当性与真理不一样，它不是字面意义上的真理，它只要求理论的语义学模型能使所有的观察语句为真即可，或者说，理论的任务是“拯救现象”，不是描述实在世界的真实图像。即使理论对可观察实体的描述是真的，也没有理由进一步假设，理论对不可观察实体的描述，也将会是真的，更没有理由设想，这种不可观察的实体是真实存在的。

结语　关注量子物理学家的科学观

综上所述，从近代物理学发展的历史来看，量子力学无疑已经算是一门很成熟的学科，它不仅有进一步的理论应用与延伸，产生了量子宇宙学、量子场论和量子化学等，而且也有成功的实际应用，出现了名目繁多的量子技术。但是，对于量子哲学家和科学哲学家来说，量子力学依然是一个充满了迷人的困惑、漂亮的观念、深奥的哲学之领域。这也是为什么关于量子实在论与反实在论之争，会由第一代量子物理学家的自觉争论一直扩展到当今量子哲学家的有意识的辨析之原因所在。当科学哲学家把有关量子实在论与反实在论之争提升到一般的科学实在论与反实在论之争的高度时，问题就变得更加普遍与复杂了。科学实在论与反实在论之争的根本目标在于寻求合理地理解科学的突破口，确立新的科学观。这种新的科学观的确立，无疑要求科学哲学家必须回到科学本身，特别是，倾听亲历了量子论洗脑的科学家的直觉声音。

第六章　超越争论，走向语境

量子论带来的统计因果性、非定域性、量子化等观念所孕育的科学哲学革命，不是对传统科学观的部分或细枝末节的调整，而是需要彻底的推翻与重建。在这种推翻与重建中，如果我们仍然希望保留科学的客观性、合理性和科学进步的概念，而又不排斥反实在论者的合理发现，比如科学理论的建构性、科学认识的主观性、科学的历史与文化维度等，那么，我们就需要研究如何使人们摆脱主观而达到客观的认识论进路。玻尔和玻恩等第一代量子物理学家的哲学感悟为我们达到这一目标提供了丰富的智力资源，仍然是值得珍视的。本章首先基于量子论带来的认识论教益和这些物理学家的哲学远见，试图超越量子实在论与反实在论之争，阐述一种语境论的科学观；然后，通过对当代科学哲学的四种语境论进路的比较分析，对技能与科学认知的相关性的考察，以及关于技能性知识的基本特征与表现形式性的揭示，提出一种体知合一的认识论；最后，强调指出，关于科学家的认知技能与知识评价的哲学研究，有可能成为未来科学哲学研究的一个新方向。

第一节　语境论的科学观*

第一代量子物理学家掀起的量子实在论与反实在论之争，体现了他们在自己的研究实践中不得不摆脱以牛顿力学为核心的经典实在论的思维方式的束缚，以求达到更合理地理解科学所付出的不懈努力，科学实在论者与反实在论者围绕理论实体的本体性问题所展开的争论，特别是人文社会学家的科学哲学，揭示了启蒙时代以来形成的传统科学观的局限性。在经历这些观念纷争之后，确实新的科学观，以求更客观地理解科学，已经成为当代科学哲学家关注的一个核心论题，他们试图在以辩护科学为目标的科学观和以批判科学为目标的科学观之间，寻找中间立场。本节通过对传统科学观面临的困境的一般性考察，基于理论实体与经验事实之间的内在关系的剖析，论证了理论是从整体上模拟实在，理论是在谈论实在而不是描述实在的一种语境论的科学观。

---

* 本节内容是在成素梅《语境论的科学观》（载《学术月刊》2009 年第 5 期）一文的基础上改写而成

一、传统科学观的困境

在大约60年之前，科学一直被誉为真理的化身，是一项理性的事业，人们几乎毫无疑义地认为，科学规律是普遍有效的，科学术语是有指称的，科学理论向我们描述的世界图像是真实可信的，科学理论是发现，而不是发明，科学的话语是关于自然界的。这是自启蒙运动以来形成的科学观，我们称为传统科学观。长期以来，这种观念似乎是显而易见的，是对科学的一种约定俗成的理解，人们不需要为此提供更多的辩护。

佩拉把传统科学观的这种形象概括为由科学的必然性、客观性、无错性和普遍性等性质描绘，这些性质主要由两个分量来决定：一个是认识的分量，另一个是方法论的分量。传统的科学认识论认为，科学是建立在特定证据之基础上的，科学家根据证据来获得关于实在的知识，这些知识一旦获得便成为真理被接受下来。获得证据有两条途径：一是源于开始于伽利略的“感觉经验或科学实验”，即基于感知的经验证据；二是源于笛卡儿的“理性的逻辑推理”，即基于自明的纯粹原理。例如，经典力学的动力学定理，欧几里得几何的基本公设。在这两条途径中，科学方法的运用保证了获得证据与进行推理的合理性，确保科学认识能够把握实在、获得真理和结束科学争论。①

维特根斯坦在他的早期哲学中所阐述的图像论的观点基本上与传统科学观相一致。他的观点可以被简单地归纳为四个方面，首先，命题中的简单要素对应于事态中的简单要素；其次，基本命题对应于原子事实，基本命题是命题中最简单的命题，原子事实是事实中最简单的事实；再次，复合命题对应于复合事实，经过逻辑分析，可以把复合命题还原为基本命题，相应地，也可以把复合事实还原为原子事实；最后，命题的总和对应于事态的总和。一方面，名称的组合构成基本命题，基本命题的组合构成复合命题，所有命题的总和构成语言。另一方面，对象的结合构成原子事实，原子事实的结合构成复合事实，全部事实的总和，构成现实或世界。在这两个方面之间，各个层次都是相互一一对应的。②

尽管玻尔、海森伯和玻恩等量子力学的哥本哈根解释的代表人已经意识到，这种以经典实在论为核心的传统科学观，是对科学的一种强本体论的理解，忽视

---

① 马尔切洛·佩拉．科学之话语．成素梅，李宏强译．上海：上海科技教育出版社，2006：2-3

② 涂纪亮．分析哲学及其在美国的发展（上）．北京：中国社会科学出版社 1987：137 也有资料表明，维特根斯坦的图像论是对赫兹的图像论观点的一种误解，他的工作只是试图将赫兹的图像论与弗雷格、罗素的逻辑联系起来。参见：Ulrich Majer. Heinrich Hertz's Picture—Conception of Theories：Its Elaboration by Hilbert，Weyl，and Ramsey//Davis Baird，R. I. G. Hughes，Alfred Nordmann，eds. *Heinrich Hertz：Classical Physicist，Modern Philosopher.* Dordrecht：Kluwer Academic Publishers，1998：233

了科学实在与自在实在之间的区别，需要加以修正或扬弃。但是，不论是以卡尔纳普为代表的逻辑经验主义的科学哲学，还是以默顿为代表的科学社会学，都没有对这种科学观提出任何实质性的质疑。前者虽然把“科学理论与世界”之间的关系问题，作为形而上学的问题加以拒斥，但是，他们却把经验事实的无错性作为其论证的逻辑前提，运用数理逻辑为工具来阐述科学的逻辑结构，揭示科学理论中语句与语句之间、理论与观察证据之间的逻辑联系，甚至描述相关领域内不同理论之间的逻辑联系。后者很少对科学知识的可靠性与普遍性提出任何怀疑，而是把科学家视为一组特殊的人群，通过对科学共同体进行的社会学解析，来为科学家确保获得真理性知识提供社会基础。

斯诺在他1959年出版的《两种文化和科学革命》一书中，以物理学家和文学爱好者的双重身份描述了当时的科学家与人文主义者之间的关系。他指出，人文主义者虽然不懂科学，但是，他们从来没有对科学知识的客观性提出过任何质疑，也从不断言，科学不是知识。与此同时，科学家也很少关注文学与历史，好像物理学的科学大厦不是人类心灵最美丽而神奇的集体智慧的产物。斯诺在继续讨论了弱相互作用中发现宇称不守恒的实验之后指出：“这是一个极其美丽而富有创新的实验，但是，结果却是如此的令人吃惊，人们忘记了这个实验是怎样的美丽。它使我们重新思考物理世界的某些基本原理。这种结果与显而易见的直觉、常识相矛盾。如果在两种文化之间存在着任何一种认真的交流，那么，这个实验将会成为剑桥贵宾桌上谈论的话题。”① 斯诺的描述无疑形象而生动地揭示了当时在科学文化与人文文化之间的分裂现象。但是，尽管如此，这两个群体之间并没有产生明显的矛盾冲突，他们相安无事，各自快乐地生活在具有不同规范的学术圈子里。

自20世纪60年代以来，情况发生了很大的变化。许多人文主义者和科学知识社会学家对待科学的态度已经从漠不关心转向了对传统科学观和逻辑经验主义科学哲学的批判。他们试图立足于各自的研究领域揭示观察渗透理论，事实负载价值等新的思想。以库恩为代表的历史主义者通过对科学史的分析，看到了科学范式之间的不可通约性；科学知识社会家的研究成果突出了科学活动中不可避免地蕴涵着社会因素；人类学家强调指出，科学知识不是普遍有效的，而是有条件的；人文主义者揭示了权力在科学知识产生过程中所起的重要作用。

1991年，罗斯（A. Ross）把近些年来流行的这种人文主义者的科学观总结为：“可靠地说，近代科学创立的许多确定性已经被废除，科学实验方法的实证

---

① C. P. Snow. *The Two Culture and the Scientific Revolution.* New York: Cambridge University Press, 1959: 17

论、科学公理的自明性以及证明科学断言本质上是独立于语境的真理，所有这些都受到了客观性的相对主义者的批评。历史地看，某些有意的批评把自然科学描述为特定时空中出现的一种社会发展；这种观点对于自认为揭示了自然界的普遍规律的科学提出异议。女性主义者也揭示出，在科学的‘普遍’程序与目标中，存在着男权主义的经验与俗套的狭隘偏见。生态学家密切关注超越机械论科学世界观的环境语境。而人类学家则揭露了科学的民族中心主义：即把本能地追求与语境无关的事实的西方科学与看成是伪科学信念的其他文化区分开来。这些批评的最终结果是，极大地侵蚀了宣布和鉴别真理的科学体制的权威性。”①

20 世纪 90 年代，人文主义者对传统科学观的这些极端批评，最终引起了科学家的反感。引发了著名的“科学大战”。这场大战是由纽约大学的物理学教授索卡尔（A. Sokal）掀起的。索卡尔认为，女性主义者和后结构主义者把科学理论理解成一种社会与语言的建构，而不是对客观实在的某种反映的观点，不过是用隐晦、比喻或模糊的语言取代了证据与逻辑，是重新把已被人们早已抛弃的理论诡辩术充当了理论的功能。② 这场科学大战带来了与“理解科学”相关的许多值得深思的问题，需要科学哲学家重新阐述科学的客观性、合理性、真理性以及科学进步等概念，重新反思实验证据与观察在理论选择中所起的作用，重新审视与评价传统科学观的直观性与常识性所带来的局限性。尽管人文社会科学家对传统科学观的批判是从作为外行从人文社会科学的视角进行的，但是，从这种局面与 70 年前量子物理学家在展开量子实在论与反实在论之争时涉及的如何理解科学的问题，是同源的。在这个意义上，我们可以认为，科学哲学家对传统科学观的反叛，比量子物理学家晚了 70 年之久。

根据传统科学观，科学研究活动中的社会与政治因素是权威科学的潜在“污染源”，应该尽可能地加以排斥。而对科学的文化与社会研究则立足于 20 世纪以来的当代科学实践，尽可能地揭示科学方法的局限性与科学活动的社会性，突出当代科学知识形成过程中必然蕴涵的各种形式的人为因素。他们认为，如果科学知识的增长和科学判断不可能只根据与人无关的证据、逻辑特别是科学方法做出充分说明，那么，社会、历史与政治等因素就会进入科学知识的说明或解释当中。因此，在科学知识的产生过程中，社会条件与政治因素不再成为科学知识的“污染源”受到排除，而是科学知识的产生、保持、扩展与变化的必要前提或基本要素。正是在这个意义上，作为一个维度和一种影响的“社会”因素与证据

---

① A. Ross. *Strange Weather: Culture, Science, and Technology in the Age of Limits*. London: Verso Press, 1991: 11

② Alan Sokal, Jean Bricmont. *Intellectual Impostures: Postmodern philosopher's abuse of science*. Profile Book Ltd, 1998

和理性的因素相并列，在知识产生与理论选择中占有了合理的位置，从而使传统科学观最终陷入了难以自救的困境。

二、理论是在谈论实在

“科学大战”已经表明，传统科学观的摒弃，并不意味着现有的科学观对科学的理解是适当的，而是意味着，需要我们在反思现状的基础上，阐述新的立场。传统科学观与反实在论的科学观，事实上，都起源于同一种二值逻辑的思维方式，要么，基于强调科学知识的真理性与客观性，忽视主体性因素；要么，基于具体的科学案例分析，强调科学知识形成与理论选择过程中必然蕴涵的各种非证据类因素，由此而认为科学是纯粹的社会建构，得出科学提供的不是知识的极端结论。情况之所以会如此，是因为反实在论者、科学知识社会学家、人类学家以及人文主义者在关注科学时，从一开始就肩负着批判传统科学观的重任。这一目标内在地决定了，他们的出发点与传统科学观的拥护者是一样的，都潜意识地假定了真理符合论的前提，以及对科学方法论的信赖，并把科学理论的客观性作为科学研究的起点。正是基于这种潜在的共同前提，关于反实在论者和科学的文化与社会学研究对传统科学观的批评与反叛，必然会走向其反面，得出完全排斥科学认知的客观性的观点。因此，虽然现有的各种反实在论的科学观对揭示传统科学观的局限性、破除传统科学观带来的狭隘的思维惯性起到了积极的推动作用，但是其观点同传统科学观一样，也是失之偏颇的。

这种非此即彼的二元论的思维方式实际上是以经典科学的研究成果为基础的，其最大的缺点是，没有把科学研究的成果看成是来自于一个过程，而是把这种研究的客观性作为思考问题的出发点。这个出发点没有为研究主体的存在留出任何空间，或者说，在科学认识的起点上，研究主体是局外人。当科学研究进入人类永远无法直接感知的微观领域时，经验证据之外的其他因素的作用在科学研究过程中开始突显出来。如果我们仍然沿袭传统的思维方式，一旦发现科学研究的现实过程有偏离这个起点的倾向，那么，理解科学的起点便会向着主观性的方向移动。然而，任何微量的移动都会掺入主观性的成分，这也就是为什么对科学的实在论辩护很容易陷入困境，而各种形式的反实在论很容易否定科学的客观性的原因所在。除此以外，从这个起点出发，人们往往基于常识，习惯于把科学语言理解为对自然界的直接描述，把科学理论理解为命题的集合，把命题与实在的符合，看做是真理的判别标准，认为科学理论描绘的图像是关于自然界的真实图像。

其实，当我们立足于量子论的研究成果，并接受各种反实在论科学观的合理批评，重新思考科学研究的出发点时，我们发现，不论是玻尔的整体实在论、玻恩的投影实在论、还是玻姆的非定域的实在论，都很有启发性。玻尔揭示了量子测量现象的语境依赖性，玻恩在1953年发表的《物理实在》一文中明确指出，实验物理学中的所有伟大发现都归功于自由运用模型的实验物理学家的直觉，对他们来说，模型并不是想象的产物，而是对实在的表征。他们如果不使用由粒子、电子、核子、光子、中微子、场和波构成的模型，就无法与同事和同行进行交流。① 模型是为了认识原型，根据对原型的观察，在某些实验证据的基础上建构，经过不断的修正，逐步接近原型。

但是，观察有两种类型，日常生活中的观察通常是“看见”或“看到”，这一种与科学认知无关的“看”；而量子实验中的观察则与此不同，是与科学认知相关的“看出”，这是一种负载理论的“看”，或者说，是蕴涵有认知推理的“看”。这种“看出”不仅需要有与“看”相关的基本概念，而且还与观看者的背景知识相关。因此，与科学认知相关的“看出”的实验报告，必定含有理论概念和推理的因素，因而一定是理论性的。而理论性的观察报告就不能说是在描述实在，而只能说是在谈论实在，是提供关于自然界的知识。正是在这个意义上，我们说，玻尔等当年根据量子论的研究实践所表达的观点并不是实证主义的观点，而是代表了合理理解科学的一个新方向。因而，我们在寻找理解科学的新方式时，需要到量子物理学家的文献中寻找智慧。

量子物理学家的哲学见解同时也表明，在科学认知的坐标轴上，科学研究的起点并不是从纯客观的，而是主客观的统一。在远离人类感知系统的科学认识过程中，当科学认知的中介成为科学认知之所以可能的一个前提条件时，科学知识的客观性与真理性便成为科学追求的一个长期目标和人类认识的一个程度概念，而不再是主客观相符合的关系属性。如果我们接受这种观点，那么，我们就既不需要担心由于一旦发现科学知识的语境性与可错性，便会盲目地走向反面，也不需要在排斥人文文化的前提下来捍卫客观性。这是一种全新的“语境论的科学观”。之所以称为是“语境论的”，是因为任何一种科学认知活动都总是在主客观相统一的语境中进行的，并且在不断地去语境化（de-contextualized）与再语境化（re-contextualized）的动态发展中，得以完善。②

这样，当我们承认科学研究的起点包含主观性因素，并把科学的客观性与真理性看成科学追求的目标时，我们就不会因为对传统科学观的批评而走向完全摒弃其客观性的反面，也不会简单地把玻尔和玻恩等说成是实证主义者。承认科学研究中从一开始就蕴涵主观性成分的观点，一方面，能够包容反实在论的各种立

---

① Max Born. Physical Reality. *The Philosophical Quarterly*, 1953, 3 (11): 140

② 成素梅，郭贵春. 语境论的真理观. 哲学研究. 2007, 第5期

场，使它们成为理解科学过程中的一个具体环节或一种视角，得以保留；另一方面，这也不等于把科学研究看成如同诗歌或散文等文学形式那样，是完全随意的主观创造和情感抒发。在科学研究实践中所蕴涵的主观性，总是要不同程度地受到来自研究对象的信息的约束，是建立在尽可能客观地揭示与说明实验现象和解决科学问题之基础上的。

这种思维方式的转变与对认知中介的强调表明，科学理论是在特定语境下对自然界内在机理的一种整体性模拟。在这种模拟活动中，科学的话语并不是在字面意义上对自然界本身的直接言说，即不是关于自然界的陈述，而是对理论思考与认知内容的表达，是科学家为了超越具体现象的限制，扩展科学认知范围，创造新符号的一种灵活的智力工具，或是我们如何形成具有预言能力的新的“理论观念”的表达。① 因此，科学认知的结果不再是与认识语境无关的绝对真理。在这里，与世界相关联的，不再是科学理论的具体内容、原理、概念和规律，而是它所提供的模型与预言，或者说，科学理论的内容只属于模型本身，不属于自然界。

三、语境中的理论实体与事实

在现实的科学研究活动中，科学家对实验事实的认知过程大致可划分为三个阶段：第一阶段是追求经验的适当性，第二阶段是提供说明性理论，第三阶段是提供解释性理论。

首先，追求经验的适当性，通常只是在现有的理论模型不能解释新现象的情况下才出现。这时，科学家完全是凭借经验与直觉构造出概念之间的关系来推算现象演变的规律性，但是，这只是经验公式，提供不了对现象之所以发生的机理性说明与因果性解释。因为这些公式只是表达了某些物理量之间的一种关系和我们能够使用实验结果的一些规则，缺乏从更深的基础中把它们演绎出来。因此，这些公式或算法规则很容易出现问题，是不可靠的，只是对实验结果的一种描述。量子假设的提出便是一个著名的事例。众所周知，19 世纪末，由于 X 射线、放射性、电子和塞曼效应等新物理现象的发现以及黑体辐射中的紫外灾难、固体比热等问题的出现，成功应用了 200 多年的经典物理学体系面临着严重的危机。为了解决当时理论与现象之间的矛盾，德国物理学家普朗克在已有研究成果的基础上，完全根据推测，于 1900 年 10 月 24 日以“正常光谱中能量分布的理论”

---

① Ulrich Majer. Heinrich Hertz's Picture - Conception of Theories: Its Elaboration by Hilbert, Weyl, and Ramsey//Davis Baird, R. I. G. Hughes, Alfred Nordmann, eds. *Heinrich Hertz: Classical Physicist, Modern Philosopher*. Dordrecht: Kluwer Academic Publishers, 1998: 230

为题在德国物理学会上宣读了与当时实验数据相吻合的普朗克公式，并大胆地提出了作用量子假设。这一思想的提出不仅严峻地挑战了长期以来物理学家普遍接受的“自然界无跳跃”的思想，而且成为尔后理论物理学发展的转折点。

其次，说明性理论所提供的是超越旧理论的一个全新的理论框架，它是从特定的基本前提出发，用理论术语系统地阐述新提出的数学公式与假设，并赋予其明确的物理意义，使它们成为这个理论体系的一部分。例如，20 世纪 20 年代量子力学的形式体系的确立，不仅发明了概率波、光量子、算符等新的理论术语，而且使量子假设成为理论的一个自然推论，并为人们对微观物理现象的思考与认识提供了普遍有效的语言工具，带来了日新月异的信息技术革命和新学科的成长。

说明性理论所提供的说明形式通常是：“如果……，那么……”或者是，“因为……，所以……”在基本的意义上，“说明”的出发点是建立在理论的基本假设之上的。如果理论的基本假设所蕴涵的固有意义是可理解的，或者说，是不会引起歧义的，那么，对它的理解本身就隐含了一种一致性的解释；如果科学共同体对理论的基本假设的理解不一致，那么，他们就需要进一步对这些基本假设进行“解释”。说明性理论通常是在经验上可检验的理论，即可能被经验所证实或证伪。如果一个说明性理论的预言能够得到经验的证实，那么，它一定在某种程度上告诉了我们世界是什么样子的，说明性理论提供的是关于实在的数学模型与物理模型的集合。

最后，解释性理论与说明性理论不同，它既不可能被经验所证实，也不可能被经验所证伪，它所提供的是形而上学的观点，是对实在世界的基本假设。这些假设通常是特定的说明性理论的基本前提所蕴涵的一种哲学解释，是在总结过去认知结果的基础上形成的。但是，它不等同于认知结果，“假设的目的不是提供说明，而是解释世界，即依据基本的本体论，把某一结构归于世界，或者，归于世界的具体领域”①。解释性理论所提供的假设通常有两种类型：一是科学研究得以进行的普遍假设，即适用于任何学科的假设，例如，自然界是可理解的、是有规律的、是统一的等；另一种类型是从自然界中推出的特殊假设，即与具体学科发展相联系的假设，例如，决定论的因果性、自然界具有简单性、自然界无跳跃，物理学中的机械论，生物学中的活力论，地质学中的渐变论等。说明性理论与解释性理论之间的关系是不对称的。或者说，这两个层次的理论变化是不同步的。解释性理论的变化必然会导致说明性理论的某些变化，但是，反之则不然。

理论化的这三个阶段并不是线性的，而是相互制约的。这就决定了，科学理

---

① 马尔切洛·佩拉．科学之话语．成素梅，李洪强译．上海：上海科技教育出版社，2006：19

论在模拟实在的过程中，只是在意向性的意义上理解实在，而不是在一一对应的真理符合论的意义上描述实在。理解实在与描述实在是两个完全不同的概念。描述实在所提供的是关于实在本身的直接断言，是对实在行为变化的言说，或者说，它告诉了我们实在是什么样子的，描述的对错只能根据存在于那里的实在作为参照来判断，或者说，由实在的构成或行为来判断理论命题的真假。认识主体在很大程度上扮演着“上帝之眼”的角色，不仅能够真实在地揭示世界的规律，而且能够真实地记录他们的所见所闻，从而赋予经验事实具有不可错性的优越地位，并把科学理论理解为各个真理性的定律与规则的命题组合，传统科学观正是沿着这种思路思考问题的。而理解实在只是在特定条件下对实在的认知内容的表达，是对实在机理的间接模拟，不是对实在本身的直接言说。间接模拟只能是一种内在地蕴涵形而上学假设的整体机理模拟，而不是一一对应的镜像反映。这个模拟过程是在逐渐地去语境化与再语境化的动态过程中完成的。在这个过程中，认知主体由观看者与记录员的身份变成参与者与建构者的身份，从而体现了科学实在的建构性与复制性特点。

另一方面，科学共同体对理论的一致性的追求，主要体现在两个方面：一是对理论的基本假设的反思，二是对基本假设所建构的世界模型的理解。只有当科学家一致性地理解了能够把握现象之间的关联和特征的形式体系时，才有可能形成对理论的一致性“解释”。毫无疑问，在物理学理论的理解中，最容易得到肯定性辩护的理解是科学实在论意义上的理解。因此，解释的语境依赖性特征已经超出了纯粹的认识论范围，打上了历史的、心理的、技术的甚至是社会的烙印。爱因斯坦曾经把物理学理论区分为两种类型：一种是原理性理论（principle theory），如狭义相对论；另一种是构造性理论（constructive theory），如气体动力论或洛伦兹的电子论。爱因斯坦指出，在物理学中，我们能够区分出各种不同类型的理论。在这些理论中，大多数理论是构造的。这些构造性理论试图从相对简单的形式框架出发，建立一种来自物理世界的较复杂现象的图像。当我们说，已经成功理解了一组自然现象时，总是意味着，我们找到了能够覆盖被研究的物理过程的一个构造性理论。另外一个最重要理论是“原理性理论”。这些理论运用的是分析方法，而不是综合方法。构造性理论的优点是，它是完备的、适应性较强的和清晰的；原理性理论的优点是，它在逻辑上是完美的，在基础上是可靠的。

显然，在爱因斯坦看来，只有原理性的理论才是真正成熟的理论。但是，在根本意义上，不管是原理性理论，还是构造性理论，都潜在地蕴涵着一系列形而上学的约定。这些约定是理论的出发点，它存在于由表述理论的基本假设的元语言所蕴涵的意义当中，是隐藏在基本假设的表象意义之后，在语言、符号的创造与运用中所设定的观点与目标，它是对理论在理解上的一种内在说明，是理论说明的逻辑起点。因此，接受一种物理学理论，事实上，也就等于承认了这种理论体系所预设的各种说明前提，并且，这些约定不可能在蕴涵它的理论体系中，对它作出“为什么”的元理论的再解释。如果这些约定不与常识观念相冲突，那么，就不需要对此作出进一步的解释；如果这些约定与已经被认可的常识观念相差甚远，那么，就需要在理解的基础上，对它们进行解释。所以，在这个意义上，说明与解释是两个不完全相同的概念，下面我们用两个具体的事例来阐述这种观点。

在经典物理学中，一个典型的事例是对开普勒第一定律和第二定律的解释。开普勒定律是在分析经验数据的基础上总结出来的。用这两个公式来描述观察数据时，具有经验上的适当性。但是，在这个层次上，我们并不知道为什么开普勒会得到这种特殊的关系形式。后来，牛顿第二运动定律和万有引力定律提出之后，开普勒定律成为牛顿定律的一个直接推论。然而，牛顿定律和万有引力定律对开普勒定律的说明，并没有对为什么行星会沿着椭圆轨道运动的原因提供一种理解。于是，有些物理学家试图运用超距作用的概念为行星的运动提供因果性说明，甚至牛顿希望用以太把超距作用归结为接触力。由于这种说明并不是一种图像式的因果性说明。因此，关于引力如何传递的问题一直争论不休。直到爱因斯坦的广义相对论提出之后，物理学家才用时空弯曲的概念，为行星的运动提供了一种可理解的图像式的因果性说明。

在经典物理学中，另一个有代表性的事例是对热力学中玻意耳定律的解释。玻意耳通过对理想气体的研究，总结出在一定的温度条件下，气体的压强与体积成反比的结论，即PV=常数。在这个层次上，这个公式是基于经验数据得到的一个现象学的规律。后来，我们能够从统计力学的形式体系中推论出与此类似的更加具体的公式。但是，这种演绎式的说明，没有为我们提供为什么会出现这个结果的物理机制的理解。直到气体动力论提出和确立之后，这种图像式的因果性说明才成为可能，并且提供了对热现象的一种类型的理解。

这两个具体事例说明，在传统物理学的研究方式中，物理学家并不满足于原理性的说明，总是习惯于为理解实验现象，揭示实验现象之间的关联，坚持不懈地寻找着图像式的因果性说明模型。问题是，物理学家的这种努力，在微观领域内，遇到了至今难以克服的困难。例如，在玻姆对 EPR 关联的重新表述（习惯上称为 EPRB 关联）方式中，虽然现有的量子力学的形式体系能够给予说明。但是，这种说明没有提供出，为什么当测量得到一个粒子是自旋向上时，另一个粒子肯定会处于自旋向下的状态的机理性理解。这种理解正是目前寻找量子测量解释所要解决的一个核心问题。理解量子现象的多元性，直接导致了关于量子测量解释的多元性。截止到目前，物理学家还不能够在许多并存的解释中，确定哪一种解释是合理的。这也许正是量子测量解释成为物理学家和科学哲学家长期以来共同感兴趣的内容之一的一个重要原因所在。

为了简单明了，我们把上面的分析用下表呈现出来：

经验的适当性	说明性是谁	解释性理论
对现象的描述	对现象的说明	对现象的因果性解释
开普勒第一定律 开普勒第二定律	牛顿第二运动定律 万有引力定律	“以太”的解释广义相对论的解释
玻意耳定律	统计力学的形式体系	气体动力论
EPRB 关联	量子力学的形式体系	哥本哈根解释、多世界解释、玻姆的本体论解释等

在科学理论的形成过程中，理论实体的指称是纯理论的指称（theoretical reference），而不是与理论无关类似于日常生活中的真指称（real reference）。经验事实表明了理论实体的状态或特性。因此，科学家不可能离开理论实体获得经验事实，也不可能离开经验事实提出理论实体，建构实体与解释事实是同时进行的。两者之间的这种彼此建构与相互解释的关系，保证了科学的客观性。正是在这种意义上，我们认为，理论不是关于实在的复印件或画像，而是对实在的建构性的复制或整体性模拟。

四、语境论科学观的主要优势

语境论的科学观所强调的是，科学理论是经验分析与反思平衡的结果，是一个动态发展的过程，是主客体从低层次的统一到高层次的统一的过程。这种科学观的思维方式不仅改变了我们对真理概念的理解，而且更重要的是改变了我们对科学话语的言说对象的理解。传统科学观与语境论的科学观之间的主要区别可概括如下：

	传统科学观	语境论的科学观
对真理的理解	坚持传统的真理符合论	把真理理解为科学追求的长期目标
对科学语言与术语的理解	科学语言是在描述世界，科学术语在世界中是有指称的	是对科学认知结果的描述，是在谈论世界，科学术语是针对理论模型的，不是针对世界的
对科学方法的理解	科学方法是保证科学客观性的工具	科学方法是获得科学认知的途径之一

续表

	传统科学观	语境论的科学观
对科学仪器作用的理解	科学仪器只是主体感官的延伸器	科学仪器是科学认识的中介之一，既为主体提供信息，也参与了客体的制备活动，起到了条件的作用
经验事实的地位	具有无错性，是形成科学理论的前提，结束科学争论的工具，等等	是依赖于语境的，是形成科学理论的前提之一，是结束科学争论的主要因素之一，但不唯一
科学共同体	是一个特殊的社会群体，具有默顿描述的精神气质：坚持科学成果的公有性、普遍性、无私利性和崇尚理性质疑	是遵守学科规范的一个复杂的社会群体，需要不断地在事实判断与价值判断之间进行调节，在多个群体之间的争论中达成共识
理论与实在的关系	理论中的定律是关于自然界的定律的发现	理论中的定律是针对理论模型的，理论模型或图像是对实在的模拟
对科学进步的理解	真命题的不断积累或真理性认识的不断叠加	理论与实在的相似程度的提高

从上表的比较中，我们不难看出，与现有的其他科学观相比，语境论的科学观至少具有下列值得重视的优势。

首先，它有助于内在地架起融合科学主义与人文主义的桥梁。科学主义者和人文主义者对科学的理解，所提供的是两种极端的科学观。一方是从科学研究结果入手，抓住科学产品的成功应用，过分地夸大了科学的客观性和权威性；另一方则是从科学研究的过程入手，抓住科学产品在制造过程中所蕴涵的各类人为因素，过分地夸大了科学的主观性与建构性。他们从共同的前提与假定、不同的视角与焦点出发，得出相反的结论与立场，是一件非常自然的事情。如果我们接受当代量子论的教益，就有可能为这种两极对立的观点提供一个对话的平台，使双方真正意识到，像逻辑经验主义者那样，主张把社会科学还原为物理学的观点，或者，像女性主义者那样，主张把物理学还原为社会科学的观点，都是失之偏颇的。科学认知的过程事实上总是不断理解世界的过程。在把理论看成是描述实在的意义上，范·弗拉森自称是一位反实在论者，但是，在把理论看成是谈论实在意义上，范·弗拉森却可以归入实在论者的行列。

其次，在认识论意义上，它比较容易理解为什么后来被证明是错误的理论，却在当时的研究语境中也曾起到过积极作用这个沿着传统的科学哲学思路所无法回答的敏感问题，有助于解答科学实在论面临的非充分决定性难题，从而为科学实在论坚持的前后相继的理论总是向着接近于真理的方向发展的假设提供了很好的辩护，也有力地批判了各种相对主义的科学哲学对科学实在论的质疑，更用不着担心会出现理论间的不可通约现象。在科学史上，后来证明是错误的理论，并不等于是一无是处的理论，反过来说，科学史已经表明，即使是正确的理论也会有一定的适用范围，从而使科学的社会建构论与各种反实在论的立场成为理论演化过程中的一个视角与阶段。例如，在数学领域内，长期以来，人们一直都相信，欧几里得几何由于其前提的自明性，所以，它是提供“纯”知识的典范。康德就曾经认为，我们对空间的感知一定符合欧几里得几何，因为欧几里得几何是我们的一种直觉形式，换句话说，我们的经验一定与欧几里得几何相符合。然而，自从通过黎曼、爱因斯坦、闵可夫斯基等开创性的工作诞生了在逻辑上同样自洽的其他形式的几何体系以来，不仅彻底地颠覆了欧几里得几何曾经占有优势的立场，而且使科学家发现，我们宇宙的几何学并不一定总是像欧几里得几何所描述的那样。

再次，在方法论意义上，比较容易理解关于理论概念与观点的修正问题，科学研究越抽象、越复杂，研究中的主体性因素就越明显、越直接，科学家之间的交流与合作就越重要，科学研究的语境性特征也就越明显。例如，在物理学领域内，经典力学的成功应用曾使有的物理学家在 19 世纪末确信，理论物理学的大厦已经建成，今后物理学的发展只不过是精确度的提高而已。然而，当大量新出现的实验现象无法在原有框架内得到合理的说明时，寻找新理论的动机便会应运而生。后来，相对论与量子力学的诞生，不仅向人们重新阐述了全新的物理学理论形式，重新解释了时间、空间、质量、能量、因果性、决定性、概率、测量和现象等概念的意义及其它们之间的关系，提供了新的时空观和质能观，产生了像概率波、非定域性、统计因果性之类的新概念，而且提出了新的认识论教益与方法论选择。

最后，在价值论意义上，能更合理地理解与反映科学的真实发展历程。语境论的科学观作为反基础主义和反本质主义、消解绝对偶像、排除唯科学主义等的必然产物，在科学实践中结构性地体现了历史的、社会的、文化的和心理的要素，借鉴了科学解释学和科学修辞学的方法论特征，超越了逻辑经验主义所奠定的僵化的科学哲学研究进路，架起了科学主义与人文主义、理性主义与非理性主义、绝对主义与相对主义沟通的桥梁，因而是一种更有前途且更富有辩护力的新视域。

这种理论观一方面承认，追求真理是整个自然科学的事业，承认理论所谈论的实在具有某种程度的客观性与真理性，反对对科学知识无根基、无原则的怀疑与解构。另一方面承认，科学知识蕴涵了历史性与社会性特征，承认科学认知过程中存在的辩护与修辞因素也是对科学真理的探索、论述和阐释。这种认识论有可能对把科学理论理解为描述实在的传统认识论进行合理的修正与完善，是介于封闭而僵化的传统认识论与开放而多元的相对主义认识论之间的一种中间领域的认识论。

第二节　科学哲学的语境论进路*

就像科学哲学的逻辑学经验主义进路、历史主义进路和实践进路是把逻辑与经验分析、历史分析、实践分析作为一种方法或视角来理解科学一样，科学哲学的语境论进路是从语境的视角来理解科学。语境论进路的目标是为解决传统科学哲学进路面临的科学主义与人文主义、客观主义与主观主义、绝对主义与相对主义、理性主义与非理性主义、实在论与反实在论、辩护的科学哲学与批判的科学哲学等二元对立提供新的进路，它的问题域是由试图扬弃非此即彼的二元论的思维方式、基于科学家的实践活动、重新阐述科学认知的客观性等因素构成的。科学哲学的语境论进路已经受到学者们的关注，可是他们对语境概念的使用却并非完全相同，也没有达成共识。本节通过对科学哲学的重新定位，对现有的四种语境论进路的辨析与比较，阐述科学哲学的语境进路的问题域。

一、科学哲学的重新定位

在科学哲学的发展史上，作为第一个科学哲学流派的逻辑经验主义的本义或初衷并不是要明确地建立一门科学哲学学科，而是以科学的方式来改造哲学。因此，可以说，科学哲学这门学科的诞生实际上是逻辑经验主义的一个副产品。今天，我们立足于21世纪的科学与技术的研究成果，再回过头来重新定位科学哲学时，不难发现，只要科学与技术位于人类认知与生活的前沿，我们就总会遇到关于知识、实在和伦理等哲学问题，而且，我们对这些哲学问题的反思必须与科学技术的前沿研究联系起来。例如，心灵哲学越来越与心理学的经验研究和神经科学与人工智能的发展内在地联系在一起；关于本体论问题的研究离不开以量子理论为基础的微观物理学的最新发展，也离不开对不可观察的心理结构和过程的假设和实验测试；网络伦理、环境伦理、生命伦理等已经成为伦理学关注的重要主题。因此，科学哲学事实上提供了架起哲学研究与科学研究的桥梁，至少具有双重任务：一是尽可能合理地理解科学，二是有助于深刻地阐述哲学论题。

与传统的哲学研究相比，科学哲学研究不是通过先验的概念反思、日常语言

---

* 本节内容是在成素梅《科学哲学的语境论进路及其问题域》（载《学术月刊》2011年第8期）一文基础上改写而成

的逻辑辨析以及提出概念真理的思想实验来获得知识与对包括心灵在内的世界的认知，也不是空洞地谈论规范人类行为的道德法则，而是通过综合考虑科学理论的基本假设、思想体系以及科学实践等复杂因素来研究哲学问题。在哲学框架内可能提出的关于科学的问题主要包括本体论、认识论和方法论问题，以及与科学的内容或方法直接相关的社会、文化以及伦理等问题，如关于量子测量解释的认识论争论，关于 DNA、电子等理论实体的实在性的争论，关于合成生物学与人类基因组序列带来的伦理问题的争论，关于体内植入芯片所导致的工具不平等问题的争论，关于当代网络信息技术引发的信息越界问题的争论，关于电脑是否有朝一日能超越人脑并反过来控制人类的争论，等等。

强调科学哲学研究的经验性与实践性，并不意味着主张把科学哲学研究完全还原为经验研究，而是主张基于科学的当前发展，重新论证传统的哲学问题，并全方位地审视当代科学技术的发展本身所引发的各种问题。一方面，承认关于知识、实在和伦理的哲学问题比经验科学中的问题更具有普遍性，是科学哲学研究与自然科学哲学问题研究之间的区别所在；另一方面，主张对这些哲学问题的讨论要以科学技术的发展为基础，是科学哲学研究与一般哲学研究之间的区别所在。

事实上，当代科学研究本身也发生了很大的变化。首先，在本体论意义上，研究对象从真实的实体（real reality）转向对电子、光子、基因之类被推定的实体（putative reality）或理论实体（theoretical reality）的研究；其次，在认识论意义上，科学认知结论的形成，从依赖于实验事实为主的科学家的个人认识，转向了必须面对非充分决定性论题的挑战并需要得到科学共同体认可的社会认识；再次，在方法论意义上，假设演绎和包含有科学修辞因素在内的最佳说明推理占据主导地位；最后，在价值论意义上，科学家从过去以兴趣为主的纯粹的探索性研究，现在转向了在探索的同时，还需要面对种种选择和评价的职业化研究。

因此，在科学对象理论化、科学认知复杂化、科学知识社会化、科研立项制度化、科学活动常规化、科学评价多元化、科学家的工作职业化的今天，不论是对科学的逻辑重建和对科学史的本文解读的科学哲学，还是对科学实验室活动的社会学考察和对科学知识的人类学探究的科学哲学，都不足以对科学、技术与社会一体化时代的科学做出全面的哲学反思。在大科学时代，“对待科学，科学哲学不能一味地辩护，也不能一味地批判，而是要走向谨慎的、历史的和具体的审度……科学哲学应当把促进科学与人文、自然科学与人文社会科学的融合作为未来发展的重要任务和理论增长点”①。

---

① 刘大椿，刘永谋．思想的攻防：另类科学哲学的兴起与演化．北京：中国人民大学出版社，2010：294，298

科学哲学的语境论进路有可能为审度科学提供一条新的进路。一方面，传统科学哲学家在理解科学的过程中，经历了从语形观（即把科学理论看成是语句的公理化系统）到语义观（即把科学理论概念化为一个非语言模型（如数学模型等）的集合）再到语用观（即把科学理论大体上看成是由语句、模型、问题、标准、技巧、实践等因素共同构成的一个无形实体）的演变。因此，从这种意义上看，走向科学哲学的语境论进路是传统科学哲学内在逻辑演变的结果。另一方面，语境论进路已经受了科学哲学家、语言哲学家、科学的人文社会学研究者以及现象学家的关注，形成了四种不同的语境论进路。虽然这些进路的宗旨各不相同，解决的问题也有所差异，但他们都阐述了语境论进路在论证科学知识的客观性时的有效性。

二、四种语境论进路的比较

当前，在现在的文献中，关于语境论的进路概括起来有下列四种类型。

一是认识的语境论（epistemic contextualism，简称 C_1）。代表人物有德罗斯（K. DeRose）、科恩（S. Cohen）和刘易斯（ D. Lewis）等，代表作是2005年出版的论文集《哲学中的语境论：知识、意义和真理》①。这种观点的动机是既拒绝不变主义（invariantism），也反对怀疑主义（scepticism），倡导一种认识论的语言学转向，也可称为语义哲学。认识的语境论观点认为，一个命题性语句的真值，最终依赖于语句的成真条件或成真标准的设定。通常情况下，在低标准下为真的语句，在高标准下未必为真，从而证明了语句的真值是依赖于语境的。这种语境论只限于语言学的范围内揭示语句真值的语境相关性，属于元语言学的研究。这些代表人物所研究的是与常识相关的“知道”（know），而不是与科学相关的“认知”（cognition）。“知道”通常与准确信息的获得相关，而认知则包括推理的成分和理论背景，主要是指基于证据或辩护理由来理解与评价科学判断。但是，当我们把这种观点对日常认识的理解，上升到对科学认知的理解时，仍然具有借鉴价值。

二是语境实在论（contextual realism，简称 C_2）。代表人物是美国乔治·华盛顿大学的理查德·斯查哥尔（Richard H. Schagel）。他在1986年出版的《语境实在论：当代科学的一种形而上学框架》一书中②，基于对分析哲学的研究范式的批判、对神经生理学、量子力学、认知心理学等当代科学发展的考察，以及对理

① Gerhard Preyer，Georg Peter. ed：*Contextualism in Philosophy*：*Knowledge*，*Meaning and Truth*. Oxford：Clarendon Press，2005

② Richard H. Schlagel. *Contextual Realism*：*a meta-physical framework for modern science*. New York：Paragon House，1986

解知识的前提、起源和本性的语义追溯，试图表明，量子力学的悖论后果、神经生理学的研究、身心问题的僵局、语言指称问题以及真理的意义与标准等知识的各个方面，在经验研究层次上，都是相互关联的。科学知识是由建立在我们对实验揭示的物理现象、化学反应和生理过程的内在结构与特性的当前理解之基础上的必要的经验联系组成的，世界所显示出的特征是测量仪器与世界相互作用的函数，离开这些特殊条件对世界的任何刻画都是人为的。因此，所有的科学知识都依赖于当时的认知条件及其前见与前设。他把这种语境论的世界观称为“语境实在论”，并认为，这是一种从科学的当代发展中总结出来的新的世界观。无疑，这种世界观对于转变科学哲学的研究思路，具有重要的启发意义。

三是语境经验主义（contextual empiricism，简称 C_3）。代表人物是美国斯坦福大学的海伦·朗基诺（Helen E. Longino）。她在《作为社会的知识》一书[①]中第一次阐述了这种观点。她认为，哲学理论工作是填补产生科学知识的经验条件和成功的理想条件之间的细节。在科学探索中，社会因素的作用是必不可少的，对任何科学理论有说服力的方法论解释都必须考虑社会与文化等因素对形成科学知识的影响。只有把科学探索过程理解为一个社会过程，才能坚持科学探索的客观性。也就是说，科学知识是共同体通过在互动中不断地修改其观察、理论、假设以及推理方式建构起来的。语境经验主义为考虑背景假设和社会因素的科学探索提供了平台。语境经验主义之所以有合法性，是因为科学探索满足下列必要条件，①有发表公开讨论关于科学探索的证据、方法、假设和推理标准的出版物和学术会议；②理论是不断变化的，而不是不变的和绝对的，科学共同体信奉和接受科学进步；③科学共同体拥有一组共享的标准；④科学家之间是人人平等的。她认为，这种语境经验主义能够既承认社会影响，又承认科学知识的客观性，从而架起了认知与社会之间的桥梁，或者说，架起了辩护的科学哲学与批判的科学哲学之间的桥梁。

四是语境论的技能获得模型（contextual model of skill acquisition，简称 C_4）。代表人物是美国现象学家德雷福斯。他基于现象学的研究，从生活世界出发，把技能的获得过程划分为七个阶段[②]：①初学者（beginner）阶段。在这个阶段，初学者只是消费信息，只知道照章行事；②高级初学者（advanced beginner）阶段。在这个阶段，学习者积累了处理真实情况的一些经验，开始提出对相关语境的理解，学习辨别新的相关问题；③胜任（competence）阶段。在这个阶段，学

① Helen Longino. *Science as Social Knowledge*. Princeton: Princeton University Press, 1990

② Hubert Dreyfus. How Far Is Distance Leaning from Education//Evan Selinger, Robert P. crease, eds. *The Philosophy of Expertise*. New York: Columbia University Press, 2006: 196-212

习者有了更多的经验，能够识别和遵循潜在的相关要素和程序，但还不能驾驭一些特殊情况；④精通（proficiency）阶段。在这个阶段，学习者以一种非理论的方式对经验进行了同化，并用直觉反映取代了理性反映，用对情境的辨别力取代了作为规则和原理表达的技能理论；⑤专长（expertise）阶段。在这个阶段，学习者变成了一名专家，他不仅明白需要达到的目标，而且也明白如何立即达到他的目标，从而体现了专家具有的敏锐而优雅地分辨问题的能力；⑥大师（mastery）阶段。在这个阶段，专家不只是能够直觉地分辨问题与处理问题，而且具有创造性，达到了能发展出自己独特风格的高度；⑦实践智慧（practical wisdom）阶段。在这个阶段，技能性知识已经内化为一种社会文化的存在形态，成为人们处理日常问题的一种实用性知识或行为“向导”。

在上面的四条进路中，C_1代表了语言学家的语境论进路；C_2代表了内在论者的语境论进路；C_3代表了外在论者的语境论进路；C_4代表了现象学家的语境论进路。下面通过比较来进一步明确每一条语境论进路的内在本质。

第一，从各自的动机与目标来看，C_1是为了反对不变主义和怀疑主义的知识观，C_2是为了寻找与当代科学研究成果相符的一种新的世界观，C_3是为了更合理地理解社会化的科学知识的客观性，C_4是为了说明专家的判断与回应是直觉的、无表征的和语境敏感的。

第二，在语境概念的用法上，C_1的语境是指理解一个命题语句的上下文，C_2的语境是指由背景理论、研究对象、科学仪器、经验证据等构成的产生知识的整个环境，C_3的语境是指科学探索过程中存在的除了经验证据之外的人文社会等因素的集合，C_4的语境是专家做出判断时所处的包括自己的身体在内的整个情境。

第三，就语境的范围而言，C_1指的是语言语境，C_2指的是与科学研究相关的内在因素的集合，C_3指的是与科学研究相关的外在因素的集合，C_4指的是包括身体条件在内的所有因素的集合。

第四，从认识论意义上来看，C_1、C_2和C_3属于传统主客二分的认识论类型；C_4则与前三者不同，是一种身心合一的认识论。

第五，就思维方式而言，C_1是分析性思维，C_2和C_3是分析与综合思维，C_4是直觉思维。

第六，就知识的理解而言，C_1和C_2认为知识是依赖于语境的，是特定语境中的产物，不是绝对的；C_3认为知识是主体间性的共识；C_4认为命题性知识是技能性知识的基础，技能性知识是能动者（agent）[①] 身心融合的结果和语境敏感的产物。

需要明确指出的是，语境敏感不同于语境依赖。语境敏感是强调科学家的见机行事的能力；语境依赖是突出理论的语境性或者主张根据语境来理解命题或理论的客观性。因此，如果前三种进路中的语境概念只是语境范围不同，那么，第四种进路中的语境概念具有了另外一种意义，是相对于能动者的反应能力而言的，主要突出能动者的直觉反应或无意识反应的语境敏感性，而不是强调理解的语境依赖性。

三、科学哲学的语境论进路的问题域

从严格意义看，语言学家的语境论进路属于语言哲学的范围，不是科学哲学的范围，但可以移植过来理解科学概念。语境实在论是基于当代自然科学特别是量子力学研究的新特征，揭示了科学知识的语境依赖性，提出了一种新的科学观；语境经验主义是试图超越科学的人文社会学研究进路，把科学研究过程中的认知因素与社会因素结合起来理解科学知识的客观性。这两条进路都属于科学哲学的范围。共同之处是，两者试图从科学史的案例和科学文本出发，达到更全面而合理地理解科学的目标。不同之处是，前者侧重于从当代自然科学的研究中概括出一般的科学观；后者在某种程度上是一种方法论的重建。这两种语境论进路面临的共同问题是：语境的范围与边界是难以确定的，而且语境本身也有大有小，甚至因人而异，泛泛地谈论语境概念，给人以泛语境论之嫌，甚至总是面临着会陷入相对主义的质疑。

语境论的技能获得模型与这两种进路完全不同。它不是为解决科学哲学问题，也不是从应对科学哲学面临的各种挑战中演化而来的，而是基于现象学的研究，通过强调能动者在亲身体验过程中获得的知识是体知型知识（embodied knowledge）[②] 和与得出的判断是直觉判断，论证人工智能不可能超越人脑的观点。这条进路与前三者不同，它不是强调或突出语境概念的重要性，也不是突出认识的语境依赖性，而是一开始就把能动者置于鲜活的语境当中，关注能动者在

---

① 在现有文献中，“agent”一词有多种译法，如“行动者”、“主体”，从语用看，这个词试图表达的是“拥有能动性（agency）的认识主体”，而不是“采取行动的认识主体”，故译为“能动者”，较为符合词义

② 在学界，通常把“embodied knowledge”与“观念型知识（embrained knowledge）”相对应，译为“经验型知识”或“具身知识”。这里，一方面考虑到译为“经验型知识”容易与“experiential knowledge”混淆，而译为“具身知识”又给人以忽视心智作用之嫌，另一方面为了与“embodiment”的译法相一致，本文认为译为“体知型知识”较为符合原意。当然，这里的“体知”不等同于中国哲学中的“体知”概念

实践活动中如何从无语境阶段达到语境敏感阶段，并能够自如地做出应然决策或判断。或者说：是关注行动与体验，而不是关注命题性陈述；是关注身体亲历过程中的规则内化，而不是文本分析中的逻辑推论；是关注如何达到熟练地驾驭问题，而不是经过理性反思后得出的判断。这就把技能性知识的哲学研究推向了哲学的视域，本章第三节专门阐述这一问题。

总之，科学哲学的语境论进路理应从一开始就真正超越主客二分的思维模式，运用一套全新的概念体系与思维方式重新阐述科学哲学问题。C_2和C_3分别强调了科学理论的语境依赖性；C_4强调了科学家的认知判断的语境敏感性。从C_4的内容来看，正是因为科学家的认知技能只能在科研实践中培养，科学家的认知判断通常是直觉判断，因此，基于这些直觉判断而建构的科学理论也只能从语境论的视角来理解，这反过来为C_2和C_3的合理性提前的基础，或者说，语境论的技能获得模型的研究进路，支持了语境实在论与语境经验主义的研究进路的可行性与合理性。这样，关于技能性知识就成为未来科学哲学研究的一个更基本的新方向。

第三节　技能性知识与体知合一的认识论*

近年来，现象学、科学知识社会学以及关于人工智能的哲学研究虽然其主旨各不相同，但都不约而同地涉及关于技能性知识（skillful knowledge）的讨论。如前所述，从知识获得的意义上看，技能性知识与认知者的体验或行动相关，其获得的过程是从无语境地遵守规则到语境敏感地“忘记”规则再到基于实践智慧来创造规则的一个不断超越旧规范与确立新规范的动态过程，因而，它比命题性知识更基本。目前，关于技能性知识的哲学研究，正在滋生出一个新的跨学科的哲学领域—专长哲学（philosophy of expertise），即关于包括科学家在内的专家的技能、知识与意见的哲学①，同时也把关于知识问题的讨论带回到了知识的原初状态，潜在地孕育了一种新的认识论——体知合一的认识论（epistemology of embodiment）②。这种认识论从一开始就把传统意义上的主体、客体、对象、环境

---

* 本节内容发表于《哲学研究》2011 年第 6 期

① 埃文·赛林格（Evan Selinger）和罗伯特·克里斯（Robert P. Crease）于 2006 年主编出版的 *The Philosophy of Expertise*（New York：Columbia University Press，2006）一书是一本论文集。本文集把关于专家问题的哲学讨论汇集在一起。文集中的关键词之一“Expertise”至少有三种用法，一是指专家意见；二是指专业知识；三是专家技能，这里把三个方面概括起来暂时译为“专长”

② 在当前的现象学与认知科学文献中，“embodiment”是一个出现频次很高的概念，汉语学界目前有两类译法，一是译为“涉身性”、“具身性”或“具身化”，二是译为“体知合一”。本文采纳了后一种译法。因为在哲学史上，关于身心关系的讨论主要经历了有心无身——身心对立——身心合一三个过程，译为“体知合一”更能反映出“身心合一”或“心寓于身”的意思

甚至文化等因素内在地融合在一起，从而使得传统认识论中长期争论不休的二元对立失去了存在的土壤，并为重新理解直觉判断和创造性之类的概念提供了一个新的视角，为走向内在论的技术哲学研究或形成一种真正意义上的科学技术认识论，提供了一个重要维度。因此，非常值得令人关注。

一、技能与科学认知

科学认知结果与科学家的认知技能相关，这几乎是人所皆知的事实。但是，关于技能性知识的获得对科学认知判断所起的作用和对科学家的直觉与专长的哲学讨论，却是一个新论题。

传统科学哲学隐含了三大假设：①科学的可接受性假设。即科学哲学家主要关注科学辩护问题，比如澄清科学命题的意义，阐述理论的更替，说明科学成功的基础等。②知识的客观性假设。即科学哲学家主要关注如何理解科学成果。比如，科学认知的结果是与自然界相符，是语言的意义属性，是有用的说明工具，还是经验的适当性等。③遵从假设。科学哲学家把科学家看成是自律的、具有默顿赋予的精神气质的一个特殊群体，认为理应受到遵从。在区分科学的内史与外史、规范的社会学和描述的社会学之基础上，科学哲学的这三大假设也与科学史、科学社会学的研究前提相一致。在以这些假设为前提的哲学研究中，很少关注富有创造性的科学思想是如何产生的问题，更没有把技能与科学认知联系起来讨论。

与以解决认识论问题的方式传承哲学的科学哲学相平行，存在主义、解释学、结构主义、后现代主义以及批判理论等则分化出另一条科学哲学进路。这条进路的重点是追求对科学文本的解读和对科学的文化批判，体现出从传统的科学认识论向科学伦理学、科学政治学等科学实践哲学的转变，并通过揭示利益、权力、社会、经济、文化等因素在科学知识生产过程中所起的决定性作用，把科学知识看成是权力运作、利益协商、文化影响等的结果，从而全盘否定了科学知识的真理性，甚至走向反科学的另一个极端。这些研究以怀疑科学为起点，隐含了科学知识的非法性问题。科学认知的结果不是天然合法，科学哲学不是为科学的客观性作辩护，而是需要讨论与科学家相关的非法性问题。这就把对科学家的认知判断的怀疑与批判看成是理所当然的。这些研究虽然关注科学观念是如何产生的问题，但其重点是批判科学，而不是对科学家的认知技能的哲学研究。

科学建构论试图打开科学活动的黑箱，观察与描述科学家形成知识的整个过程。他们的研究大致经历了三个阶段：①实验室研究阶段。目标是揭示科学家在实验室里得出的观察结果中所蕴涵的社会和文化因素。他们认为，科学成果不是科学认知的结果，而是由社会和文化因素促成的，科学家只有借助于社会力量，才能最终解决科学争论。[①] ②全面扩展阶段。即把科学建构论扩展到理解技术，形成了技术建构论等。③行动研究阶段。其目标是通过剖析科学家如何变得过分尊贵的问题，打破科学家与外行之间的分界线，把科学家看成与外行一样，也是有偏见的人。这些研究同样也蕴涵了科学家及其认知判断的非法性问题。他们在关注实验技能的传递与行动问题时，涉及对意会知识和技能与科学认知的相关性问题，但这只是他们研究的副产品。

以肯定科学家和科学知识的合法性为前提的哲学研究，在面对观察渗透理论、事实蕴涵价值以及证据对理论的非充分决定性等论题，所陷入的困境，是基本假设所致；而以假定科学家和科学知识的非法性为前提的科学研究（science studies），对传统科学观的批判，事实上也潜在地默认了同样的假设，由此产生了各种二元对立，比如客观与主观、内在论与外在论、科学主义与人文主义、事实与价值等。传统科学哲学进路主要偏重于二元对立项中的前者，容易受到人文主义的挑战；关于科学的人文社会学研究进路则主要垂青于二元对立项中的后者，容易从反科学主义的初衷极端地走向反科学的另一个极端。到20世纪末，人们已经意识到，需要寻找第三条进路来超越这些二元对立，如科学修辞学进路[②]、行动研究进路[③]、语境论的进路[④]等。但至今仍然没有提供一个令人满意的替代方案。

在这方面现象学家关于体知型知识的研究是有启发的。他们通过突出人的身体在知觉过程中所起的重要作用，使身心融合从一开始就成为获得技能和知识的基本前提，体知型知识是命题性知识和技能性知识的有机整合，命题性知识的获得强调分析与计算思维；技能性知识的获得强调直觉思维。在人类的心智中，分析与直觉始终是统一的。分析思维既有助于掌握技能，也有助于澄清直觉判断。反过来，直觉思维既有助于提出创造性的命题性知识，也有助于深化分析思维。然而，由于现象学家追求的目标是使哲学回到生活实践，所以，他们的研究虽然关注技能性知识的哲学思考，但并没有阐述体知合一的认识论。[⑤] 美国现象学家德雷福斯在继承现象学传统之基础上，在论证人类的智能高于机器智能的立场时，对预感、直觉、创造性、理性、非理性和无理性等概念的阐述，直接促进了

---

① Harry Collins, Robert Evans. *Rethinking Expertise*. Chicago, London: The University of Chicago Press, 2007

② 马尔切洛·佩拉. 科学之话语. 成素梅，李宏强译. 上海：上海科技教育出版社，2006

③ Harry Collins, Robert Evans, *Rethinking Expertise*. Chicago, London: The University of Chicago Press, 2007

④ 成素梅. 理论与实在：一种语境论的视角. 北京：科学出版社，2006

⑤ E. Selinger, R. Crease. Dreyfus on Expertise: The limits of Phenomenological Analysis//Even Selinger, Robert P. Crease, eds. *The Philosophy of Expertise*. New York: Columbia University Press, 2006: 214-245

对技能性知识的哲学思考，揭示了技能在科学认知过程中的关键作用。下面通过对技能性知识的特征与体现形式的考察，基于现有文献初步提炼出一种体知合一的认识论。

二、技能性知识的特征与体现形式

技能性知识是指人们在认知实践或技术活动中知道如何去做并能对具体情况做出不假思索的灵活回应的知识。这里有兴趣对技能性知识做出哲学反思的原因之一是，它有可能从体知合一的视角揭示，科学家对世界的本能回应与直觉理解，为什么不完全是主观的；二是有可能使传统科学哲学家与人文社会学家之间的争论变得更清楚。正如伊德所言，就技术的日常用法而言，在科学实验中所用的技术仪器，通过“体知合一的关系”（embodiment relations）扩大到和转变为身体实践；它们就像海德格尔的锤子或梅洛-庞蒂的盲人拐杖一样被兼并或合并到对世界的身体体验中，科学家能够产生的现象随着体知合一的形式的变化而变化[①]。德雷福斯在进一步发展梅洛-庞蒂的经验身体（le corps vécu）的概念和“意向弧”（intentional arc）与“极致掌握”（maximal grip）的观点时也认为，“意向弧确定了能动者（agent）和世界之间的密切联系”，当能动者获得技能时，这些技能就“被存储起来”。因此，我们不应该把技能看成内心的表征，而是看成对世界的反映；极致掌握确定了身体对世界的本能回应，即不需要经过心理或大脑的操作[②]。正是在这种意义上，对技能性知识的哲学反思把关于理论与世界关系问题的抽象论证，转化为讨论科学家如何对世界做出回应的问题。

技能性知识主要与“做”相关。根据操作的抽象程度的不同，把“做”大致划分为三个层次的操作：直接操作、工具操作和思维操作。直接操作主要包括各种训练（如竞技性体育运动、乐器演奏等），目的在于获得某种独特技艺；工具操作主要包括仪器操作（如科学测量、医学检查等）和语言符号操作（如计算编程等），目的在于提高获得对象信息或实现某种功能的能力；思维操作主要包括逻辑推理（如归纳、演绎等）、建模和包括艺术创作在内的各项设计，目的在于提高认知能力或创造出某种新的东西。从这个意义上看，在认知活动中，技能性知识是为人们能更好地探索真理作准备，而不是直接发现真理。获得技能性知识的重要目标是先按照规则或步骤进行操作，然后在规则与步骤的基础上使熟练操作转化为一项技能，形成直觉的、本能的反映能力，而不是为了直接地证实

① D. Ihde. *Expanding Hermeneutics*: *Visualism in Science*. Evanston: Northwestern University Press, 1998: 42-43

② E. Selinger, R. Crease. Dreyfus on Expertise: The limits of Phenomenological Analysis//Even Selinger, Robert P. Crease, eds. *The Philosophy of Expertise*. New York: Columbia University Press, 2006: 214-245

或证伪或反驳一个理论或模型。这种知识主要与人的判断、鉴赏、领悟等能力和直觉直接相关，而与真理只是间接相关，是一种身心的整合，一种走近发现或创造的知识。这种知识具有下列五个基本特征。

其一，实践性。这是技能性知识最基本和最典型的特征之一。技能性知识强调的是“做”，而不是单纯的“知”；是“过程”，而不是“结果”；是“做中学”与内在感知，而不是外在灌输。“做”所强调的是个体的亲历、参与、体验、本体感受式的训练（proprioception exercise）等。就技能本身的存在形态而言，存在着从具体到抽象连续变化的链条，两个端点可分别称为“硬技能”或“肢体技能”，即一切与“动手做”（即直接操作）相关的技能；“软技能”或“智力技能”（intellectual skill），即指与“动脑做”（即思维操作）相关的技能。在现实活动中，绝大多数技能介于两者之间，是二者融合的结果。

其二，层次性。技能性知识的掌握有难易之分，其知识含量也有高低之别。比如，开小汽车比开大卡车容易，一般技术（如修下水道）比高技术（如电子信息技术、生物技术）的知识含量低，掌握量子力学比掌握牛顿力学难度大。如前所述，德雷福斯从生活世界出发，把一般的技能性知识的掌握划分为七个阶段。①

其三，语境性。技能性知识总是存在于特定的语境中，人们只有通过参与实践，才能有所掌握与感悟，只有在熟练掌握后，才能内化为直觉能力等内在素质与敏感性。在德雷福斯的技能模型中，前三个阶段，能动者对技能的掌握是语境无关的，他只知道根据规则与程序按部就班地行事，谈不上获得了技能性知识，也不会处理特殊情况，更不会“见机行事”。在后四个阶段，技能本身内化到能动者的言行中，成为一种语境敏感的自觉行为，对不确定情况做出本能的及时反映。从阶段四到阶段七，语境敏感度越来越高，达到人与环境融为一体，直至形成新的习惯或创造出新的规范甚至文化的高度。

其四，直觉性。技能性知识最终会内化为人的一种直觉，并通过人们灵活反映的直觉能力和判断体现出来。直觉不同于猜测，猜测是人们在没有足够的知识或经验的情况下得出的结论，“直觉既不是乱猜，也不是超自然的灵感，而是大家从事日常事务时一直使用的一种能力”②。“直觉能力”通常与表征无关，是一种无意识的判断能力或应变能力。技能性知识只有内化为人的直觉时，才能达到运用自如的通达状态。在这种状态下，主体已经深度地嵌入世界，能够对情境做

① H. Dreyfus. How far is distance learning from education//E. Selinger，R. P. Crease，eds. *The Philosophy of Expertise*. New York：Free Press，2006：196-212

② H. Dreyfus，S. Dreyfus. *Mind Over Machine*：*The Power of Human Intuition and Expertise in the Era of the Computer*. New York：Free Press，1986：29

出直觉回应。或者说，对世界的回应是本能的、无意识的、易变的甚至是无法用语言明确表达的，能动者完全沉浸在体验和语境敏感性当中。从这个意义讲，不管是在具体的技术活动中，还是在科学研究的认知活动中，技能性知识是获得明言知识的前提或“基础”，是我们从事创造性工作应该具备的基本素养，是应对某一相关领域内的各种可能性的能力，而不是熟记“操作规则”或经过慎重考虑后才能做出的选择。

其五，体知合一性。技能性知识的获得是在亲历实践的过程中，经过试错的过程逐步内化到个体行为当中的体知合一的知识。技能性知识的获得没有统一的框架可循，实践中的收获也因人而异，对一个人有效的方式，对另一个人未必有效。人们在实践过程中，伴随着技能性知识的获得而形成的敏感性与直觉性，不再是纯主观的东西，而是也含有客观的因素。当我们运用这种观点来理解科学研究实践时，就会承认，科学家对世界的理解，既不是主体符合客体，也不是客体符合主体，而是从主客体的低层次的融合到高层次的融合或是主体对世界的嵌入性程度的加深。这种融合或嵌入性度加深的过程，只有是否有效之分，没有真假之别。因为亲历过程中达到的主客体的融合，是行动中的融合。就行动而言，我们通常不会问一种行动是否为真，而是问这种行动方式是否有效或可取。这样，就用有效或可取概念取代了传统符合论的真理概念，并使真理概念变成了与客观性程度相关的概念。主体嵌入语境程度越深，对问题的敏感性与直觉判断就越好，相应的客观性程度也越高，获得的真理性认识的可能性也越大。

从技能性知识的这些基本特征来看，技能性知识是一种个人知识，但不完全等同于“意会知识”。“个人知识”和“意会知识”这两个概念最早是由英国物理化学家波朗尼在《个人知识》① 和《人的研究》② 这两本著作中提出的③，后来在《意会的维度》④ 一书中进行了更明确的阐述。波朗尼认为，在科学中，绝

---

① M. Polanyi. *Personal Knowledge: Towards a Post-Critical Philosophy*. Chicago: The University of Chicago Press, 1958, Preface

② M. Polanyi. *The Study of Man*. Chicago: The University of Chicago Press, 1959

③ 网上流传的许多中文文献认为，波朗尼在1957年出版的《人的研究》一书中第一次提出了“意会知识”这个概念。这个时间可能有误。因为《人的研究》一书的版权页标明，这本书是由波朗尼于1958年在北斯塔福德郡大学学院（the University College of North Staffordshire）进行的林赛纪念讲座（the Lindsay Memorial Lectures）构成的，书的出版时间是1959年，由美国芝加哥大学出版社出版。书中共有三讲：第一讲是“理解我们自己”（Understanding Ourselves），第二讲是“人的呼吁”（The Calling of Man），第三讲是“理解历史”（Understanding History）。而且，波朗尼在本书的前言中写道，这三次讲座是对他最近出版的《个人知识》一书中所进行的研究的延伸，可是看成是对《个人知识》的简介。这说明，《人的研究》的出版时间在《个人知识》之后，而不是之前。《人个知识》一书首次出版是在1958年，因此，《人的研究》一书的出版时间应该是1959年，而不是1957年

④ M. Polanyi. *The Tacit Dimension*. London: Routledge & Kegan Paul Lane, 1967

对的客观性是一种错觉，因而是一种错误观念，实际上，所有的认知都是个人的，都依赖于可错的承诺。人类的能力允许我们追求三种认识论方法：理性、经验和直觉，个人知识不等于主观意见，更像在实践中做出判断的知识和基于具体情况做出决定的知识。意会知识与明言知识相对应，是指只能意会不能言传的知识。用波朗尼的“我们能知道的大于我们能表达的”这句名言来说，意会知识相当于是，我们能知道的减去我们能表达的。而技能性知识有时可以借助于规则与操作程序来表达。因此，技能性知识的范围大于意会知识的范围。从柯林斯对知识分类的观点来看，意会知识存在于文化型知识和体知型知识当中，而技能性知识除了存在于这两类知识中，还存在于观念型知识和符号型知识中。[①] 不仅如此，掌握意会知识的意会技能本身也是一种技能性知识。

技能性知识至少可以通过三种能力来体现：与推理相关的认知层面，通过认知能力来体现；与文化相关的社会层面，通过社会技能来体现；与技术相关的操作层面，通过技术能力来体现。从这种观点来看，柯林斯关于技能性知识的观点是不太全面的。柯林斯认为，技能性知识通常是指存在于科学共同体当中的知识，更准确地说，是存在于知识共同体的文化或生活方式当中的知识，“是可以在科学家们的私人接触中传播，但却无法用文字、图表、语言或行为表述的知识或能力”[②]。对技能性知识的这种理解，实际上是把技能性知识等同于意会知识，因而，缩小了技能性知识的思考范围。

关于技能性知识的获得过程的哲学思考，孕育了一种新的认识论——体知合一的认识论，并有可能形成一个新的科学哲学框架。

三、一种体知合一的认识论

波朗尼在阐述“个人知识”的概念时最早涉及技能性知识的问题。他用格式塔心理学的成果作为改革认知概念的思路。他把认知看成是对被世界的一种主动理解活动，即一种需要技能的活动。技能性的知与行是通过作为思路或方法的技能类成就（理论的或实践的）来实现的。理解既不是任意的行动，也不是被动的体验，而是要求普遍有效的负责任的行动。波朗尼的论证表明，技能性的认

---

① 柯林斯把知识分为五类：观念型知识（embrained knowledge），即依赖于概念技巧和认知能力的知识；体知型知识（embodied knowledge），即面向语境实践（contextual practices）或由语境实践组成的行动；文化型知识（encultured knowledge），即通过社会化和文化同化达到共同理解的过程；嵌入型知识（embedded knowledge），即把一个复杂系统中的规则、技术、程序等之间的相互关系联系起来的知识；符号型知识（encoded knowledge），即通过语言符号（如图书、手稿、数据库等）传播的信息和去语境化的实践编码的信息

② H. M. Collins. Tacit Knowledge, Trust and the Q of Sapphire. *Social Studies of Science*, 2001, 31 (1): 72

知虽然与个人相关，但认知结果却有客观性。在这里，“认知”不完全等同于“知道”，还包含有“理解”的意思。“知道”通常对应于命题性知识。“理解”更多与技能性知识相关，包含着主体掌握了部分之间的联系。因此，“认知”既有与事实或条件状态相关的描述维度，也有与价值判断或评价相关的规范维度。因此，技能性知识的获得与内化过程向当前占有优势的自然化的认识论提出了挑战。这与迈克尔·威廉斯（M. Williams）所论证的认知判断是一种特殊的价值判断很难完全被“自然化”的观点相吻合[①]。

技能性知识强调的是主动的身心投入，不是被动的经验给予。技能性知识的获得是一个从有意识的判断与决定到无意识的判断与决定的动态过程。在这个过程中，我们很难把人的认知明确地划分成理性为一方，非理性为另一方。理性与非理性因素在培养人的认知能力和提出理论框架的过程中，是相互包含的和互为前提的。科学家的实验或思维操作通常介于理性与非理性之间，德雷福斯称为无理性行动（arational action）。术语“理性的”来源于拉丁语“ratio”，意思是估计或计算，相当于是计算思维，因此，具有“把部分结合起来得到一个整体”的意思。而无理性的行动是指无意识地分解和重组的行为。德雷福斯认为，能胜任的行为表现既不是理性的，也不是非理性的，而是无理性的，专家是在无理性的意义上采取行动的[②]。沿着同样的思路，我们可以说，科学家也只有在无理性的意义，才能做出创造性的认知判断。

科学史上充满了德雷福斯所说的这种无理性的案例。比如，物理学家普朗克在提出他的辐射公式和量子化假说时，不仅他的理论推导过程是相互矛盾的，而且他本人也没有意识到自己工作的深刻意义。他是直觉地给出公式，然后，才寻找其物理意义。他自己承认，他提出的量子假设，是“在无可奈何的情况下，‘孤注一掷’的行为”[③]。因为量子假设破坏了当时公认的物理学与数学中的“连续性原理”或“自然界无跳跃”的假设，以至于普朗克后来还试图多次放弃能量的量子假设。普朗克的“直觉”的天才猜测，既不是纯粹依靠逻辑推理，也不是完全根据当时的实验事实，更不是毫无根据的突发奇想，而是无理性的。就像熟练的司机与他的车成为一体，体验到自己只是在驾驶，并能根据路况做出直觉判断和无意识的回应那样，普朗克也是在应对当时的黑体辐射问题时直觉地提出了连自己都无法相信的量子假设。

---

① M. Williams. *Problems of Knowledge: A Critical Introduction to Epistemology*. New York: Oxford University Press Inc.，2001

② H. Dreyfus，S. Dreyfus. *Mind Over Machine: The Power of Human Intuition and Expertise in the Era of the Computer*. New York: Free Press，1986: 36

③ 潘永祥，王绵光. 物理学简史. 武汉：湖北教育出版社，1990：467

科学史的发展表明，科学家在这个过程中做出的判断是一种体知合一的认知判断。我们既不能把它降低为根据经验规则得出的结果，也不能把它简单地看成是非理性的东西。当科学家置身于实践的解题活动中时，对他们而言，既没有理论与实践的对立，也没有主体与客体、理性与非理性的二分，他们的一切判断都是在自然“流畅”的状态下情境化地做出的应然反映，是一种“得心应手”的直觉判断。从这个意义来说，称职的科学家是嵌入他们思考的对象性世界中的体知合一的认知者。他们的技能性知识的获得不是超越他们在世界中的嵌入性和语境性，而是深化和扩展他们与世界的这种嵌入关系或语境关系。① 这就是一种体知合一的认识论。

这种认识论认为，科学家的认知是通过身体的亲历而获得的，是身心融合的产物。正如梅洛—庞蒂所言，认知者的身体是经验的永久性条件，知觉的第一性意味着体验的第一性，知觉成为一种主动的建构维度。② 认知者与被认知的对象始终相互纠缠在一起，认知获得是认知者通过各种操作活动与认知对象交互作用的结果。这种认识论的两大优势是，其一它以强调身心融合为基点，内在地摆脱了传统认识论面临的各种困境，把对人与世界的关系问题的抽象讨论，转化为对人与世界的嵌入关系或语境关系的具有讨论，从而使科学家对科学问题的直觉解答具有了客观的意义；其二它以阐述技能性知识的获得为目标，把认识论问题的讨论从关注知识的来源与真理性问题，转化为通过规则的内化与超越而获得的认知能力问题，从而使得规范性概念由原来哲学家追求的一个无限目标，转化为与科学家的创造性活动相伴随的不断建立新规范的一个动态过程。

但是，如果站在传统科学哲学的立场上，那么，通常会认为，这种体知合一的认识论也面临着两大问题。

一是道格拉斯·沃尔顿（D. Walton）所说的“不可接近性论点”（inaccessibility thesis）的问题。③ 意思是说，由于专家很难以命题性知识的形式描述出他们得出认知判断的步骤与规则，因此，对于非专家来说，专家的判断是不可接近的。④ 当我们把这种观点推广应用到理解科学时，可以认为，科学家得出的认知判断结果，很难被明确地追溯到他们做出判断时依据的一组前提和推理

---

① R. P. Crease. Hermeneutics and the Natural Sciences：Introduction//R. Crease，ed. *Hermeneutics and Natural Sciences*. Dordrecht：Kluwer，1997

② M. Merleau-Ponty. *Phenomenology of Perception*. translation by Colin Smith，London：Routledge and Kegan Paul，1962

③ D. Walton. *Appeal to Expert Opinion*：*Arguments from Authority*. University Park：Pennsylvania State University Press，1997

④ D. Walton. *Appeal to Expert Opinion*：*Arguments from Authority*. University Park：Pennsylvania State University Press，1997：109

原则，普朗克就从来没有明确地阐述过他是如何提出量子假设的。因此，科学家的判断总是与个人的创造能力相关，甚至会打上文化的烙印。这种情况使得我们通常对科学家提出的应该以命题性知识的形式（如规则或步骤）把他们基于“直觉”的认知判断过程“合理化”的要求变成不适当的，或者说，对科学认知的理性重建有可能滤掉科学家富有创造性地体现其认知能力的知识。因此，导致“知识损失”的问题。

二是如何避免陷入自然化认识论的困境。体知合一的认识论表明，科学家并不总是处于反思状态。在类似于库恩范式的常规时期，他们通常是规范性地解答问题，只有当他们的所作所为不能有效地进行时，或者，用库恩的话来说，只有到了科学革命时期，他们才对自己付诸实践的方式做出反思。只有这种实践反思，才能使科学家从实践推理上升到理论推理，即才能使他们回过头来检点自己的行为活动。新的规则与规范通常是在这个反思过程中提出的。在这种意义上，如果我们全盘接受现象学家讨论的体知合一的观点，只强调向身体和经验的回归，把认知、思维看成是根植于感觉神经系统，并归结为一种生物现象，就会从“有心无身”的一个极端走向“有身无心”的另一个极端，从而再次陷入自然化认识论的困境。因此，如何超越现象学家过分强调身体的立场，成为阐述体知合一的认识论之关键。

概而言之，基于技能性知识的讨论发展出来的这种体知合一的认识论为我们带来了值得深入研究的一系列新问题，如技能性知识的掌握有没有极限或人的认知能力是否是无限发展的本体论问题，技能性知识、意会知识、明言知识之间有什么样的区别与联系以及如何理解技能性知识的客观性等认识论问题，体知合一基础上的身体是什么以及以身体的亲历活动为基础的认知活动是如何展开的等规范性问题。还有由此派生出来的与专家相关的哲学问题。例如，价值问题——当同一个领域内两位公认的专家对一个问题做出相反的判断时，外行如何才能在矛盾结论中做出合理的选择？成为专家的标准是什么？又如，应用问题——关于技能性知识的哲学思考能为当代教育体制改革提供哪些启发？

结语　新现代的科学哲学

如果把传统科学哲学称之为是现代的科学哲学，把人文社会学家的科学哲学泛称为后现代的科学哲学的话，那么，本章第二节涉及的科学哲学的语境论进路、第三节围绕科学家的技能与知识问题展开的哲学研究，则可以称之为新现代的科学哲学。

现代的科学哲学主要以现代性为基础，以科学为榜样，立足于科学文本的分析，讨论科学理论的结构、理论命题与实验证据之间的关系、科学理论的变化等问题。主要包括逻辑经验主义、历史主义、科学实在论与反实在论等。后现代科学哲学的目标是试图打开科学的黑箱，去除科学研究的神秘性和对科学家的盲目崇拜，论证科学与一般的人文学科和社会学研究一样，蕴涵了政治因素与社会因素，并没有想象的那么客观、可信。包括像女性主义、后现代主义的科学哲学以及科学知识社会学之类的研究。如前所述，这两种科学哲学塑造了两种相互矛盾的科学形象，也揭示了非此即彼的二元思维方式的局限性。

新现代的科学哲学属于科学哲学、技术哲学与社会科学哲学的交叉领域，主要目标是把科学哲学研究的重点从过去要么关注文本、关注辩护、关注科学真理等的研究，要么关注实验室活动、关注科学发现、关注科学研究中存在的主观性与社会性因素等的影响，转向关注科学家个人的认知能力的获得、直觉判断的客观性、科学发现的合理性、科学家在什么意义上是可信任的、应该赋予科学家怎样的期望等围绕科学家的技能与知识展开的研究，强调把科学发现与科学辩护结合起来研究，在语境中理解科学。对这些问题的研究使得科学哲学的“研究对象域正在从自然科学演变到所有的知识，它自身也就越来越成为知识论”①。

本书考察的第一代量子物理学家围绕量子力学的解释展开的关于物理学基础问题的实在论与反实在论之争，以及从基于这些争论发展出来的量子力学实验和日新月异的技术应用，印证了他们在量子物理学研究中做出的许多直觉判断的可靠性。因此，可以作为新现代科学哲学研究的一个特例来看待。对新现代科学哲学的深入研究，成为笔者未来的一个研究方向。

---

① 刘大椿，刘永谋. 思想的攻防：另类科学哲学的兴起与演化. 北京：中国人民大学出版社，2010：286